高校转型发展系列教材

计算机网络与通信技术
应用教程

周昕　任百利　贾冬梅　主编

清华大学出版社

北京

内 容 简 介

本书以华为技术为基础,比较完整地介绍了计算机网络与通信技术的基础知识及其应用。书中主要介绍了计算机网络技术基础、计算机网络体系结构、数据传输、以太网技术基础、交换式网络、网络互连与IP 编址技术、虚拟局域网技术、路由器及路由协议、常用互联网协议、IPv6 基础、网络空间安全等内容。为了使学生在学习的过程中既掌握理论知识又具备实际应用能力,本书在介绍理论知识的前提下,对华为交换机、路由器等设备的组网和设置进行了详细介绍。

本书可作为高等院校计算机类专业的教材,也适合于相关工程技术人员学习使用。

图书在版编目(CIP)数据

计算机网络与通信技术应用教程/周昕,任百利,贾冬梅主编. —北京:清华大学出版社,2021.4
(2024.7重印)
高校转型发展系列教材
ISBN 978-7-302-57912-0

Ⅰ.①计… Ⅱ.①周… ②任… ③贾… Ⅲ.①计算机网络-高等学校-教材 ②计算机通信-高等学校-教材 Ⅳ.①TP393 ②TN91

中国版本图书馆 CIP 数据核字(2021)第 061989 号

责任编辑:汪汉友
封面设计:常雪影
责任校对:李建庄
责任印制:沈　露

出版发行:清华大学出版社
　　　网　　　址:https://www.tup.com.cn,https://www.wqxuetang.com
　　　地　　　址:北京清华大学学研大厦 A 座　　　　　　邮　　编:100084
　　　社 总 机:010-83470000　　　　　　　　　　　　　邮　　购:010-62786544
　　　投稿与读者服务:010-62776969,c-service@tup.tsinghua.edu.cn
　　　质量反馈:010-62772015,zhiliang@tup.tsinghua.edu.cn
　　　课件下载:https://www.tup.com.cn,010-83470236
印 装 者:三河市铭诚印务有限公司
经　　销:全国新华书店
开　　本:185mm×260mm　　　　印　　张:13.75　　　　字　　数:332 千字
版　　次:2021 年 5 月第 1 版　　　　　　　　　　　　印　　次:2024 年 7 月第 4 次印刷
定　　价:39.00 元

产品编号:069630-01

前　言

当今社会,网络通信技术广泛应用于各个方面,对社会的发展产生了深刻的影响。

本书不但讲述了计算机网络的基本知识和基本原理,而且结合新工科的要求,介绍了新知识、新技术,反映了网络技术的发展趋势,十分适合当代计算机网络教学的要求。本书在讲授理论知识的同时,特别注重应用能力的培养,在图书整体结构方面与企业工程师共同研讨,在介绍理论知识后,对华为交换机、路由器等设备的组网和设置进行了详细介绍,力求使学生快速掌握理论知识,具备实际应用能力。通过阅读本书,读者可以全面了解计算机网络和通信技术,掌握通信设备的配置与管理方法。

全书共分11章,第1章主要介绍网络分类、网络拓扑结构、网络的构成及应用等内容。第2章主要介绍计算机网络体系结构、通信协议、(开放系统互连)OSI参考模型、TCP/IP体系结构和网络服务质量(QoS)。第3章主要介绍传输介质的类型和其特性、信号及其编码、传输信道、数据传输的主要技术指标等内容。第4章主要介绍IEEE 802标准,以及以太网的工作原理、类型和主要技术指标。第5章主要介绍网络互连设备,以及交换机的原理、所用协议和简单配置。第6章主要介绍网络互连技术、IP编址技术和IP地址规划。第7章主要介绍虚拟局域网技术以及在交换机上进行配置的基本方法。第8章主要介绍路由器的协议和基本功能、路由器的配置、VPR的基本操作、静态路由协议和动态路由协议、VLAN间路由配置。第9章主要介绍DHCP、FTP、HTTP、NAT业务和电子邮件协议。第10章主要介绍IPv6的地址、数据报文、地址解析和地址配置。第11章主要介绍网络空间安全基础、目前存在的问题和网络空间安全面临的挑战。

本书可作为高等院校计算机类专业基础课或专业课教材,也适合于相关工程技术人员学习使用。

本书由周昕、任百利、贾冬梅担任主编,崔立民、高玉潼、原玥参编,其中,第2、3、6章由周昕编写,第1章由原玥和周昕共同编写,第4章由高玉潼编写,第5、7章由贾冬梅编写,第8、11章由任百利编写,第9、10章由崔立民编写,全书由周昕统稿。在本书的编写过程中得到了相关单位的大力支持和协助,在此一并表示感谢。由于水平有限,书中难免存在疏漏和错误,恳请专家和读者批评指正。

编者

2021 年 3 月

目　　录

第 1 章　计算机网络技术基础 ……………………………………………… 1

1.1　计算机网络概述 ………………………………………………… 1

　　1.1.1　数据通信与计算机网络 ……………………………… 1

　　1.1.2　网络的产生与发展 …………………………………… 1

1.2　计算机网络的主要功能 ………………………………………… 4

1.3　计算机网络的分类 ……………………………………………… 5

　　1.3.1　按照网络覆盖范围大小分类 ………………………… 5

　　1.3.2　按网络拓扑结构分类 ………………………………… 6

　　1.3.3　按网络交换功能分类 ………………………………… 7

1.4　计算机网络的构成及应用 ……………………………………… 8

　　1.4.1　计算机网络的构成 …………………………………… 8

　　1.4.2　计算机网络的应用 …………………………………… 9

1.5　网络通信标准化组织 …………………………………………… 10

　　1.5.1　国际标准化组织 ……………………………………… 10

　　1.5.2　国际电信联盟 ………………………………………… 10

本章小结 ……………………………………………………………… 11

习题 1 ………………………………………………………………… 11

第 2 章　计算机网络的体系结构 ………………………………………… 12

2.1　计算机网络的体系结构和通信协议 …………………………… 12

　　2.1.1　计算机网络体系结构 ………………………………… 12

　　2.1.2　计算机网络通信协议 ………………………………… 13

2.2　开放系统互连参考模型 ………………………………………… 14

　　2.2.1　层次结构 ……………………………………………… 14

　　2.2.2　开放系统互连参考模型的层次结构和功能 ………… 15

　　2.2.3　开放系统互连参考模型的服务 ……………………… 17

2.3　TCP/IP 体系结构 ……………………………………………… 18

　　2.3.1　层次结构 ……………………………………………… 18

　　2.3.2　主要协议 ……………………………………………… 20

　　2.3.3　网络地址 ……………………………………………… 22

2.4　网络服务质量参数 ……………………………………………… 25

　　2.4.1　网络服务质量的定义及服务模型 …………………… 25

　　2.4.2　网络服务质量的关键指标 …………………………… 26

　　2.4.3　网络空间安全保障 …………………………………… 27

本章小结 ·· 27

习题 2 ··· 27

第 3 章　数据传输 ·· 29

　3.1　传输介质与分类 ·· 29

　　3.1.1　有线传输介质及其特性 ··· 29

　　3.1.2　无线传输媒体及其特性 ··· 33

　3.2　信号与编码 ·· 35

　　3.2.1　信号及其转换 ·· 36

　　3.2.2　数据编码 ·· 41

　3.3　信号的传输 ·· 42

　　3.3.1　数据传输 ·· 42

　　3.3.2　信道 ··· 45

　　3.3.3　数据传输的主要技术指标 ······································· 47

　　3.3.4　传输速率 ·· 50

　本章小结 ·· 52

　习题 3 ··· 52

第 4 章　以太网技术基础 ··· 53

　4.1　局域网的数据链路层 ·· 53

　4.2　传输介质的访问控制方法 ·· 56

　4.3　以太网的类型及主要技术指标 ·· 57

　　4.3.1　以太网 ··· 57

　　4.3.2　快速以太网 ·· 59

　4.4　IEEE 802 标准 ·· 61

　4.5　以太网数据帧的结构 ·· 63

　　4.5.1　以太网版本 II 数据帧的结构 ··································· 63

　　4.5.2　IEEE 802.3 以太网数据帧的结构 ······························ 63

　本章小结 ·· 64

　习题 4 ··· 64

第 5 章　交换式网络 ··· 66

　5.1　网络互连设备 ·· 66

　　5.1.1　中继器和集线器 ·· 66

　　5.1.2　网桥 ··· 68

　　5.1.3　交换机 ··· 68

　　5.1.4　路由器 ··· 69

　　5.1.5　网关 ··· 70

　5.2　链路层数据交换 ·· 70

　　　5.2.1　网桥交换原理 ……………………………………………… 70

　　　5.2.2　交换机原理 …………………………………………………… 71

　　　5.2.3　地址解析协议 ………………………………………………… 72

　　5.3　生成树协议 …………………………………………………………… 74

　　　5.3.1　交换机成环产生的问题 ……………………………………… 74

　　　5.3.2　生成树协议的工作原理 ……………………………………… 76

　　5.4　交换机的简单配置 …………………………………………………… 77

　　　5.4.1　控制台端口及连线 …………………………………………… 77

　　　5.4.2　常用设置 ……………………………………………………… 79

　　本章小结 ……………………………………………………………………… 80

　　习题 5 ………………………………………………………………………… 80

第 6 章　网络互连与 IP 编址技术 ……………………………………………… 81

　　6.1　网络互连与互联网协议 ……………………………………………… 81

　　　6.1.1　网络互连 ……………………………………………………… 81

　　　6.1.2　IP 数据报的格式 ……………………………………………… 82

　　6.2　IP 编址技术 …………………………………………………………… 84

　　　6.2.1　IPv4 地址的分类 ……………………………………………… 84

　　　6.2.2　特殊的 IP 地址 ………………………………………………… 86

　　　6.2.3　私有地址和网络地址转换 …………………………………… 87

　　6.3　IP 地址规划 …………………………………………………………… 87

　　　6.3.1　主网及子网 …………………………………………………… 88

　　　6.3.2　子网划分 ……………………………………………………… 88

　　　6.3.3　地址规划设计要求 …………………………………………… 91

　　　6.3.4　可变长子网掩码 ……………………………………………… 92

　　　6.3.5　无类别域间路由 ……………………………………………… 92

　　　6.3.6　IP 地址规划实例 ……………………………………………… 93

　　本章小结 ……………………………………………………………………… 94

　　习题 6 ………………………………………………………………………… 94

第 7 章　虚拟局域网技术 ……………………………………………………… 96

　　7.1　虚拟局域网技术概述 ………………………………………………… 96

　　　7.1.1　虚拟局域网的划分 …………………………………………… 97

　　　7.1.2　虚拟局域网的工作原理 ……………………………………… 99

　　7.2　在交换机上配置虚拟局域网 ………………………………………… 103

　　　7.2.1　建立虚拟局域网 ……………………………………………… 103

　　　7.2.2　虚拟局域网的端口配置 ……………………………………… 104

　　本章小结 ……………………………………………………………………… 107

　　习题 7 ………………………………………………………………………… 107

第8章 路由器及路由协议 ·· 108

8.1 路由器 ··· 108

    8.1.1 路由器的分类 ··· 108

    8.1.2 路由器的功能 ··· 110

    8.1.3 路由选择协议 ··· 111

8.2 静态路由 ·· 114

    8.2.1 静态路由的作用 ··· 114

    8.2.2 静态路由的写法 ··· 115

    8.2.3 直连路由 ··· 116

    8.2.4 默认路由 ··· 116

8.3 虚拟局域网的网间路由 ·· 116

    8.3.1 虚拟局域网的网间路由基础 ··· 116

    8.3.2 单臂路由组网方式 ··· 118

    8.3.3 单臂路由配置 ··· 118

    8.3.4 三层交换机的虚拟局域网路由配置 ··· 120

8.4 动态路由协议 ·· 121

    8.4.1 动态路由协议的作用 ·· 121

    8.4.2 路由信息协议的工作原理 ·· 122

    8.4.3 开放最短通路优先协议的工作原理 ··· 126

    8.4.4 自治系统与边界网关协议 ·· 134

8.5 路由器的配置 ·· 137

    8.5.1 通用路由平台基本操作 ··· 137

    8.5.2 路由器的端口设定 ··· 139

    8.5.3 路由器的路由设置 ··· 141

本章小结 ·· 149

习题8 ··· 149

第9章 常用互联网协议 ·· 150

9.1 动态主机配置协议 ·· 150

    9.1.1 认识动态主机配置业务 ··· 150

    9.1.2 在路由器上进行动态主机配置 ·· 152

    9.1.3 验证动态主机配置 ··· 153

9.2 文件传送协议 ·· 154

    9.2.1 文件传送协议概述 ··· 154

    9.2.2 FTP命令与应答 ·· 155

9.3 超文本传送协议 ··· 157

    9.3.1 超文本传送概述 ·· 157

    9.3.2 Web服务器 ··· 158

9.4 网络地址转换业务 ·· 159

      9.4.1　网络地址转换的原理 ·································· 159

      9.4.2　网络地址转换的类型 ·································· 160

  9.5　电子邮件协议 ·· 161

      9.5.1　电子邮件简介 ··· 161

      9.5.2　电子邮件协议的类型 ·································· 161

      9.5.3　电子邮件协议的应用 ·································· 162

  本章小结 ··· 163

  习题 9 ··· 163

第 10 章　IPv6 基础 ··· 164

  10.1　IPv6 的产生背景 ··· 164

  10.2　IPv6 的地址 ··· 165

      10.2.1　IPv6 的地址格式 ····································· 165

      10.2.2　IPv6 的地址分类 ····································· 166

  10.3　IPv6 的数据报 ··· 168

      10.3.1　IPv6 的基本报头 ····································· 169

      10.3.2　IPv6 的扩展报头 ····································· 170

      10.3.3　IPv6 的数据报示例 ·································· 170

  10.4　地址解析 ·· 171

      10.4.1　邻居发现协议概述 ·································· 171

      10.4.2　地址解析 ··· 172

  10.5　IPv6 的地址配置 ··· 173

  本章小结 ··· 174

  习题 10 ··· 175

第 11 章　网络空间安全概论 ··································· 176

  11.1　网络空间安全基础 ······································ 176

      11.1.1　网络空间安全的重要意义 ······················ 176

      11.1.2　网络空间安全的定义 ····························· 176

      11.1.3　日常生活中的网络安全事件 ··················· 177

      11.1.4　威胁网络安全的行为 ····························· 178

  11.2　网络空间面临的安全 ·································· 179

      11.2.1　Internet 的安全 ······································· 179

      11.2.2　电子邮件的安全 ····································· 180

      11.2.3　域名系统的安全 ····································· 181

      11.2.4　IP 地址的安全 ·· 182

      11.2.5　Web 站点的安全 ····································· 182

      11.2.6　文件传送的安全 ····································· 183

      11.2.7　用户行为的安全 ····································· 184

11.3　网络空间安全的主要内容 ……………………………………………… 185

   11.3.1　计算机病毒的防治技术 …………………………………… 186

   11.3.2　远程控制与黑客入侵 ……………………………………… 189

   11.3.3　网络信息密码技术 …………………………………………… 190

   11.3.4　数字签名与验证技术 ……………………………………… 191

   11.3.5　网络安全协议 ………………………………………………… 193

   11.3.6　无线网络安全机制 …………………………………………… 195

   11.3.7　访问控制与防火墙技术 …………………………………… 196

   11.3.8　入侵检测技术 ………………………………………………… 197

   11.3.9　网络数据库安全与备份技术 ……………………………… 198

   11.3.10　信息隐藏与数字水印技术 ………………………………… 199

   11.3.11　网络安全测试工具及其应用 ……………………………… 202

11.4　我国网络空间安全面临的严峻挑战 …………………………………… 204

本章小结 …………………………………………………………………………… 204

习题 11 ……………………………………………………………………………… 205

参考文献 …………………………………………………………………………… 206

第 1 章　计算机网络技术基础

本章介绍了计算机网络的基本知识和基本概念,包括计算机网络的概念、产生、发展、应用、功能、分类、拓扑结构以及与网络通信有关的标准化组织。

1.1　计算机网络概述

1.1.1　数据通信与计算机网络

电子计算机的发明和因特网(Internet)的出现,使以数据传输为主要用途的计算机通信网络得到了迅猛的发展。网络的出现改变了人们的生活方式,人们通过网络可以快速地获取信息,这些需求又促使数据通信技术发展得更快。美国从 20 世纪 50 年代开始研发数据通信技术,欧洲和日本也于 20 世纪 60 年代末到 70 年代初开始研发数据通信技术。目前,这些发达国家的数据通信市场已具有很大规模。数据通信技术虽然在我国发展较晚,但发展速度却很快,中国公用计算机网、中国教育和科研网等网络的出现,标志着我国数据通信进入了一个崭新的高速发展时期。

在当今世界,数据通信意义重大,不仅在商业领域得到应用,在家庭中的使用也非常广泛,例如目录查询、文件传输、语音信箱、电子信箱、可视图文等。数据通信已成为人们日常生活中不可或缺的部分,对社会的发展产生了深刻的影响。

随着计算机网络通信技术的深入发展,人们希望共享信息资源,即各计算机之间能相互快速地传递信息,将分散的计算机连接成网络,这使得计算机技术向网络化方向发展。所谓计算机网络就是将地理分散、功能独立的计算机通过与外部设备和通信线路互连成一个系统,采用网络协议和网络操作系统实现数据通信与资源共享。它是现代通信技术与计算机技术相结合的产物。

网络系统的产生和发展,使现代社会发生了巨大变化,Internet 的建立,推动了网络向更高层次发展,信息高速公路的建设,使得网络技术进入新的发展阶段。

1.1.2　网络的产生与发展

网络(Network)由若干结点(Node)和连接这些结点的链路(Link)组成。计算机网络的发展大体上可以分为 4 个阶段。

第一阶段:诞生阶段。

第二阶段:形成阶段。

第三阶段:互连互通阶段。

第四阶段:高速网络技术阶段。

1. 面向终端的计算机网络

随着军事、工业等部门应用计算机的需要,人们非常需要将分散在不同地方的数据进行集中处理。20 世纪 50 年代中后期,许多系统都将地理位置分散的多个终端通过通信线路连接到一台中心计算机上,实现对中心计算机软硬件资源的共享。这样就出现了第一代计算机网络。一直到 20 世纪 60 年代中期,第一代计算机网络都是以单个计算机为中心的远程联机系统,如图 1-1 所示。

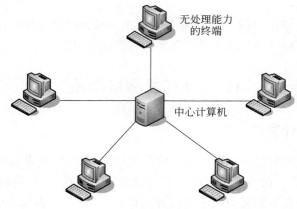

图 1-1　第一代计算机网络示意图

2. 分组交换网

处于 20 世纪 60 年代中期至 70 年代的第二代计算机网络是以多个主机通过通信线路互连的。英国的 Davies 提出了分组(Packet)的概念,使计算机的通信方式由终端与计算机的通信发展到了计算机与计算机之间的通信,如图 1-2 所示。到了 20 世纪 60 年代末期,美国国防部高级研究计划署(ARPA)开始建立分组交换网 ARPANET。ARPANET 于 1969 年 12 月正式启用,当时仅连接了 4 台计算机,这就是 Internet 的前身。ARPANET 对网络技术的发展起了重要的作用,使网络的概念发生了根本性变化,表明了计算机网络要完成数据处理与数据通信两大功能,为 Internet 的形成奠定了基础。ARPANET 标志着现代意义的计算机网络的形成。它的主机之间不是直接用线路相连,而是由接口报文处理机(IMP)转接后互连的。IMP 和它们之间互连的通信线路一起负责主机间的通信任务,构成了通信子网。通信子网互连的主机负责运行程序,提供资源共享,组成了资源之网。第二代计算机网络以通信子网为中心,而且采用了分组交换技术,主要解决了计算机互连起来相互共享资

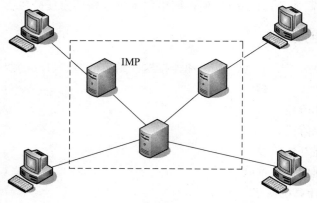

图 1-2　第二代计算机网络示意图

源的目标,形成了现代意义上的计算机网络的基本概念。

3. 形成计算机网络体系结构和网络协议的标准化

随着网络的发展,20 世纪 70 年代中期,国际上各种网络系统发展十分迅速,相互通信的计算机系统必须高度协调才能工作,因此网络体系结构和网络协议的国际标准化问题越发重要。为了使不同体系结构的网络能够实现互连,国际标准化组织 ISO 推出了开放系统互连网络的参考模型 OSI,ARPANET 也制定了 TCP/IP 体系结构,TCP 和 IP 这两个协议定义了一种在计算机网络间传送报文(文件或命令)的方法,对网络理论体系的形成与网络技术的发展起了重要作用。20 世纪 70 年代末至 90 年代形成了第三代计算机网络,具有统一的网络体系结构并遵循国际标准的开放式和标准化的网络,实现互连互通,如图 1-3 所示。ISO-OSI/RM 和 TCP/IP 就是在这个时期提出的。

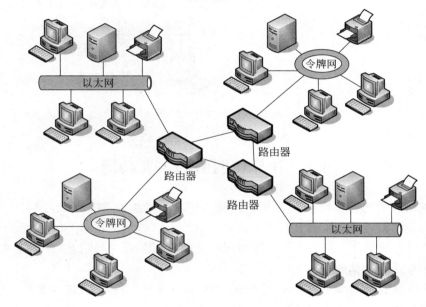

图 1-3　第三代计算机网络示意图

4. 网络互连与高速网络技术

20 世纪 80 年代末期,计算机网络开始迅速发展。其主要标志为,网络采用了 OSI 体系结构和具有开放性的协议——TCP/IP,形成了开放性的标准化实用网络环境,使得任何厂家生产的计算机都能相互通信,使 Internet 成为这一开放的系统发展为世界上最大的国际性计算机互连网络。连接在 Internet 上的计算机都称为主机(Host)。网络把许多计算机连接在一起。Internet 则把许多网络连接在一起。因此说互联网是"网络的网络"。

从 20 世纪 90 年代末至今的第四代计算机网络伴随着局域网技术的发展而不断成熟,出现了光纤、高速网络技术、多媒体网络、智能网络等,整个网络就像一个对用户透明的大型计算机系统。以 Internet 为代表的互联网如图 1-4 所示。Internet 的发展,促进了网络技术的飞速发展,实现了全球范围的网络通信。Internet 已从最初的教育科研网络逐步发展成为商业用途,是自印刷术以来人类信息传播的最大变革。现在,人们的生活、工作、学习和交往都已离不开 Internet。

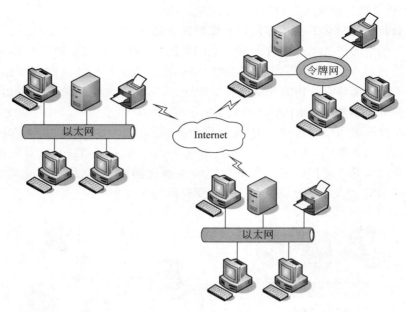

图 1-4　第四代计算机网络

1.2　计算机网络的主要功能

随着网络技术的迅速发展,互联网已经融入了人们的生活、工作、学习和日常交往。网络向用户提供的最重要的功能就是连通性和共享性。

（1）连通性是指计算机网络使上网的用户之间可以互相交换信息,好像这些用户的计算机彼此直接进行数据通信。

（2）共享性是指资源共享,可以是信息共享、软件共享,也可以是硬件共享。

计算机网络的主要功能如下。

1. 数据通信功能

网络技术是通信技术和计算机技术结合的产物,数据通信是计算机网络的基本功能。它用来快速传送计算机与终端、计算机与计算机之间的各种信息,将分散在各个不同地域、不同单位或部门的各类信息通过计算机网络进行统一的调配、控制和管理。

2. 资源共享

资源共享指共享计算机系统的硬件、软件和数据。

（1）硬件资源共享,是指在网络内提供对处理资源、存储资源、输入输出资源等的共享,特别是一些高级和昂贵的设备。

（2）软件资源共享,包括很多语言处理程序、网络软件等。

（3）数据资源共享,包括各种数据库、数据文件等。网络提高了整个系统的数据处理能力,降低了平均处理费用。

3. 提高了系统的可靠性和可用性

计算机网络通过可替代的资源提高可靠性,使网络计算机彼此互为备用。当一台计算机出故障时,可将任务交由其他计算机完成。可用性是指通过计算机网络均衡各台计算机的负担,由连网的计算机协同完成各种处理任务,均衡使用网络资源,提高了每台计算机的资源利用率。

4. 容易进行分布式综合处理

在计算机网络上,按照一定的算法,将复杂的任务交给不同计算机协作完成。当某台计算机负担过重或在处理某项工作时,网络可将新任务转交给空闲的计算机完成,这样一来,可均衡各台计算机的负载,提高处理问题的实时性。在解决复杂问题时,可将问题的各个部分交给不同的计算机进行分布式处理,充分利用网络资源,扩大处理能力,实现多台计算机的协同计算。

1.3 计算机网络的分类

计算机网络可按标准和角度的不同进行分类。

(1) 按网络的覆盖范围不同,可分为局域网(Local Area Network,LAN)、城域网(Metropolitan Area Network,MAN)和广域网(Wide Area Network,WAN)。

(2) 按网络拓扑结构不同,可分为星形拓扑、总线拓扑、环形拓扑、树状拓扑和网状拓扑。

(3) 按网络交换功能不同,可分为电路交换、报文交换和分组交换。

(4) 按通信介质不同,可分为有线网和无线网。

(5) 按通信传播方式不同,可分为点对点式网络、广播式网络和多播式网络。

(6) 按网络使用者不同,可分为公用网络和专用网络。

(7) 按网络控制方式不同,可分为集中式网络和分布式网络等。

下面重点介绍几类常用的网络。

1.3.1 按照网络覆盖范围大小分类

按网络覆盖范围大小进行分类,通常可分为局域网、城域网和广域网。

1. 局域网

局域网是指在有限地理区域内构成的覆盖面相对较小的计算机网络,通常传输距离在数百米,覆盖范围通常不超过几十千米,结点位置通常设在校园、建筑物或室内。网络拓扑常用简单的总线拓扑、环形拓扑或星形拓扑,传输距离短、延迟低、速度快、性能稳定、框架简易,目前常用传输速率为100Mb/s。

另外,在局域网中还有一种特殊的网络就是个人区域网(Personal Area Network,PANP),指的是在个人区域内把个人使用的笔记本计算机、打印机等电子设备采用无线技术连接起来,作用范围约为10m。

2. 城域网

城域网覆盖范围是一个城市,在城市范围内,以 IP 和 ATM 电信技术为基础,以光纤或微波作为传输介质的网络,是一个集数据、语音、视频服务于一体的高带宽、多功能、多业务接入的多媒体通信网络。

城域网的一个重要作用是作为主干网将位于同一城市内不同地点的主机、数据库和局域网互相连接起来,其传输延迟较小,传输速率可达 100Mb/s。城域网有单独的网络标准,即 IEEE 802.6 分布式队列双总线(Distributed Queue Dual Bus,DQDB)。

3. 广域网

广域网又称远程网,是一种跨城市、跨地区、跨国家的网络,其主要特点是进行远距离通信,所覆盖的范围从几十到几千千米。广域网通常含有复杂的分组交换系统,传输介质主要是双绞线或光纤。与局域网相比,传输延迟大(尤其是国际卫星分组交换网),信道容量较低。

广域网是一种公共数据网络,研究的重点是宽带核心交换技术。

广域网并不等同于互联网。Internet(因特网)指世界范围内,通过网络互连设备把不同的众多网络根据通信协议互连起来,形成全球最大的开放系统互联网络。

1.3.2 按网络拓扑结构分类

常见的计算机网络拓扑结构主要有星形拓扑、总线拓扑、环形拓扑、树状拓扑和网状拓扑。

1. 星形拓扑

星形拓扑指所有结点通过传输介质与中心结点相连,全网由中心结点执行交换和控制功能,即任意结点间的通信都要经过中心结点进行转发,如图 1-5(a)所示。

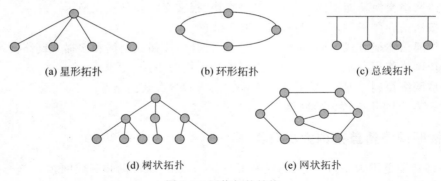

(a) 星形拓扑   (b) 环形拓扑   (c) 总线拓扑

(d) 树状拓扑   (e) 网状拓扑

图 1-5　网络拓扑结构

星形拓扑结构简单、建网容易、易于实现、便于集中控制和管理、易于故障隔离和定位,网络延迟较小,但网络的中心结点负担过重,如果中心结点出现故障,将导致全网失效。设立备用中心可以提高其可靠性。

2. 环形拓扑

环形拓扑指将每个结点通过点对点通信线路连接成闭合环路;信息沿环状信道流动,环中的数据将沿一个方向逐站传送,通常是单向的,如图 1-5(b)所示。

环形拓扑结构简单,传输延迟确定,采用存储转发的形式将数据从一个结点传送到环上的下一个结点。结点之间的通路唯一,一旦某一个结点或某一段信道失效,会影响全局,为了方便环中结点的加入、撤出和控制数据传输顺序,保证环的正常工作,需要设计复杂的维护协议,所以实际应用中常设置备份的第二环路作为故障结点的旁路。

3. 总线拓扑

总线拓扑是将若干个结点设备连接到一条共用总线,共享传输介质,如图1-5(c)所示。

采用总线拓扑的网络使用的是广播通信方式,即所有结点都可以通过总线传输介质发送或接收数据,但同一段时间内只允许一个结点利用总线发送数据。该网络结构简单灵活,便于扩充,易于布线。由于总线上的所有结点都可以接收到总线上的信息,因此易于控制信息流动。由于因采用单一信道提供所有服务,所以当信道出现故障时会影响全网工作。采用此结构的网络负载不能过重,当一个结点利用总线发送数据时,其他结点只能接收数据;如果有两个或两个以上的结点同时发送数据,就会出现冲突,造成传输失败。因此,需要解决多结点访问总线的介质访问控制问题。

4. 树状拓扑

树状拓扑将结点按层次连接,是一种具有顶点的分层或分级结构。采用树状拓扑的网络,结点按层次进行连接,信息交换主要在上、下结点之间进行,相邻及同层结点之间通常不进行数据交换或数据交换量比较小,因此适合于上下级之间纵向数据传输、汇集信息,如图1-5(d)所示。

树状拓扑的网络由顶点执行全网的控制功能、控制较简单、易于扩展、易于故障隔离,但若发生顶点故障且无备用设备,就会使全网瘫痪。

5. 网状拓扑

网状拓扑指结点之间的连接是任意的、没有规律,任意两个结点间存在多条传输路径供路由选择,由于提高了可靠性,所以大多数分组交换网都采用这种结构。其缺点是投资大,网络协议在逻辑上相当复杂,必须采用路由选择算法、流量控制与拥塞控制方法。网状拓扑的优点是系统可靠性高,如图1-5(e)所示。

1.3.3 按网络交换功能分类

网络按交换功能可分为电路交换、报文交换和分组交换。

数据在通信线路上进行传输的最简单形式就是用传输线直接将两个终端相连后进行数据通信,即点对点通信。但是,要用这种方法实现网络中所有设备之间的通信是不现实的,通常要经过中间结点实现两个互连终端之间的通信。这些中间结点提供的交换功能使数据从一个结点传到另一个结点,直至到达目的地。这些中间结点用传输链路相互连接起来,构成了具有某种交换能力的网络,每个终端都连到这个网络上。数据交换方式基本上分为电路交换(Circuit Switch,CS)、报文交换(Message Switch,MS)和分组交换(Packet Switch,PS)3种。

1. 电路交换

电路交换是一种广泛应用的传统交换方式,电话交换网是使用电路交换技术的典型例子。其特点是在进行数据传输前,首先由用户呼叫,然后在源端与目的端之间建立起一条适当的信息通道并进行信息传输,直到通信结束后才释放线路。电路交换通信的基本过程可分为电路建立、数据传输、电路拆除3个阶段。

2. 报文交换

报文交换方式是根据数据特点提出来的。报文交换方式的数据传输单位是报文,报文就是站点一次性要发送的数据块,其长度不限且可变。报文交换不需要在两个站之间建立专用通路,传送方式采用存储转发方式。当一个站要发送一个报文时,它把一个目的地址附加到报文上,网络结点根据报文上的目的地址信息,把报文发送到下一个结点,然后逐个结点地转送到目的结点。每个结点在接收到整个报文后,要对它进行误码检测,判断有无差错出现。

3. 分组交换

分组交换也是一种存储转发的方式,以分组(Packet,又称为包)为单位在网内传输信息。网络发送结点首先对从终端设备送来的数据报文进行接收、存储,而后将报文划分成一定长度的分组,并以分组为单位进行传输和交换。每个分组的传送可以是独立的、互不相关的。接收结点接收来自网络的具有该结点地址的分组,并重新将这些分组组装成信息或报文。

每个分组头部都包含有分组的地址和控制信息(路由选择、流量控制和阻塞控制等)并给出该分组在报文中的编号且要标明报文中的最后一个分组,以便接收结点知道整条报文是否已经传输结束。分组具有固定的长度,故不需要分组结束的标志。

分组交换分为虚电路(Virtual Circuit,VC)方式和数据报(Datagram,DG)方式两种。

分组交换的特点如下。

(1)传输质量高。因为分组交换具有差错控制功能,每个分组在网络内传输时可以分段独立地进行差错流量控制,因而网内全程误码率低。

(2)对线路动态复用,传输效率高。

(3)可在不同终端之间通信。

(4)分组交换网提供的虚电路服务,具有近似无差错的传输质量,网内具有路由选择、拥塞控制等功能,当网络线路或设备产生故障后,网内可自动为分组选择迂回路由进行传送,保证提供可靠的服务质量(Quality of Service,QoS)。

1.4　计算机网络的构成及应用

1.4.1　计算机网络的构成

计算机网络用户的需求推动了计算机技术和通信技术的完善和发展。计算机网络具有数据处理和数据通信两大基本功能,在结构上分为负责数据处理的计算机与终端、负责数据通信处理的通信控制处理机(Communication Control Processor,CCP)与通信线路。以资源共享为主要目的的计算机网络从逻辑上可分为资源子网和通信子网两部分。资源子网(终端系统)负责信息的处理,通信子网实现网络信息的传输和交换。

1. 资源子网

资源子网由主机系统、终端、终端控制器、连网外设、软件资源与信息资源组成,负责全网的数据处理并向网络用户提供各种网络资源与网络服务。其中,主机是资源子网的主要组成单元,它通过高速通信线路与通信子网的通信控制处理机相连接。

2. 通信子网

通信子网也称数据通信网,由通信控制处理机、通信线路与其他通信设备组成,用于完成网络数据传输、转发等通信处理任务。其中,通信控制处理机在网络中被称为网络结点,通信线路为通信设备之间提供通信信道,如图 1-6 所示。

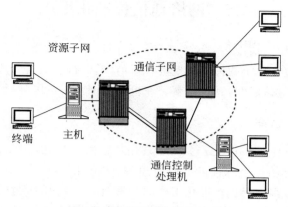

图 1-6　通信子网和资源子网

网络边缘属于资源子网,包括应用程序、服务器和主机等;网络核心属于通信子网,包括路由器、交换机等。

1.4.2　计算机网络的应用

计算机网络向用户提供的最重要的功能就是连通性和共享性。

(1)连通性。计算机网络使上网的用户之间可以进行信息交换,好像这些用户的计算机都彼此直接连通一样。

(2)共享性。共享即资源共享,可以是信息共享、软件共享,也可以是硬件共享。

网络改变着人们的生活、学习、工作和娱乐方式。

人们现在的生活、工作、学习和交往都离不开网络,它改变了人们的联络方式。通过它人们可以和远方的朋友语音聊天、视频通话。网络拉近了人与人之间的距离,无论身在哪里,只要连接上网络,就可以与亲朋好友面对面聊天。

网络也改变了人们的学习方式。学习不再是只在课堂上听老师讲解,现在的网络技术真正实现了因材施教,老师讲过的问题,学生可以针对自己不明白的地方在网络上查询,通过网络和老师讨论问题、提交作业,甚至预约实验。通过网络还可以听到更多著名教师的课程,接受更多专家的指导。学校的好坏不再是制约学生学习的必要条件,因为"名师"就在身边。

现代网络技术极大地改变了人们的工作方式。人们以前写文稿、绘图等工作需要使用笔在纸上书写,费时费力、易错、难改,现在使用计算机打字、绘图,便于修改和删除,在家里设计好的图文稿,可以直接通过互联网传送到办公室,摆脱了传统的办公室的束缚。

人们购物不一定要去商场,在网上就可以直接挑选商品。新兴的购物形式激发了人们的乐趣。人们可以按照自己的时间支配自己的娱乐生活。看新闻、看电视、看电影等都可以在网络上进行。

1.5 网络通信标准化组织

网络通信需要使用通信设备。生产通信设备的厂家众多,要使不同企业生产的设备实现交互,就必须统一遵守规定的标准和规则。目前,通信行业最著名的两个标准化组织是国际标准化组织和国际电信联盟,其宗旨就是在世界范围内促进国际标准的制定。

1.5.1 国际标准化组织

国际标准化组织(International Organization for Standardization,ISO)的前身是国际标准化协会(ISA)。这是一个全球性的非政府组织,成立于 1947 年,国际标准化组织的目的和宗旨是“在全世界范围内促进标准化工作的开展,便于国际物资的交流和服务,扩大在知识、科学、技术和经济方面的合作”。其主要活动是制定国际标准,协调世界范围的标准化工作,组织各成员国和技术委员会进行情报交流,与其他国际组织进行合作,共同研究有关标准化问题。目前 ISO 负责绝大部分领域(包括军工、石油、船舶等垄断行业)的标准化活动。此外,还有 ISO 9000、ISO 9001、ISO 9004 等质量体系标准。其中,ISO 9000 标准明确了质量管理和质量保证体系,适用于生产型及服务型企业。ISO 9001 标准为从事和审核质量管理和质量保证体系提供了指导方针。

1.5.2 国际电信联盟

国际电信联盟(International Telecommunication Union,ITU)是联合国的一个重要专门机构,简称“国际电联”。国际电信联盟主管信息通信技术事务,负责分配和管理全球无线电频谱与卫星轨道资源,制定全球电信标准,向发展中国家提供电信援助,促进全球电信发展。为了顺利实现国际电报通信,1865 年 5 月 17 日,法、德、俄、意、奥等 20 个国家的代表在巴黎签订了《国际电报公约》,国际电报联盟(International Telegraph Union,ITU)也宣告成立。

1. ITU 的分机构

ITU 于 1993 年重组设立了电信标准分局(ITU-T)、无线电通信规范组(ITU-R)和电信发展部门(ITU-D)3 个部门。

(1) 国际电信联盟电信标准分局 ITU-T(ITU-T for ITU Telecommunication Standardization Sector)是国际电信联盟管理下的专门制定电信标准的分支机构,该机构的前身是国际电报电话咨询委员会(International Telegraph and Telephone Consultative Committee,CCITT)。

(2) 国际电信联盟无线电通信组(ITU-Radiocommunications Sector,ITU-R)是国际电信联盟管理下的专门制定无线电通信相关国际标准的组织。

(3) 国际电信联盟电信发展部门(ITU-Telecommunication Development Sector,ITU-D)成立的目的就是要普及以公平、可持续和支付得起的方式获取信息通信技术,以此作为促进和加强社会和经济发展的手段。

2. ITU 的宗旨

ITU 的宗旨如下。

（1）保持和发展国际合作，促进各种电信业务的研发和合理使用。

（2）促使电信设施的更新和最有效的利用，提高电信服务的效率，增加利用率和尽可能实现大众化、普遍化。

（3）协调各国工作，达到共同目的，这些工作可分为电信标准化、无线电通信规范和电信发展 3 个部分。

除了 ISO 和 ITU 之外，还有以下一些影响比较大的标准化机构。

① 美国电气和电子工程师协会（Institute of Electrical and Electronics Engineers，IEEE）由电子技术与信息科学工程师组成，曾制定了局域网标准，即 IEEE 802 标准。

② 美国电子工业协会（Electronic Industries Association，EIA）是在国际上非常有影响的标准制定机构，EIA 制定的有关物理层的标准 EIA-RS-232-C 给出了目前计算机串行接口的标准规范。

③ Internet 结构委员会（Internet Architecture Board，IAB）成立于 1983 年，负责 Internet 的标准化工作。

④ 国际互联网工程任务组（Internet Engineering Task Force，IETF）负责 Internet 近期发展的工程与标准问题。

本 章 小 结

本章以计算机网络的产生为背景，介绍了计算机网络的基本知识，包括计算机网络的基本概念、产生、发展、应用、功能、分类及采用的拓扑结构等内容，最后简要介绍了网络通信的标准化组织。

通过本章学习，要求理解计算机网络的基本概念，了解基本功能，掌握计算机网络的主要类型及特性，重点掌握计算机网络的拓扑结构，了解有关网络通信的标准化组织。感兴趣的读者可以查找相关资料进一步拓展计算机网络的相关知识。

习 题 1

1. 什么是计算机网络？

2. 举出一个点对点网络的例子，说明为什么该网络要选择点对点连接。

3. 计算机网络的拓扑结构有哪几种？分析网络的拓扑结构，比较各种拓扑类型的优缺点。

4. 按逻辑功能划分，计算机网络由哪些部分组成？

5. 按网络交换功能分，数据交换基本方式可分为几种？具体解释一下。

6. 举例说明什么是电路交换，什么是分组交换。

7. 电路交换的主要特点是什么？

8. 分组交换的优点和缺点分别是什么？

9. 举例说明网络的应用。

第2章 计算机网络的体系结构

本章介绍网络与通信协议体系结构及所涉及的相关概念,包括数据通信协议;OSI(开放系统互连)参考模型;TCP/IP体系结构的协议和网络服务质量参数等。通过本章的学习可以对计算机网络结构和通信协议的基础知识有一定的了解。

2.1 计算机网络的体系结构和通信协议

计算机网络通信是一个复杂的过程,因为计算机网络是由多个彼此互连的结点所构成,结点之间需要交换数据、交换控制信息,这就要求相互通信的两个计算机系统必须高度协调工作才行,而这种协调是相当复杂的。要求每个结点必须相互遵守一套合理、严谨的规则,这就是计算机网络互连的协议,也是解决网络互联复杂性系统的分解方法。计算机网络体系结构是一个抽象的概念,是从功能上描述计算机网络的整体结构,网络体系结构的出现,极大地推动了计算机网络的发展。

2.1.1 计算机网络体系结构

对于一个复杂系统,可以通过分层的方式将庞大而复杂的问题转化为若干较小的局部问题。最后将这些比较易于研究和处理的局部问题逐一解决。

1. 体系结构定义

计算机网络的体系结构是计算机网络的分层及其服务和协议的集合,用层次化结构将整个计算机网络通信的功能分出层次,每层完成特定的功能,下层为上层提供服务。它是用户进行网络互连和通信系统设计的基础。

2. 划分层次结构的意义

通过层次划分,可使灵活性更好,不同的结构可以分开。由于计算机网络各层次之间是相互独立的,因此每一层都不需要知道底层的结构,只需要知道是通过层间接口所提供的服务,这样就可使网络易于实现和维护,促进标准化工作的开展。

3. 体系结构分层的原则

按功能对计算机网络进行分层、归类时,每层功能应明确、独立;层与层的接口要适合标准化,每层只与相邻层有边界;同时为满足各种通信服务需要,在一层内还可有若干子层。

具体要求如下。

(1) 网络中各结点都具相同的层次。

(2) 不同结点的相同层具有相同的功能。

(3) 同一结点内各相邻层之间通过接口通信。

(4) 每一层可以使用下层提供的服务,并向其上层提供服务。

(5) 不同结点的同等层通过协议实现对等层之间的通信。

(6) 同等功能层次间双方必须遵守相同的规定。

2.1.2 计算机网络通信协议

1. 协议

计算机网络是将不同的计算机和终端通过通信线路进行连接的一个复杂系统。要实现资源共享,就必须使网络上的各个结点协调一致,这就需要网络协议。所谓协议,是指通信双方应共同遵守的实现信息交换规则的集合。由定义可知,网络协议是一套完整的规则,定义了数据从发送到接收必须经历的过程及操作,规定了网络中使用的格式、控制、定时方式、顺序和检错等。

协议的制定和实现采用了层次结构,即将复杂的协议分解为一些简单的分层协议,使同等功能层次间双方必须遵守相同的规定。协议的主要内容如下。

(1)语法。语法是指数据与控制信息的结构或格式,确定通信所采用的数据格式、编码、信号电平等标准,回答"怎么讲"的问题。

(2)语义。协议的语义是指对构成协议的协议元素含义的解释,用于协调和差错处理的控制信息,即"讲什么"的问题。

(3)同步。同步(或定时)规定了事件的执行顺序,包括速度匹配和排序等内容。

网络通信协议具有层次性、可靠性和有效性的特点。分层协议可以将复杂的问题简单化,同时协议可靠性和有效性是正常和正确通信的保证。只有协议可靠、有效,才能实现系统内各种资源的共享。

2. 服务

同一计算机中不同功能层次之间的通信是通过接口或服务来实现的。接口是同一主机内相邻层之间交换信息的连接点,接口或服务规定了两层之间的接口关系及利用下层的功能为上层提供服务。只要接口条件不变、底层功能不变,实现底层协议的技术变化,不会影响整个系统的工作。

协议和服务是网络体系结构中两个重要的概念,协议定义了对等层之间的通信规则和过程,表现了对等实体间交换帧、分组和报文的格式及意义的一组规则。所谓对等实体,是指相同层次内相互交互的实体;而实体(Entity)是指通信时能发送和接收信息的任何软件和硬件设施。

服务定义了相邻的上、下层之间接口的方法,体现了下层为上层提供服务的原则。

网络通信协议层次模型如图 2-1 所示。

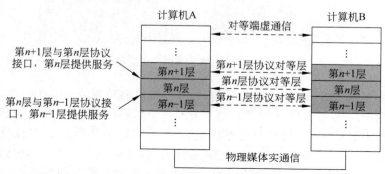

图 2-1　网络通信协议层次模型

接口(Interface)用于网络分层结构中各相邻层之间的通信。两个相邻层之间的信息交换是通过服务访问点(Service Access Point,SAP)接口实现的。在同一系统中,它是相邻两层实体的逻辑接口。每个SAP都有一个唯一的地址码供服务用户间建立连接,在两层之间允许有多个服务访问点。

SAP实际上就是第 n 层实体和它的上一层(第 $n+1$ 层)实体之间的逻辑接口,如图2-2所示。

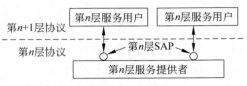

图 2-2　实体之间的逻辑接口

2.2　开放系统互连参考模型

为了使网络系统结构标准化,国际标准化组织于1978年提出了开放系统互连参考模型(OSI-RM),该模型中的七层协议是指导计算机网络发展的标准协议。

2.2.1　层次结构

开放系统互连参考模型(Open System Interconnection Reference Model,OSI参考模型)是国际标准化组织所制定的网络标准,只要遵循OSI标准,一个系统就可以与遵循这一标准的其他系统进行通信。

所谓"开放系统",是指一个系统与其他系统进行通信时能够遵循OSI标准的系统,所以,OSI参考模型定义了不同计算机互连标准的框架结构,得到国际上的承认。在开放系统互连参考模型中,下一层为上一层提供服务,各层内部的工作与相邻层是无关的。

开放系统互连网络模型的七层结构如图2-3所示。

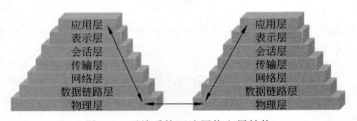

图 2-3　开放系统互连网络七层结构

OSI参考模型采用了层次化结构,将整个网络通信的功能分为7个层次,每层完成特定的功能,并且下层为上层提供服务。通常把1~3层(即物理层、数据链路层和网络层称为低三层)称为通信子网,执行开放系统之间的通信控制功能。它由计算机和网络共同执行。通常把4~7层称为高层组,也称资源子网,主要执行数据处理功能。因此说,OSI参考模型中的高层是面向信息处理的。OSI参考模型中低层面向数据通信,如图2-4所示。

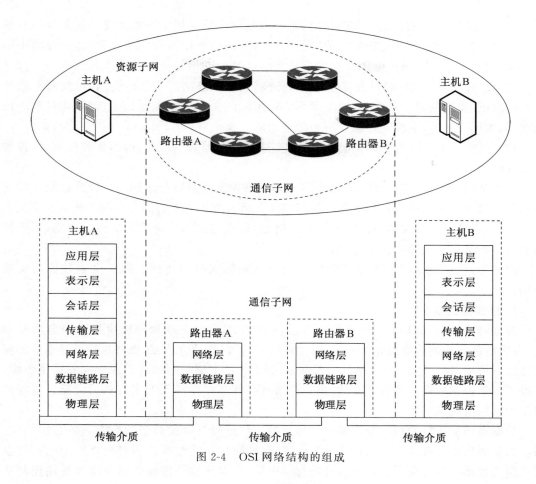

图 2-4　OSI 网络结构的组成

2.2.2　开放系统互连参考模型的层次结构和功能

1. 物理层

物理层(Physical Layer)是 OSI 参考模型的最底层(第 1 层),直接与物理传输介质相连。物理层的功能是利用传输介质为通信的网络主机之间建立、管理和释放物理连接,实现通信信号的透明传输,为数据链路层提供数据传输服务。物理层的数据传输单位是比特(bit,b)。

物理层提供数据终端设备(Data Terminal Equipment,DTE)之间、DTE 与数据线路端接设备(Data Circuit-Terminating Equipment,DCE)之间的机械连接设备插头、插座的尺寸和端头数及排列等。DTE 产生数据并且传送到 DCE,而 DCE 将此信号转换成适当的形式在传输线路上进行传输。在物理层,DTE 可以是终端、微型计算机、打印机、传真机等其他设备,但是一定要有一个转接设备才可以通信。DCE 是指可以通过网络传输或接收模拟数据或数字数据的任意一种设备,最常用的设备就是调制解调器。

物理层负责在计算机之间传递数据位,为在物理介质上传输的位流建立规则,定义电缆连接方式、在电缆上发送数据时的传输技术等。物理层在网络上实现设备之间连接的物理接口,这些接口主要通过 4 个方面来定义它的特性。

（1）机械特性。DTE 和 DCE 之间的接口首先规定的是用于多线互连的接插件的机械特性。机械特性规定了网络物理连接时所使用的可接插连接器的形状和尺寸,连接器中引脚的数量、功能、规格,最大电缆长度以及最大电容等。

（2）电气特性。电气特性规定了在物理链路上的二进制形式进行传输时,线路上信号电平的高低、阻抗及阻抗匹配、传输速率与传输距离;主要考虑信号波形和参数,电压和阻抗的大小,编码方式等,它决定传输速率和传输距离。

（3）功能特性。功能特性规定了物理接口上各条信号线的功能分配,例如数据线、控制线、定时线和地线等。

（4）规程特性。规程特性规定了信号线以二进制形式进行传输的一组操作过程。即描述通信接口上传输时间与控制执行的时间顺序。通信过程控制由许多控制线的状态变化来实现,并且规定了各条控制线的定时关系。例如,请求发送和准备发送的控制电路,用于控制 DTE 和 DCE 之间数据的发送和接收过程。

因此说,物理层保证了物理链路的正确连接和数据链路实体之间二进制数据的透明传输。

2. 数据链路层

数据链路层是 OSI 参考模型的第 2 层,它的主要功能是在物理层所提供服务的基础上,在通信的实体间建立数据链路连接,实现链路管理(即建立连接、维持连接及通信后的释放连接);传输以帧(Frame)为单位的数据包;为了保证上层数据帧在信道上无差错地传输,采取了差错控制和流量控制等方法,使有差错的物理线路变成无差错的数据链路。数据链路层为网络层提供服务。

数据链路层所传输的一个数据单元称为帧。数据帧是存放数据的有组织的逻辑结构。为了保证通信双方有效、可靠、正确地工作,数据链路层在接收端将来自物理层的二进制数据打包为数据帧并规定了识别帧的开始与结束标志,以便检测传输差错及增加传输控制功能,提供链路数据的流量控制等。

常用的数据链路层协议有两类:一是面向字符的传输控制规程,例如基本型传输控制规程;另一类是面向二进制数据的传输规程,例如高级数据链路控制规程(HDLC)。

3. 网络层

网络层是 OSI 参考模型的第 3 层,主要支持网络连接的实现,为传输层提供整个网络内端到端的数据传输的通路,完成网络的寻址。网络层的数据传输单元是分组,网络层通过路由选择算法为分组通过通信子网选择最适当的传输路径,提供路径选择与中继。网络层可为传输层提供服务,从传输层来的报文在此被转换为分组进行传送,然后在收信结点再装配成报文转给传输层并保证分组按正确顺序传递。此外,网络层还具有实现流量控制、拥塞控制与网络互连的功能。

4. 传输层

传输层是 OSI 参考模型的第 4 层,建立在网络层之上,主要功能是为网络上的计算机通信进程提供可靠的端到端连接与数据传输服务。传输层向高层用户屏蔽了低层通信子网的数据通信细节,使高层用户感觉在两个传输层实体之间存在着一条端到端的可靠通信系统。传输层负责建立、拆除和管理传输连接,实现传输层地址到网络层地址的映射,完成端到端可靠的透明传输和流量控制。传输层的数据传输单元是报文。

5. 会话层

会话层是 OSI 参考模型的第 5 层,建立在传输层之上,负责组织维护两个会话主机的通信进程之间的对话,协调它们之间的数据流。在这里,用户与用户之间的逻辑上的联系称为会话。实际上会话层是用户(应用进程)进网的接口。会话层的主要功能是,在建立会话时,核实对方身份是否有权参加会话;确定何方支付通信费用;在两个通信的应用进程之间负责会话连接的建立、管理和终止,以及数据的交换,提供会话活动管理和会话同步管理等功能。

6. 表示层

表示层是 OSI 参考模型的第 6 层,建立在传输层之上,主要解决两个通信系统中交换信息的表示方法差异问题。表示层管理所用的字符集与数据码,数据在屏幕上的显示或打印方式、颜色的使用,所用的格式等。表示层的主要功能是完成信息格式的转换,对有冗余的字符流进行压缩与恢复,数据的加密与解密等,使信息的表示方法有差异的设备之间可以相互通信,提高通信效能,增强系统的保密性等。

7. 应用层

应用层是 OSI 参考模型的第 7 层,也是最高层,是用户和网络的界面,为应用程序提供网络服务,它包含了各种用户使用的协议。在应用层,用户可以通过应用程序访问网络服务,为应用进程访问网络环境提供接口或工具。

2.2.3 开放系统互连参考模型的服务

1. 对等层通信协议和层间服务

协议和服务是 OSI 参考模型中的两个概念,协议定义了对等层之间的通信规则和过程,表现了对等实体间交换帧、分组和报文的格式及意义的一组规则,所谓对等实体是指相同层次内相互交互的实体;服务定义了相邻的上、下层之间接口的方法,体现了下层为上层提供服务的原则。

2. 服务原语

在 OSI 参考模型中,当同一开放系统的 $(n+1)$ 实体向 (n) 实体请求服务时,服务用户和服务提供者之间进行交互的信息称为服务原语。服务原语指出需要本地实体或远程的对等实体所完成的工作,OSI 中的服务原语如图 2-5 所示。

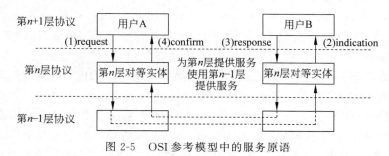

图 2-5　OSI 参考模型中的服务原语

在 OSI 参考模型中,规定了 4 种服务原语类型。

(1) Request(请求)。表示一个实体请求得到某种服务。

（2）Indication（指示）。把某一事件的信息通知某一实体。

（3）Response（响应）。一个实体响应某一事件。

（4）Confirm（确认）。确认一个实体的服务请求。

一个完整的服务原语由原语名称、原语类型和原语参数组成。原语名称和原语类型之间用圆点或空格隔开，原语参数用括号与前面两部分隔开，可以用中文表示。例如，一个网络连接请求的原语如下：

n-CONNECT. Request（主叫地址，被叫地址，确认，加速数据，QoS，用户数据）

3. 面向连接和无连接服务

在网络中下层向上层提供的服务主要有面向连接的服务和无连接服务两种类型。

面向连接的服务是指在数据交换之前必须先呼叫建立连接，保留下层的相关资源并在通话过程中维持这个连接，保证正常通信；数据交换结束后，应终止这个连接，释放所保留的资源。面向连接的服务具有建立连接、维持连接进行数据传输和释放连接 3 个阶段，采用可靠的报文分组按序传送数据，所以又称为虚电路服务。在通信过程中，如果建立了虚电路，就像在两个主机之间建立了一条物理电路，所有发送的分组都沿这条电路按顺序传送到目的站，保证报文分组无差错、不丢失、不重复地按序传送，使通信的服务质量得到保证。

无连接服务是指两个实体之间的通信不需要先建立好一个连接，因此其下层的相关资源不需要事先预订保留，这些资源是在数据传输时动态地进行分配的。无连接服务的具体实现就是数据报服务，数据报服务可以随时发送数据，每个数据报必须提供完整的目的地址，系统根据目的地址为每个分组独立选择路由。虽然这样十分灵活、方便、迅速，但不能保证按发送数据的顺序到达目的站，特别是当网络发生拥塞时，网络中的某个结点可以将一些分组丢弃，所以无连接服务是不可靠的服务，不能保证服务质量。

2.3 TCP/IP 体系结构

Internet 是计算机网络的集合，由计算机互连而成。为使接入 Internet 的异种网络以及不同设备之间能够进行正常的通信，必须制定一套共同遵守的规则即 Internet 协议族，因为 TCP 和 IP 是两个最基本和最主要的协议，所以习惯上称为 TCP/IP。随着 Internet 在全球的飞速发展，TCP/IP 也得到了广泛的应用。

TCP/IP（Transmission Control Protocol/Internet Protocol，传输控制协议/互联网协议）源于 ARPANET，从 20 世纪 70 年代研究开发到 1983 年年初，ARPANET 完成了向 TCP/IP 转换的全部工作。它规范了网络上的所有通信设备，特别是主机之间的数据传输格式以及传输方式等，不论是局域网还是广域网都可以用 TCP/IP 来构造网络环境。TCP/IP 是一个开放的协议标准，独立于特定的计算机硬件与操作系统，具有统一的网络地址分配方案，还使得网络中的 IP 地址具有唯一性。由于它还提供了多种可靠的用户服务，故使得 TCP/IP 广泛应用于各种网络，成为 Internet 的通信协议。以 TCP/IP 为核心协议的 Internet 经过不断的发展，促进了 TCP/IP 的应用和发展，使之成为事实上的国际标准。

2.3.1 层次结构

TCP/IP 使用多层体系结构，具有逻辑编址、路由选择、域名解析、错误监测和流量控制及对应用程序的支持等基本功能。

1. TCP/IP 的特点

（1）TCP/IP 体系是一个开放的协议标准。

（2）TCP/IP 独立于特定的计算机硬件与操作系统。

（3）TCP/IP 不受网络硬件的影响，独立于特定的网络硬件，可以运行在局域网、广域网，更适用于 Internet。

（4）该协议族有统一的网络地址分配方案，所有网络设备在 Internet 中都有唯一的 IP 地址。

（5）TCP/IP 具有标准化的应用层协议，可以提供多种拥有大量用户的网络服务。

2. TCP/IP 协议族的层次结构

TCP/IP 使用多层体系结构，TCP/IP 协议族分为应用层、传输层、互联网络层和网络接口层 4 层结构，如图 2-6 所示。

（1）网络接口层。网络接口层是体系结构的最底层，负责通过网络中的传输介质发送和接收 IP 分组，它采取开放的策略，虽没有规定具体的协议，但包括了 Ethernet、Token Ring、x.25 等各种物理层协议。

（2）互联网络层（又称网际层）。该层负责将源主机的报文发送到目的主机，包括处理来自传输层的分组发送请求，处理接收的数据报和互连的路径、流量控制和网络拥塞等。在该层一些管理和控制协议用来支持 IP 提供的服务，任何一种流行的低层传输协议都可以通过 TCP/IP 互联网络层进行通信，体现了 TCP/IP 体系的开放性和兼容性。

（3）传输层。传输层向应用进程提供端到端的通信服务，对应用层传递过来的用户信息进行处理，保证数据可靠传输。

（4）应用层。应用层是最上一层，包括所有的高层协议。

3. TCP/IP 与 OSI-RM 体系结构的比较

TCP/IP 与 OSI-RM 体系结构的对应关系如图 2-7 所示。

图 2-6　TCP/IP 体系结构

图 2-7　TCP/IP 与 OSI-RM 体系结构的对应关系

在 TCP/IP 体系结构中，网络接口层相当于 OSI 模型的物理层和数据链路层；互联网络层对应于 OSI 模型的网络层，是针对互联网络环境设计的，具有更强的互联网络通信能力；传输层包含 TCP 和 UDP 两个协议，与 OSI 传输层相对应；应用层包含了 OSI 会话层、表示层和应用层功能,主要定义了远程登录、文件传送及电子邮件等应用。

具体来说主要表现如下。

(1) 制定体系结构和协议的出发点不同,复杂性也不同。OSI-RM 是由国际标准化组织制定的国际标准,有 7 层协议,层次多而且比较复杂,这是因为国际标准在制定时必须考虑各种因素,兼顾各种情况。而 TCP/IP 不是标准化组织所制定的标准,早期的 TCP/IP 是为军用的 ARPANET 设计的,只是一个事实标准。所以 OSI-RM 协议的数量和复杂性都远高于 TCP/IP。

(2) 层次结构和协议不同,对网络互连等相关问题的处理方法也不同。OSI-RM 模型严格按层次结构处理,而 TCP/IP 则可以跨层,对层次间的关系没有 OSI-RM 模型严格。

OSI-RM 模型只考虑了面向连接的服务,而 TCP/IP 不仅考虑了面向连接的服务,同时还考虑了无连接服务,UDP 支持的就是无连接服务。

OSI-RM 模型没有考虑异构网络互连问题,而 TCP/IP 完全可以通过互联网协议(IP)实现异构网络互连。

通常情况下,网络技术和设备只有符合有关的国际标准才能在国际上获得大范围的应用。但现在却由于 Internet 的飞速发展,使得在国际上得到最广泛应用的不是国际标准 OSI,而是非国际标准 TCP/IP。所以 TCP/IP 被认为是事实上的国际标准。

2.3.2 主要协议

TCP/IP 协议族组成如图 2-8 所示。

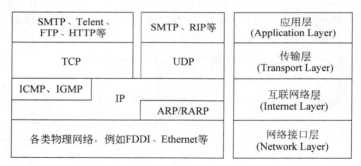

图 2-8   TCP/IP 协议族

1. 网络接口层

网络接口层代表 TCP/IP 的物理基础,定义了与各种网络之间的接口,通常包括操作系统中的设备驱动程序、计算机中对应的网络接口卡及各种逻辑链路控制和媒体访问协议等。网络接口层负责网络层与硬件设备间的联系,接收 IP 数据报并通过特定的网络进行传输等。

在互联网络层以下,TCP/IP 参考模型没有定义,认为互联网是网络的互连,至于主机如何接入网络不是 TCP/IP 模型所需要考虑的问题,TCP/IP 模型面向的是网络,而不是主机,因此在 TCP/IP 参考模型中只是指出通信主机必须采用某种协议连接到网络上,并且能够传输网络数据分组。具体使用哪种协议,在本层里并没有规定。实际上根据主机与网络拓扑结构的不同,局域网基本上采用 IEEE 802 系列的协议。

2. 互联网络层

互联网络层主要针对互联网环境设计,网际通信能力较强。互联网络层负责处理来自传输层的分组请求,组成 IP 数据报,选择路径并转发;同时,互联网络层定义了正式的分组格式和协议,即 IP(Internet Protocol,互联网协议),每个 IP 包的路由问题是互联网络层要解决的问题。

互联网络层包含 IP、ARP、RARP、ICMP 等多种协议。其中,IP 是其中最重要的一个。

(1) IP 提供结点之间的分组投递服务;负责主机间数据的路由及网络数据的存储,同时为 ICMP、TCP、UDP 提供分组发送服务。

(2) ARP(Address Resolution Protocol,地址解析协议):实现 IP 地址向物理地址的映射;在网络接口层实现。

(3) RARP(Reverse Address Resolution Protocol,反向地址解析协议):实现物理地址向 IP 地址的映射;在网络接口层实现。

(4) ICMP(Internet Control Message Protocol,互联网报文控制协议)用于网关和主机间的传输差错控制信息,以及主机与路由器之间的控制信息;处理流量控制和拥塞控制等。这里的互联网是基于无连接的分组交换网络。

3. 传输层

传输层提供端到端的通信服务,包含 TCP 和 UDP 这两个协议,其主要功能如下。

(1) TCP(Transmission Control Protocol,传输控制协议):定义了格式化报文、建立和终止虚拟线路、流量控制和差错控制等规则。提供主机与主机之间的可靠数据流服务并进行传输正确性检查。

(2) UDP(User Datagram Protocol,用户数据报协议):提供主机与主机之间不可靠且无连接的数据报投递服务,保证数据的传输但不进行正确性检查。

4. 应用层

应用层包括较多的协议,例如 FTP、SMTP、Telnet、TFTP、DNS 等协议,负责处理特定的应用程序。

(1) Telnet(远程上机)协议。用于远程上机服务;提供类似仿真终端的功能,支持用户通过终端共享其他主机的资源。

(2) HTTP(Hyper Text Transfer Protocol,超文本传送协议)。提供万维网浏览服务。

(3) FTP(File Transfer Protocol,文件传送协议)。提供应用级的文件传送服务。

(4) SMTP(Simple Mail Transfer Protocol,简单邮件传送协议)。提供简单的电子邮件交换服务。

(5) DNS(Domain Name System,域名系统)。负责域名和 IP 地址的映射。

(6) DHCP(Dynamic Host Configuration Protocol,动态主机配置协议)。为主机分配 IP 地址等。

(7) NFS(Network File System,网络文件系统)。允许一个系统在网络上共享目录和文件。

(8) SNMP(Simple Network Management Protocol,简单网络管理协议)。用来对通信网络进行管理。

(9) TFTP(Trivial File Transfer Protocol,简单文件传送协议)。与 FTP 一样提供文件传输服务。

2.3.3 网络地址

1. URL

URL(Uniform Resource Locator,统一资源定位符)是以字符串的抽象形式来描述一个资源在万维网上的地址。互联网上的每个文件都有唯一的一个 URL,它可以指出在网络上文件的位置。

URL 的格式如下:

协议类型://服务器地址[:端口号]/路径/文件名[参数=值]

其中,一对中括号中间的部分是可选项。如果端口号与相关协议默认值不同,则需包含端口号。其中协议类型包括 HTTP、Mailto、File、FTP 等。例如,利用 HTTP 访问万维网上的一个资源的 URL,可以表达为 https://www.baidu.com/search.php term＝apple,其中 https 表示协议,最常用的协议是超文本传送协议,这个协议可以用来访问网络。https:// www.baidu.com 是服务器,要访问的 WWW 页面就存放在该计算机上,有了这台计算机的名字,Internet 通过 DNS(域名服务器)就能找到这台计算机的 IP 地址。文件所在的服务器的名称或 IP 地址后面是到达这个文件的路径和文件本身的名称,search.php 是服务器端的一个脚本文件,之后紧跟脚本执行所需要的参数 term,而 apple 为用户输入的对应 term 的参数值。

除了最常用的 HTTP 之外,还有其他一些协议,例如 HTTPS(超文本传输安全协议)、FTP(文件传输协议)、Mailto(电子邮件地址)、LDAP(轻型目录访问协议)、File(当地计算机或网上分享的文件)、Gopher 协议和 Telnet 协议。

2. MAC 地址

MAC(Media Access Control,介质访问控制)地址,又称为物理地址、硬件地址,用来定义网络设备的位置。MAC 集成在网卡上,网卡的物理地址通常是由网卡生产厂家写入网卡的 EPROM 芯片中,芯片中的数据可以通过程序进行擦写,它存储的是传输数据时发出数据和接收数据的主机的地址。也就是说,在网络底层的物理传输过程中,数据传输是通过物理地址来识别主机的,它一定是全球唯一的。

(1) MAC 地址结构。网络中每台设备都有一个唯一的网络标识,这个地址称为 MAC 地址或网卡地址、物理地址,由网络设备制造商生产时写在硬件内部。IP 地址与 MAC 地址在计算机里都是以二进制表示的,IP 地址是 32 位的,而 MAC 地址则是 48 位(6B)的,0~23 位数字称为组织唯一标志符(Organizationally Unique,是识别局域网结点的标识),24~47 位是由厂家自己分配,其中第 48 位是组播地址标志位。通常表示为 12 个十六进制数,每两个十六进制数之间用冒号隔开,如 2C:08:D0:0A:05:6D 代表一个 MAC 地址,其中前 6 位十六进制数 2C:08:D0 代表网络硬件制造商的编号,它由 IEEE(电气与电子工程师协会)分配,而后 6 位十六进制数 0A:05:6D 代表该制造商所制造的某个网络产品(如网卡)的系列号。只要不去更改自己的 MAC 地址,那么 MAC 地址在世界上就是唯一的。

(2) MAC 地址与 IP 地址区别。IP 地址和 MAC 地址有相同点也有不同点,相同点就是它们都是表示设备的唯一地址。不同点主要有以下 4 点。

① IP 地址是可变的,MAC 地址是不可变的,不可在本地连接内进行配置修改,除非更

换计算机网卡。网络上的计算机或路由器改变 IP 地址是很容易的(当然必须唯一),而 MAC 则是生产厂商烧录好的,一般不能改动。只有在更换网卡之后,该计算机的 MAC 地址才能改变。

② 长度不同。IP 地址为 32 位,MAC 地址为 48 位。

③ 地址分配依据不同。IP 地址的分配是基于网络拓扑,MAC 地址的分配是基于制造商。

④ 寻址的协议层不同。IP 地址应用于 OSI 第三层,即网络层,而 MAC 地址应用在 OSI 第二层,即数据链路层。数据链路层协议可以使数据从一个结点传递到相同链路的另一个结点上(通过 MAC 地址),而网络层协议使数据可以从一个网络传递到另一个网络上。ARP 会根据目的 IP 地址,找到中间结点的 MAC 地址,通过中间结点传送,从而最终到达目的网络。

无论是在局域网还是在广域网中,计算机之间的通信都最终表现为从网络链路上的初始结点开始,将数据包从一个结点传递到下一个结点,传输中是由 ARP(Address Resolution Protocol,地址解析协议)负责将 IP 地址映射为 MAC 地址,最终到达目的结点。

(3) MAC 地址的获取方法。MAC 地址的获取可以有几种方法,在这里只介绍一种使用命令提示符的方法。

在 Windows 系统中,查看本机 MAC 地址需要在"命令提示符"窗口中输入命令

```
ipconfig /all
```

在返回的信息中即可看到本机的 MAC 地址。

3. IP 地址

网络互连的目的是提供一个无缝的通信系统,因此在互联网中,所有主机必须使用统一的编址模式且每个地址必须是唯一的。为了实现这一目的,协议软件定义了一种独立于物理层地址的编址模式,提供 IP 地址。IP 地址在集中管理下进行分配,确保网络中的每台计算机对应一个 IP 地址。

TCP/IP 规定,IP 地址由 32 位二进制数组成,由网络号和主机号两部分构成。由于 IP 地址是以 32 位二进制数的形式表示的,因此,为了便于用户阅读和理解 IP 地址,采用了"点分十进制"方式来表示 IP 地址。32 位的二进制数分为 4 组,每组 8 位(1B),将 IP 地址分为 4B(32 位),用十进制表示,每组之间用点号"."隔开,用十进制表示,如图 2-9 所示。例如,32 位二进制数为 10000001 00110100 00000110 00001010,对应的点分十进制数为 129.52. 6.10。

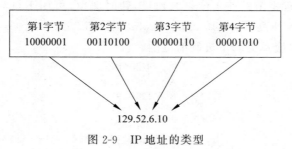

图 2-9　IP 地址的类型

根据网络规模,IP 地址分成 A 类、B 类、C 类、D 类和 E 类,如图 2-10 所示。

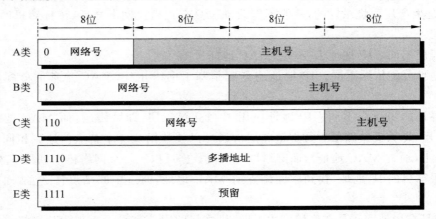

图 2-10　IP 地址分类

其中,A 类、B 类和 C 类为基本类地址,D 类用于组播传输,E 类地址暂时保留,也可以用于科学实验。

(1) A 类地址。A 类地址的第 1 位是"0",该位是 A 类网识别符,所以 A 类地址实际只有 7 位可用来表示网络号,由于 0 和 127 这两个网络地址用于特殊用途,故 A 类地址共有 126 个网络地址,即 1～126。A 类地址的主机号有 24 位编址,每个网络的有效主机地址可达 $2^{24}-2$ 个。即主机地址范围为 1.0.0.0～126.255.255.255,适用于有大量主机的大型网络。

(2) B 类地址。首字节的前两位是"10",构成 B 类网识别符,所以 B 类地址实际上有 14 位用于表示网络号,允许 $2^{14}=16\,384$ 个不同的 B 类网络,网络号范围是 128～191,主机号共有 16 位,每个网络能容纳 $2^{16}-2=65\,534$ 台主机,一般分配给具有中等规模主机数的网络用户。

(3) C 类地址。首字节的前 3 位是"110",构成 C 类网络标识符,在 24 位网络地址中减去 3 位后,其余的 21 位用来表示实际的 C 类网络地址。允许多达 $2^{21}=2097150$ 种不同的 C 类网络,网络号范围是 192～223,主机号仅有 8 位,表示每个 C 类网络能容纳 $2^{8}-2=254$ 台主机,特别适用于一些小公司或研究机构,是一个小型网络。

(4) D 类地址。首字节的前 4 位是"1110",不标识网络。D 类地址用于多播,多播就是把数据发送给一组主机,而要接收多播数据包,网络主机必须预先登记。D 类地址范围为 224.0.0.0～239.255.255.255。

(5) E 类地址。首字节的前 4 位是"1111",暂时保留,可用于科学实验和将来使用,但不能分配给主机,其地址范围为 240.0.0.0～255.255.255.255。

图 2-11 说明了对应每类的十进制值范围。

类	取值范围
A	0～127
B	128～191
C	192～223
D	224～239
E	240～255

图 2-11　对应于每类地址首字节的十进制取值范围

2.4 网络服务质量参数

2.4.1 网络服务质量的定义及服务模型

1. QoS 定义

服务质量(Quality of Service,QoS)指一个网络能够利用各种基础技术为指定的网络通信提供更好的服务能力,是网络的一种安全机制,是用来解决网络延迟和阻塞等问题的一种技术。QoS 的保证对于容量有限的网络来说是十分重要的,特别是像 VoIP 和 IPTV 这样需要固定的传输率,对延迟也比较敏感的应用。

Internet 创建之后,网络的发展一直在竭尽全力地满足用户的需要。网络尽最大能力转发数据,即所有的数据拥有同等优先级和相同的资源分配,网络一旦发生拥塞,所有的数据会被同时丢弃。对于传统的数据业务,网络丢包或延迟还能够接受,而现今的企业网络或数据中心网络承载着多种业务类型的数据,如语音视频及存储数据等对延迟、丢包,甚至带宽的要求更高。为了保证在资源有限的情况下不同的业务依然可以保证各自的质量,就需要在现有的网络中部署 QoS。尽管如此,在数据包从起点到终点的传输过程中会发生未知的问题,可能带来严重后果。

(1)延迟。在传输过程中数据包需要排队或需要运用间接路由以避免阻塞,也可能需要更长时间才能将数据包传送到终点,所以出现延迟是难以预料的。

(2)传输顺序出错。当一组相关的数据包经过 Internet 传输时,不同的数据包可能选择不同的路由器,这会导致每个数据包的延迟不同,最后数据包到达目的地的顺序也会和发送端的发送顺序不一致,因此必须能够对数据包重新整理排序。

(3)丢失数据包。当数据包到达一个缓存器(Buffer)已满的路由器时,路由器会根据网络的状况决定丢弃全部或部分数据包。此时接收端的应用程序就要请求重新传送,这种情况会使得传输出现严重的延迟。

(4)出错。数据包在传输中有时会发生路径错误、丢失、损坏等情况,这时,接收端必须能侦测出来,请求发送端重新发送数据包。

(5)拥塞。一旦发生网络拥塞,所有的数据流都有可能被丢弃。为满足用户对不同应用、不同服务质量的要求,就需要网络能根据用户的要求分配和调度资源,对不同的数据流提供不同的服务质量,对实时性强且重要的数据报文优先处理;对于普通数据报文提供较低的处理优先级,在网络拥塞时甚至可以丢弃。通过配置 QoS 的网络环境,增加了网络性能的可预知性,可有效地分配网络带宽,合理地利用网络资源。

2. 服务模型

在现有的网络中部署 QoS 共有 Best Effort Service(尽力而为服务)、Integrated Service(综合服务)和 Differentiated service(区分服务,差异化服务)3 种模型。

(1) Best Effort Service 是一个单一的服务模型,也是最简单的服务模型。Best Effort Service 模型通过 FIFO(First In First Out,先进先出)队列来实现,没有 QoS 定义的网络。这种情况下,各种业务报文公平争用有限的资源,网络会尽最大的可能性来发送报文,但对延迟、可靠性等性能不提供任何保证,因此无法保证各类业务的服务质量。Best Effort

Service 模型属于网络的默认服务模型，适用于 FTP、E-mail 等绝大多数网络应用。

（2）Integrated Service 模型是一种基于流的 QoS 解决方案，可以满足多种 QoS 需求。该模型使用资源预留协议（Resource Reservation Protocol，RSVP），沿数据转发路径为业务流申请预留资源，保证业务流在进入网络的时候有足够的资源可用，RSVP 运行在从源端到目的端的设备上，可以监视每个流，防止消耗过多资源。这种体系能够明确区分并保证每一个业务流的服务质量。该模型的缺点是 Integrated Service 模型对设备的要求很高，当网络中的数据流数量很大时，设备的存储和处理能力会遇到很大的压力。而且需要路径上每一套设备都支持 RSVP，如果某一个设备不支持 RSVP，则无法保证端到端的服务质量，所以可扩展性差，难以大规模实施。该模型在语音或视频场景上应用较多。

（3）Differentiated Service 是一个多服务模型，该模型在网络的边界上对各类报文打标记，在网络的核心根据标记在每一跳设备上分配不同的资源，它不需要通知网络为每个业务预留资源。这种模型是基于类的，需要对每个类单独定义策略分配资源，它可以满足不同的 QoS 需求，Differentiated Service 模型实现简单、扩展性较好，但是需要管理员在网络的每一跳设备上配置 QoS，对管理员的要求较高、工作量大。

在上述 3 种模型中，企业或运营商大多使用的是 Differentiated Service 模型，该模型的优点是扩展性好，不需要像 RSVP 一样在中间设备上维护资源状态或流的信息，互操作性强、灵活性高、性能优越。

该模型的缺点是，无法像 Integrated Service 模型一样可做到从源端到目的端的资源保留，对管理员的要求较高。

2.4.2　网络服务质量的关键指标

网络服务质量的关键指标主要包括可用性、吞吐量、延迟、延迟变化（包括抖动和漂移）和丢失。

1. 可用性

可用性是指用户与网络连接的可靠性。当用户需要时网络马上能投入工作的时间百分比，是设备可靠性和网络存活性相结合的结果。影响可用性的因素包括软件稳定性以及网络演进或升级时不中断服务的能力。

2. 吞吐量

吞吐量是指在一定时间段内网上流量（或带宽）的度量。可以用网络中发送数据包的速率表示。通常情况下，吞吐量越大越好。

3. 延迟

延迟指一项服务从网络入口到出口的平均时间。许多服务，特别是像话音和视频、会议电视这样的实时服务，对发送和接收数据包的时间间隔是不能容忍延迟的，所以网络设备必须能保证低延迟。产生延迟的影响因素很多，包括分组延迟、排队延迟、交换延迟和传播延迟等。

4. 延迟变化

延迟变化是指接收的一组数据流中不同分组所呈现的时间差异。高频率的延迟变化称作抖动，而低频率的延迟变化称作漂移。抖动主要是由于数据流中各分组的排队等候时间不同引起的，是对 QoS 影响最大的一个问题。分组到达时间的差异会使话音或视像时断时续。信号在传送时会发生抖动,只要抖动控制在规定一定范围内就不会影响服务质量。漂移也是任何同步传输系统都会遇到的问题。漂移会造成基群失帧,使服务质量达不到要求。在 SDH 系统中,是通过严格的全网分级定时来克服漂移的。

5. 丢包率

丢包率是指数据包在网络中传输时被丢弃的最高比率。不管是二进制数据的丢失还是分组数据的丢失,对分组数据业务的影响都很大。数据包丢失一般是由网络拥塞引起的,所以要控制并减少拥塞的发生。在 QoS 保证的实现中,一般可以根据应用的具体要求将某些参数组合起来构成不同的服务等级。

QoS 是网络的一种安全机制,当网络过载或拥塞时,QoS 能确保重要业务数据包不延迟或被丢弃以保证网络的高效运行。为了满足各种应用的需要,构建对 IP 最优并具备各种QoS 机制的网络是完全必要的。

2.4.3 网络空间安全保障

网络空间安全是指网络空间系统的硬件、软件以及其中的数据不因偶然或者恶意的原因而遭受到破坏、更改、泄露,甚至中断工作。

网络空间安全防护是网络空间安全技术的一种,是指致力于解决如何有效进行介入控制和如何保证数据传输安全性的问题,主要包括物理安全分析技术、网络结构安全分析技术、系统安全分析技术、管理安全分析技术以及其他的安全服务和安全机制策略,构建起上、中、下全方位的防控机制。"上"是指主干网的网络安全空间监测;"中"是指从关键设施到各个企业都需建立起相应的安全保护机制,并对网关进行实时监控;"下"是指通过一系列的网络安全软硬件设施,对终端用户进行保护。为了数据加密防护以及网络隔离防护等措施进行防护,可以采用访问控制等方法对用户访问网络资源的权限进行严格的认证和控制。

本 章 小 结

本章介绍了计算机网络体系结构及其相关概念,包括数据通信协议、开放系统互连参考模型、TCP/IP 体系结构及协议族、IP 地址的初步概念、网络服务质量参数等。

通过本章学习,要求理解计算机网络体系结构的基本概念和基本知识;重点掌握开放系统互连参考模型的层次结构及其功能和 TCP/IP 协议族的层次结构及各类协议;初步了解IP 地址和网络服务质量。使读者可以对计算机网络结构和通信协议的基础知识有一定的了解。

习 题 2

1. 什么是网络体系结构? 网络体系结构的内涵是什么?

2. 如何理解开放系统互连参考模型中的协议和服务这两个概念? 举例说明面向连接服务和无连接服务。

3. 开放系统互连参考模型中各层次是如何划分的? 说明各层次的主要功能。

4. 在开放系统互连参考模型中,各层的协议数据单元是什么?

5. TCP/IP 的层次结构是什么?

6. 在 TCP/IP 的体系结构中,各层次主要包含的协议都有什么?

7. 什么是 URL? 什么是 MAC 地址?

8. 简述 MAC 地址与 IP 地址的区别。

9. 说明网络服务质量的定义及服务模型。

第 3 章　数 据 传 输

本章首先介绍传输介质的基本知识及所涉及的相关概念,包括传输介质的类型及其特性,传输介质的选择,随后对信号与编码、传输信道及数据传输的主要技术指标等进行了讲解。通过学习,可以对计算机网络传输介质和信道传输的主要技术指标等基础知识有一定的了解。

3.1　传输介质与分类

传输介质是通信网络传送数据时发送方和接收方之间的物理通路,如果没有介质传送信息,就不存在通信网络。

不同的传输介质具有不同的传输特性,而传输介质的特性又影响着数据的传输质量。从传输系统的整体设计来看,数据传输速率越高、允许传输距离越远则为性能优选,因此要掌握各种传输介质的特性,正确选择传输介质。

计算机网络中采用的传输介质可分为有线传输介质和无线传输介质两大类。在有线传输介质中,通信信号沿着固体媒体(如光纤或铜线)传播,无线传输介质则是运用大气和外层空间作为传播通信信号的通路。有线传输介质中双绞线、同轴电缆和光纤是常用的 3 种有线传输介质。无线电通信、微波通信、红外通信以及激光通信的信息载体等都属于无线传输介质。传输介质的分类如图 3-1 所示。

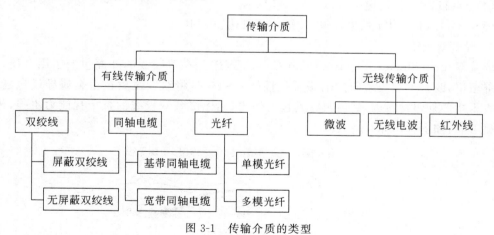

图 3-1　传输介质的类型

3.1.1　有线传输介质及其特性

1. 双绞线

双绞线(Twisted-Pair Cable)是最常用的传输介质,使用最广泛、价格低廉,用于早期电话的模拟信号传输,也可用于数字信号的传输。双绞线由螺旋状扭在一起的两根绝缘导线组成,绝缘导线对扭在一起可以减少相互间的辐射电磁干扰。双绞线又分为两种,屏蔽双绞线和无屏蔽双绞线。

1) 无屏蔽双绞线

无屏蔽双绞线(Unshielded Twisted-Pair Cable,UTP)是目前电信中最常使用的传输介质。用于市区电话系统,它的频率范围对于传输数据和声音都很适合,一般为 100Hz～5MHz。双绞线由两个导体(通常是铜线)组成,外面是不同颜色的绝缘层,两根导线扭在一起再包一层绝缘层,组成电话线缆。绝缘层保证两根铜导线不接触,以免一条电话线的信号干扰其他电话线的信号。大多数使用电话线实际上有 4 根导线,即两条电话线与电话局相连。如果一条电话线有问题可以使用另一条电话线,如图 3-2 所示。

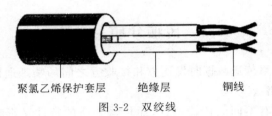

聚氯乙烯保护套层   绝缘层   铜线

图 3-2　双绞线

UTP 的优点是成本低、容易应用。UTP 很便宜、柔软易弯曲、容易安装,但是抗干扰能力比较弱。应用在以太网、令牌环网等许多局域网技术中。

EIA 标准将 UTP 分成了 5 种类型。

(1) 1♯UTP。基本双绞线,应用在电话系统,通话质量较好,但是通信的速率较低。

(2) 2♯UTP。适合于传输声音和数据,传输速率在 4Mb/s 以上。

(3) 3♯UTP。主要用在电话系统中,对于数据传输,传输速率在 10Mb/s 以上。

(4) 4♯UTP。传输速率可以达到 16Mb/s。

(5) 5♯ UTP。对于数据传输,传输速率可达 100Mb/s。

2) 屏蔽双绞线

屏蔽双绞线(Shielded Twisted-Pair Cable,STP)是在双绞线的外面包上了用金属丝编织的屏蔽层,改善了双绞线的抗电磁干扰性能。STP 是将双绞线放在由金属导线包裹,用于吸收干扰的外包材料内,然后再将其包上外皮,比无屏蔽双绞线的抗干扰能力更强,传送数据更可靠,如图 3-3 所示。

保护套　　屏蔽层　　绝缘层　金属导线

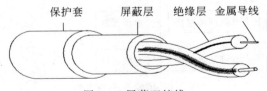

图 3-3　屏蔽双绞线

3) 双绞线的主要特性

(1) 物理特性。双绞线芯一般是铜质的,能提供良好的传导率。

(2) 传输特性。双绞线既可以用于传输模拟信号,也可以用于传输数字信号,最常用于声音的模拟传输。双绞线带宽可达 268kHz,而一条全双工语音通道的标准带宽是 300Hz～

4kHz,因而可以使用频分多路复用技术实现多个语音通道的复用。双绞线也可用于局域网,局域网中常用的 5 类双绞线电缆均由 4 对双绞线组成,通常用于 100Base-Tx。

（3）连通性。双绞线普遍用于点对点的连接,也可以用于多点的连接。

（4）地理范围。局域网的双绞线主要用于一个建筑物内或几个建筑物间的通信,在 100kb/s 速率下传输距离可达 1km,但在 10Mb/s 和 100Mb/s 传输速率下传输距离均不超过 100m。

（5）抗干扰性。在低频传输时,双绞线的抗干扰性不亚于同轴电缆,但如果频率超过 10～100kHz,则双绞线的抗干扰能力较低。

（6）价格。双绞线的价格比较低。

2. 同轴电缆

1）同轴电缆的结构

同轴电缆（Coaxial Cable）由一对导体组成,可以携带较大频率范围的载波信号,其频率范围为 100kHz～500MHz,其双绞线的结构却完全不同,同轴电缆是按"同轴"的形式构成线对,最里层是内芯,向外依次为绝缘层、屏蔽层,最外层则是起保护作用的塑料外套,内芯和屏蔽层构成一对导体,如图 3-4 所示。

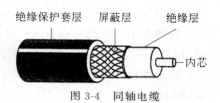

图 3-4　同轴电缆

同轴电缆分为基带同轴电缆（阻抗为 50Ω）和宽带同轴电缆（阻抗为 75Ω）。基带同轴电缆用于直接传输基带数字信号;在局域网中使用这种基带同轴电缆,可以在 2.5km 内（需加 4 个中继器）,以 10Mb/s 的传输速率传送基带的数字信号。宽带同轴电缆用于频分多路复用的模拟信号传输,也可用于不使用频分多路复用的高速数字信号和模拟信号传输。闭路电视所用的 CATV 电缆就是宽带同轴电缆。

2）同轴电缆的主要特性

（1）物理特性。同轴电缆可以工作在较宽的频率范围内。

（2）传输特性。基带同轴电缆仅用于数字传输,使用的是曼彻斯特编码,数据传输速率最高可达 10Mb/s。宽带同轴电缆既可用于模拟信号传输又可用于数字信号传输。

（3）连通性。同轴电缆适用于点对点或点对多点连接。

（4）地理范围。传输距离取决于传输信号形式和传输的速率,如果传输速率相同,则粗缆的传输距离较细缆的传输距离要长。通常基带电缆的最大传输距离限制在几千米,宽带电缆的传输距离则可达几十千米。

（5）抗干扰性。同轴电缆的抗干扰性能比双绞线强。

（6）价格。同轴电缆的价格比双绞线高,但比光纤低。

3. 光纤

1）光纤的结构

光纤（Optical Fiber）是一种光传输介质,是光导纤维的简称,它由能传导光波的石英玻璃纤维（或塑料纤维）外加保护层构成。与金属导线相比,具有重量轻、线径细的特点。用光纤传输电信号时,在发送端先要将其转换成光信号,在接收端要由光检测器还原成电信号。由于可见光的频率高达 10^8 MHz,因此光纤传输系统具有足够的带宽。光缆由一束光纤组装而成,用于传输调制到光载频上的信号,如图 3-5 所示。

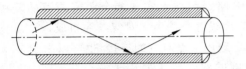

图 3-5　光波在纤芯中传播

2）光纤的主要特性

（1）物理特性。在计算机网络中采用两根光纤进行数据传输。

（2）传输特性。光纤通过内部的全反射来传输一束经过编码的光信号，与双绞线和同轴电缆相比，光纤传送数据的速度相当快。光纤最低传送速率是 100Mb/s，一般可达吉比特每秒，而双绞线的最大传送速度是 100Mb/s。双绞线或同轴电缆传送电信号，而光纤传送光信号，其中一种光源是发光二极管（LED），另一种光源是激光。光纤频带很宽，传送速率极高，因此能够传送大量的数据。

（3）连通性。光纤普遍用于点对点的链路。

（4）地理范围。光纤可以在 6～8km 的距离内不用中继器传输，因此适合在几栋建筑物之间通过点对点的链路连接局域网络。

（5）抗干扰性。光信号不受电磁或噪声干扰，也不会互相干扰，因此可以进行长距离数据传输；同时，它的安全性也很好。

（6）价格。光纤的价格比双绞线和同轴电缆都高。

4. 网线选择及制作

1）选择网线需要考虑的因素

传输介质的选择是由许多因素决定的，除受局部网络拓扑结构的制约外，其他因素也起作用。例如，某一部门已经有了通信线路，要更换这些传输介质所需费用等。如果要建立一个新网络，设计者必须考虑到购买介质的费用、传送速度、所用介质的出错率和安全性等。以下是通常需要考虑的因素。

（1）网络容量。支持所期望的局部网络通信量。

（2）可靠性。所建网络必须满足可用性和可靠性的要求。

（3）支持的数据类型。根据应用环境确定所能支持的数据类型。

（4）环境范围。保证网络环境，在所要求的环境范围内提供服务。

（5）费用。选择网线时既要满足要求，同时也要考虑所需费用。双绞线费用最低，是应用最广的连接设备与网络的线缆。同轴电线的费用介于双绞线和光纤之间，费用最高的通信导线是光纤。

（6）速度。双绞线的传输速率可以达到百兆比特每秒，光纤的速度最快。

（7）出错率。双绞线和同轴电缆相比，更容易受电磁和电流波动的影响，抗干扰能力弱，光纤不受电磁干扰，误码率低。微波传送，受天气的影响较多。

（8）安全性。双绞线和同轴电缆都使用铜导线，因而容易被窃听，而从光纤上窃取数据则很困难。无线电或微波传送也存在安全隐患。

2）网线的制作

（1）双绞线的制作与应用。将两根具有绝缘保护层的导线按一定的密度互相缠绕在一起形成一个线对，以降低信号的干扰。常用的双绞线由 4 个线对扭转在一起，铜导线的直径为 0.4～1mm,扭绞方向为逆时针,绞距为 3.81～14cm,这些线对被标示了不同的颜色,如表 3-1 所示。

表 3-1 导线色彩编码

线对	1	2	3	4
色彩码	白蓝、蓝	白橙、橙	白绿、绿	白棕、棕

要使双绞线能够与网卡、集线器、交换机等设备相连,还需要 RJ-45 接头,在制作接头时,必须符合国际标准,美国电子工业协会和美国电信工业协会(TIA)制定的双绞线制作标准 T568A 和 T568B 中对线序排列有明确规定,如表 3-2 所示。

表 3-2 线序标准

引脚号	1	2	3	4	5	6	7	8
T568A 标准	白绿	绿	白橙	蓝	白蓝	橙	白棕	棕
T568B 标准	白橙	橙	白绿	蓝	白蓝	绿	白棕	棕

（2）同轴电缆的制作与网络。首先根据需要剪裁一定长度的同轴电缆,使用剥线钳剥去适当长度的外皮、屏蔽层、绝缘层等部分,并将 BNC 连接器装在同轴电缆的端口,然后插在 T 型接头上。设备连接完成后,在同轴电缆的两端一定要加上端接匹配器。

（3）光纤的制作。常用的光纤有 8.3μm 芯 125μm 外层单模、62.5μm 芯 125μm 外层多模、50μm 芯 125μm 外层多模和 100μm 芯 140μm 外层多模。在使用光纤互连多个设备时,必须考虑光纤的单向特性,如果要进行双向通信,就应该使用双股光纤。

安装光纤时需要特别注意,所用光纤端头都要磨光,通过电烧烤或其他方法将光学接口连在一起,确保光通道不被阻塞。在敷设光纤时,不能拉得太紧,也不能形成直角。光纤的连接方法主要有永久性连接、应急连接、活动连接。

① 永久性连接(又叫热熔),是使用放电的方法将两根光纤的连接点熔化并连接在一起。其主要特点是连接衰减最低,但连接时需要专用设备(熔接机)和专业人员进行操作,而且连接点也需要专用容器保护起来。

② 应急连接(又叫冷熔),应急连接是将两根光纤固定并粘接在一起。主要特点是连接迅速可靠,但连接点长期使用会不稳定,衰减大幅度增加,所以只能短时间内应急使用。

③ 活动连接,利用各种光纤连接器件(插头和插座),将站点与站点或站点与光纤连接起来的一种方法。这种方法灵活、简单、方便、可靠,在实际使用光纤连接设备时,应注意其连接器型号。

3.1.2 无线传输媒体及其特性

无线传输媒体通过空间传输,不需要架设或敷设电缆或光纤,目前常用的无线传输媒体有无线电波、微波、红外线和激光等。

1. 无线电波

便携式计算机的出现,以及在军事、野外等特殊场合下移动式通信连网的需要,促进了数字化无线移动通信的发展,出现无线局域网产品。

无线电波是全向传播,不同的频段可以用于不同的无线电通信。例如无线电广播,包括调频广播和调幅广播等,只要收音机能够接收到当地广播电台的信号就能够收到电台的广播,电视天线无论指向哪里都能够接收到电视信号,如果调整电视天线使其直接指向发送台的方向则可以接收到更清晰的图像。

调幅(AM)比调频(FM)使用的频率低得多,频率低的信号更易受到大气的干扰,但传送的距离远;短波和民用波段无线电广播也都使用很低的频率,能够远距离传送信号;电视台则用较高的频率传送图像和声音的混合信号,电视频道不同就是传送信号的频率不同,电视机在每个频道以不同频率接收不同的信号。

(1)频率范围为 30~300Hz 的是低频长波。

(2)频率范围为 300~3MHz 的是中频中波,通常用于中波通信。

(3)频率范围为 3~30MHz 的是高频短波,用于短波通信。它是利用地面发射无线电波,通过电离层的多次反射到达接收端的一种通信方式。

(4)频率范围为 30~300MHz 的是甚高频(VHF)。

(5)频率范围为 300~3000MHz 的是特高频(UHF),电磁波可穿过电离层,不会因反射而引起干扰,可用于数据通信。具体频段名称等如表 3-3 所示。

表 3-3　无线电波频段和波段名称

频 段 名 称	频率范围/Hz	波 段 名 称	波长范围/m
极低频(ELF)	$3\sim30$	极长波	$10^8\sim10^7$
超低频(SLF)	$30\sim300$	超长波	$10^7\sim10^6$
特低频(ULF)	$300\sim3000$	特长波	$10^6\sim10^5$
甚低频(VLF)	$3\sim3\times10^4$	甚长波	$10^5\sim10^4$
低频(LF)	$30\sim3\times10^5$	长波	$10^4\sim10^3$
中频(MF)	$300\sim3\times10^6$	中波	$10^3\sim10^2$
高频(HF)	$3\sim3\times10^7$	短波	$10^2\sim10$
甚高频(VHF)	$30\sim3\times10^8$	超短波	$10\sim1$
特高频(UHF)	$300\sim3\times10^9$	分米波	$1\sim0.1$
超高频(SHF)	$3\times10^3\sim3\times10^{10}$	厘米波	$0.01\sim0.1$
极高频(EHF)	$3\times10^4\sim3\times10^{11}$	毫米波	$0.001\sim0.01$

2. 微波

微波的传送是单向的,并且信号沿直线传播。所以传送信号时一个微波站的天线必须指向另一个微波站。微波信号受雨雪等天气环境和微波站之间障碍物的影响较大。微波传送有地面微波传送和卫星微波传送。

1)地面微波

地球上两个微波站之间的微波传送方式叫地面微波传送。微波通信的载波频率很高,可同时传送大量信息,如一个带宽为 2MHz 的频段可容纳 500 条话音线路,用来传输数字数据,速率可达数兆比特每秒。微波通信的工作频率很高,与通常的无线电波不同,它是利用无线电波在对流层的视距范围内沿直线传播的。由于地球表面是曲面,而微波沿直线传播,这就给传送微波的地面微波站带来了问题,因此微波在地面的传播距离有限。通常可以增加天线高度提高传输距离,天线越高传播距离越远,一般两个微波站之间的通信距离为30～50km,超过一定距离后就要用微波中继站来接力。每个中继站的主要功能是变频和放大,这种通信方式称为微波接力通信。

微波传送是当今远程通信最常用的形式,长途电话和数据通信都使用这种介质。微波通信可传输电话、电报、图像、数据等信息,其主要特点如下。

(1) 微波波段频率高,信道容量大,传输质量比较平稳,但受天气影响较大。

(2) 与电缆通信相比,微波接力信道灵活性大,抗灾能力较强,特别适合不易架设线缆的地区;但通信隐蔽性和保密性不如电缆通信。

2) 卫星微波

通信卫星是太空中的大型微波发送器和接收器,当利用地球同步卫星做中继来转发微波信号时,克服了地面微波通信的距离限制,一颗地球同步卫星可以覆盖 1/3 以上的地球表面。从理论上讲,3 颗这样的卫星就可以覆盖地球上全部的通信区域,通过它,各个地面站之间都可进行互相通信。由于卫星信道频带宽,也可采用频分多路复用技术将其分为若干子信道,有些用于由地面站向卫星发送(称为上行信道),有些用于由卫星向地面转发(称为下行信道)。地面站接收或发送数据与卫星配套使用。地面站与卫星之间的微波传送也用视线法则,只是传送距离不同而已。卫星在与地球相对静止的同步轨道上运行,固定在地球上方的某一位置,从卫星上发出的信号只能到达地面特定的区域,微波的视线传送到地球表面产生一个覆盖区,地面站只有在覆盖区内才能接收卫星传送的信号。卫星将地面上地对空通信的信号由转发器接收、放大,改变频率(因为向地球传送必须使用不同的频率,以防止发出信号与接收信号相互干扰)后再将信号传送回地面。

卫星通信的优点是容量大、传输距离远;缺点是传播延迟长,对于数百千米高度的卫星来说,从发送站通过卫星转发到接收站的传播延迟数百毫秒,这相对于地面电缆的传播延迟来说,两者要相差几个数量级。

3. 红外线技术

像微波通信一样,红外通信和激光通信也有很强的方向性,都是沿直线传播的。这 3 种技术都需要在发送方和接收方之间存在一条视线(Lind of Sight)通路,故它们统称为视线媒体。不同的是,红外通信和激光通信把要传输的信号分别转换为红外光信号和激光信号直接在空间传播。这 3 种视线媒体由于都不需要敷设电缆,对于连接不同建筑物内的局域网特别有用。这 3 种技术对环境气候较为敏感,例如雨、雾和雷电。

3.2　信号与编码

数据通信是计算机技术与通信相结合的一种通信方式和业务。数据通信实际上是大家在共享信息,这个共享可以是本地的,也可以是远程的。数据通信是指依照通信协议,在两个设备之间利用传输介质进行的数据交换。它可实现计算机与计算机、计算机与终端以及终端与终端之间的数据信息传递。它是计算机网络的实现基础,也是信息社会不可或缺的一种高效通信方式。数据通信包含两方面的含义:数据的传输和数据的处理。数据传输是数据通信的基础,而数据处理使数据的远距离交换得以实现。

现代通信技术是借助电子和电气设备以及光等介质,在两点之间以符号和字符形式进行信息交换与传送,因此数据通信就是将数据用电信号或光信号表示,再通过传输媒体正确地传输给接收者。为此,需要通过信道来传输数据信号,而信道并不是完全理想的,存在着传输失真和噪声干扰等问题,会使数据信号发生差错,因此要进行必要的差错控制。同时,为了使整个数据通信过程能按一定的规则有序进行,通信双方必须建立共同遵守的协议并具有执行这些协议的功能,只有这样才能实现有意义的数据通信。

3.2.1 信号及其转换

1. 数据信号的基本概念

1) 数据

"数据"的含义非常广泛,人们几乎每天都要见到,例如各种实验数据,各类统计报表等。人们通常用数字或字母(符号)来表示数据,因此它是一个有意义的实体。可以说,数据是预先约定的具有某种含义的数字或字母(符号)或它们的组合。数据涉及事物的表示形式,是信息的载体,而信息则是数据的内容和解释。例如,人们约定用负电压表示二进制数字"0",用正电压表示二进制数字"1",这里数字"0"和"1"就是数据。

数据可以分为模拟数据和数字数据两种。

(1) 模拟数据。模拟数据是在某个区间产生连续的值,像声音和视频等。大多数用传感器收集的数据,例如温度和压力,都是连续值。

(2) 数字数据。数字数据指产生离散的值,例如文本信息和整数。

2) 信号

信号是数据的电磁或电子编码,信号发送是指沿传输介质传播信号的动作。在通信系统中,利用电信号把数据从一个点传到另一个点。从信号的形式上分,信号可以分为模拟信号和数字信号两种。

(1) 模拟信号。表示模拟数据的信号称作模拟信号。模拟信号在时间上和幅度数值上都是连续的,是一种连续变化的电磁波,如图 3-6 所示。这种电磁波可以按照不同频率在各种介质上传输。大多数用传感器收集的是温度和压力、语音这样的数据,它们都是连续变化的模拟信号。

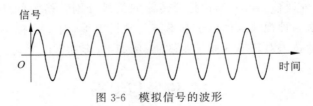

图 3-6　模拟信号的波形

(2) 数字信号。数字信号是表示数字数据的信号。数字信号是一种离散的脉冲序列。例如计算机所使用的二进制代码"0"和"1",如图 3-7 所示。计算机中传输的就是典型的数字信号。人们常用位的间距和位的速率来描述数字信号。位的间距是指发送一个信号位所需要的时间。位速率是指每秒传输的位数,单位为比特每秒(bit per second,bps)。

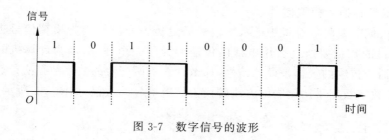

图 3-7　数字信号的波形

3）信道

各种数据终端设备要交换数据，就要传输信号，信道就是传送信号的通路。通常分为物理信道和逻辑信道。物理信道是指用来传送信号的物理通道，网络中两个结点的物理通路也称为通信链路，由传输介质及相应的中间通信设备组成。通常所说的信道是指物理信道，而逻辑信道是指在物理信道的基础上，由结点内部或结点之间建立的连接来实现的，在信号的发送方和接收方之间并不存在物理传输介质的信道，因此通常也把逻辑信道称为连接。信道可按不同方式进行分类。例如按传输介质不同可分为有线信道和无线信道；按允许通过的信号类型不同，可以分为模拟信道和数字信道，等等。

需要注意的是，信道和电路的概念和含义是不同的，信道通常是表示向某一个方向传送数据的介质，可以被看成是电路的逻辑部件，而一条电路至少包含一条发送（或接收）信道。

2. 模拟信号与数字信号的转换

数字信号和模拟信号都可用于数据通信，但是它们之间的差异明显，用途也各不相同。数字信号的变化非常明显，没有中间的变化过程，模拟信号既有信号大小的逐渐变化又有频率的变化。不同的传送技术和网络使用的信号类型也不同。电话网络传送的是模拟信号，如果用其传送数字信号就必须进行模数转换。如果使用数字网络（如 DDN）就不用将数字信号转换成模拟信号。

模拟数据和数字数据都可以用模拟信号和数字信号表示，因而也可以用这些形式来传输，如图 3-8 所示。

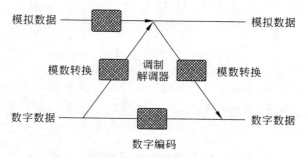

图 3-8　模拟数据和数字数据的对应关系

模拟信号和数字信号在传输介质上进行传输时，为取得较好的传输质量，采用了不同的信道（数字信道和模拟信道）和不同的信号变换技术。数字信道主要用于传输数字信号。模拟信号主要用于传输模拟信号。

1）数字信号转换为模拟信号

有时候，人们需要将计算机中的数字信号通过传输介质转换为模拟信号进行传输。例如，某个计算机的数据要通过公用电话网传输到另外一个地方，因为计算机的数据是数字的，而公用电话线传输的数据是模拟信号，那么计算机所产生的数字数据必须转换为模拟信号进行传输。数字数据采用调制的方法转换为模拟信号的过程，如图 3-9 所示。

图 3-9　数字信号转换为模拟信号

数字信号可以利用调制解调器转换成模拟信号，所产生的信号占据以载波频率为中心的某一频谱。大多数调制解调器都用语音频谱来表示数字数据，因此数字数据能在普通的音频电话线上传输。在线路的另一端，调制解调器再把载波信号解调还原成原来的数字数据。

将数字信号转换为模拟信号的方法称为调制。可以通过调制解调器来进行调制和解调，调制的基本方法主要有振幅、频率和相移 3 种。

（1）幅移键控法（Amplitude-Shift Keying，ASK），又称调幅（AM Amplitude Modulation），是用载波频率的不同幅度来表示两个二进制值，如图 3-10 所示。

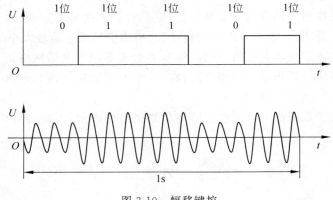

图 3-10　幅移键控

（2）频移键控法（Frequency-Shift Keying，FSK），又称调频（Frequency Modulation，FM），是用不同的载波频率（相同的幅度）来表示两个二进制值，如图 3-11 所示。

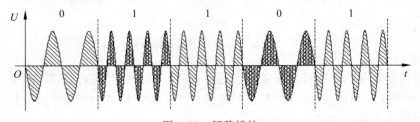

图 3-11　频移键控

（3）相移键控法（Phase-Shift Keying，PSK），又称相位调制（Phase Modulation，PM），用不同的相位角度（相同的幅度）来表示两个二进制值，如图 3-12 所示。信号的差异在于相移，而不是频率或振幅。通常情况下，一个信号的相移是相对于前一个信号而言的。

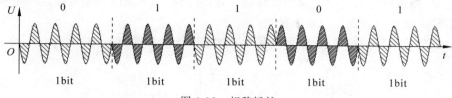

图 3-12　相移键控

（4）正交调幅（Quadrature Amplitude Modulation，QAM），正交调幅是为每位分配一个给定振幅和相移的组合信号。即假设使用两种不同的振幅和 4 种不同的相移。把它们结合起来可定义 8 种不同的信号，如图 3-13 所示。

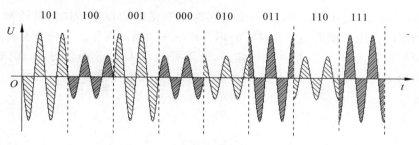

图 3-13　正交调幅

2）模拟数据转换为数字信号

模拟数据也可以用数字信号表示，又称模数转换或解调，它是从载波频段变换到基带，再通过编码解码器来实现。对于声音信号来说，编码解码器直接接收声音的模拟信号，然后用二进制流近似地表示这个信号。数字化模拟信号的方法主要有两种。现在主要采用脉码调制方法。

（1）脉幅调制（Pulse Amplitude Modulation，PAM）。PAM 的处理过程比较简单，在将模拟数据转化为数字信号时，按一定的时间间隔对模拟信号进行采样，产生一个振幅等于采样信号的脉冲。图 3-14 显示了定期采样的结果。

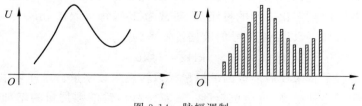

图 3-14　脉幅调制

（2）脉码调制（Pulse Code Modulation，PCM）。脉码调制是将模拟信号转化为数字信号编码的最常见的方法，主要用于对声音信号进行编码。PCM 的方法是指以采样定理为基础，为采样信号分配一个预先确定的振幅。这种处理方法称为脉码调制。若对连续变化的模拟信号进行周期性采样,只要采样频率大于或等于有效信号最高频率或其带宽的两倍,则采样值包含了原始信号的全部信息。利用低通滤波器可以从这些采样信号中重新构造出原始信号。脉冲信号具有很宽的频带,如果在带宽较窄的通信介质上传送脉冲信号,会滤去一些谐波分量,造成脉冲波形畸变而导致传输失败,此时必须将数字数据变换成一定频率范围的模拟信号才能在窄带通信介质上传送。

信号数字化的转换过程包括采样、量化和编码 3 个步骤,如图 3-15 所示。

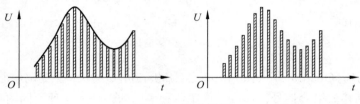

图 3-15　脉码调制

① 采样(Sampling)。采样是将一个时间连续变化的物理量转换成非连续的物理量。即以一定的时间间隔把模拟信号的瞬时值作为样本来代表原信号。设一个连续变化模拟数据的最高频率或带宽为 $F_{\max}$,根据采样定理,若取样频率大于或等于 $2F_{\max}$,则取样后的离散序列就可以无失真地恢复出原始的连续模拟信号,所以取样频率

$$F_1 = 1/T_1 \geqslant 2F_{\mathrm{smax}}$$

或

$$F_1 \geqslant 2B_s$$

式中,T_1 为采样周期;B_s 为原始信号的带宽。

② 量化(Quantization)。量化是将连续的模拟信号变为时间上离散的值(即分级处理)的过程。将采样所得到的脉冲信号幅度按量级比较并取整再以某个最小数量单位的整数倍来表示采样值的大小。这个最小数量单位称为量化单位,量化后的最大整数倍数称为量化级。显然,量化单位越小,则量化的精度越高、量化级越大。对于语音数据,量化成 128 级就能够达到足够的精度。

③ 编码(Coding)。编码是将量化值用相应的二进制编码表示。例如量化级为 128 时,可用 7 位二进制数表示一个语音的采样值。大多数话音的频谱范围为 $300 \sim 3400\mathrm{Hz}$,当取带宽是 4kHz 时,采样频率是 8000 次每秒。如果有 N 个量化级,那么每次采样将需要 lbN 位二进制码。每个采样值的二进制码组称为码字,其位数称为字长。此过程由模数转换器来实现。PCM 系统的数字化语音的量级 N 通常为 256,每次取样 $\mathrm{lb}N = 8$ 位(即 8 比特),每秒进行 8000 次取样,所以话音信号的数据传输率为

$$8 \times 8\mathrm{kHz} = 64\mathrm{kb/s}$$

量化、编码过程是将采样后离散的模拟量模数转换为数字量。采样频率越快、脉冲振幅越多,则传输的质量也就越高,价格也越贵。随着每秒传输的数据量的增加,传输速率也必须相应地提高,费用也随之上涨。

3)模拟数据的模拟信号传输

模拟数据的模拟信号传输是指对任意的模拟信息都用模拟信号来表示,如图 3-16 所示。其方法也是采用调制的方法。

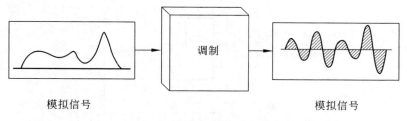

模拟信号   模拟信号

图 3-16   任意模拟信号的调制

（1）调幅（Amplitude Modulation，AM）。在调制时，载波幅度随原始的模拟数据幅度变化而得到的信号（已调信号），而载波的频率是不变的。载波通信就是采用幅度调制的一种模拟通信方式。

（2）调频（Frequency Modulation，FM）。在调制时，载波频率随原始的模拟数据的频率变化而得到的信号，而载波的幅度是不变的。

（3）调相（Phase Modulation，PM）。在调制时，载波相位随原始的模拟数据的相位变化而得到的信号，而载波的幅度是不变的。

3.2.2   数据编码

数字编码是指用数字信号来表示数字信息。例如，当将计算机内的数据传输到打印机时，使用的就是数字信号，这时计算机的二进制编码"1"和"0"是由电压脉冲的方波来体现和传输的。

数字编码的目标是使经过编码的二进制信号有利于传输。下面简单介绍几种比较常见的编码方法。

1. 不归零编码

数字信号用两种不同的电压的电平脉冲序列来表示。例如，在数据表示时，将高电平定为"1"，低电平定为"0"，在传送一个二进制位时，电压是保持不变的，这种编码方式称为不归零（Non-Return to Zero，NRZ）编码，如图 3-17(a)所示。

经过不归零编码的数字信号最大的传输问题是没有同步信号，难以决定一位的结束和另一位的开始，若接收方不能区分每个数据位，就不能正确接收数据，若要增加同步时钟脉冲，就要增加传输线。另外，由于脉冲序列含有直流分量，当有连续多个"1"或"0"信号时，直流分量会累积，这样就不可能采用变压器耦合方式来隔离通信设备和通信线路，不能保护通信设备的安全。因此，在数据传输时不采用这种编码的数字信号。

2. 伪三元码

伪三元码（Pseudo Ternary Encoded）采用的是多级二进制编码技术，即码元选用两个以上的信号电平，如图 3-17(b)所示。其编码规则为，二进制"0"，正负交替出现，二进制"1"无信号转换。

3. 曼彻斯特编码

在传输数字信号时可以采用曼彻斯特编码（Manchester Coding）和差分曼彻斯特编码，如图 3-17(c)、(d)所示。这两种编码都是采用了双相位技术，常用于局部网络传输。在曼彻斯特编码中，每个数据位的中心都有一个跳变，既作为时钟信号，又作为数据信号，能起到位

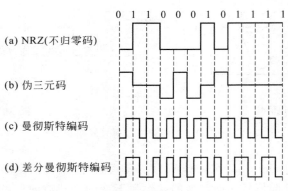

图 3-17　数字数据的数字信号编码

同步信号的作用。在曼彻斯特编码中,可以用这个跳变的方向来判断这位数据是"1"还是"0"。在本例中的编码规则是,每个二进制位的中间都有跳变;二进制"0"表示从低电平到高电平的跳变;二进制"1"表示从高电平到低电平的跳变。

4. 差分曼彻斯特编码

在差分曼彻斯特编码(Differential Manchester Coding)中,每个数据位的中心都有一个跳变,该跳变仅提供时钟定时,起到位同步信号的作用,以每位数据位的开始是否有跳变来表示这位数据是"1"还是"0"。其编码规则是,二进制"0"表示每个二进制位的开始有跳变;二进制"1"表示每个二进制位的开始无跳变。

曼彻斯特编码和差分曼彻斯特编码都带有数据位的同步信息,又称为自同步编码。由于这两种编码的每个数据位都有跳变,整个脉冲序列的直流分量比较均衡,因此可以采用变压器耦合方式进行电路隔离。

曼彻斯特编码和差分曼彻斯特编码在数据波形上携带了时钟脉冲信息,可将时钟和数据包含在信号数据流中。在传输编码信息的同时,可将时钟同步信号一起传输到对方,这种编码称为字同步编码。接收端利用这个跳变来产生接收同步时钟脉冲,因此传输速率较高。

3.3　信号的传输

3.3.1　数据传输

1. 数据的传输模式

数据的传输模式是指数据在信道上传输所用的方式。在计算机内部各个部件之间,计算机与各种外部设备之间,计算机与计算机之间都是以通信的方式传递交换数据信息。数据传输模式可以分为不同的类型,如果按数据代码传输的顺序可以分为两种基本方式:并行传输和串行传输。按数据传输的同步方式可分为同步传输和异步传输。按数据传输的流向和时间关系可分为单工、双工和全双工数据传输。按传输的数据信号特点可分为基带传输、频带传输和数字数据传输。

2. 数据的同步传输技术

在数据通信系统中,通信系统的接收端收到的数据序列和发送端发来的数据序列在时间上必须取得同步，以准确地进行数据传输。因此说，收发两端工作的协调一致是实现信息传输的关键。在通信过程中，接收端必须按照发送端发出的每个码元的重复频率及起止时间来接收数据，而且接收时还要不断校准时间和频率，这一过程称为同步。所谓同步就是建立系统的收发两端必须在时间上保持步调一致。在数据通信系统中主要有位(码元)同步、群(码组、帧)同步、网同步等。

（1）位同步是数据通信系统接收数据码元的需要。位同步是使接收端对每一位数据都要和发送端保持同步。位同步可分为外同步法和自同步法。

① 外同步法是指在发送数据时，先向接收端发出一串同步时钟脉冲，接收端按照这一时钟脉冲频率和时序，在接收数据时始终与发送端保持同步。

② 自同步法是指接收端能从数据信号波形中提取同步信号的方法，最典型的自同步方法就是曼彻斯特编码。

（2）群同步。在数据传输系统中为了有效地传递数据报文，通常还要对传输的信息分成若干组，这样，接收端要准确地恢复这些数据报文，就需要组同步、帧同步或信息包同步，这类同步统称为群同步。

对数据通信系统来说，最基本的同步是收发两端的时钟同步，这是所有同步的基础。为了保证数据准确地传递，要求接收端的定时信号频率与发送端定时信号频率相同，定时信号与数据信号间保持固定的相位关系。

3. 数据通信的方式

所谓的单工、双工等数据通信方式，是指数据传输的方向。

（1）单工通信。这种通信方式是指通信只在一个方向上进行，即数据传输是单向的。单工通信在发送方和接收方之间有明确的方向性，如图 3-18(a)所示。

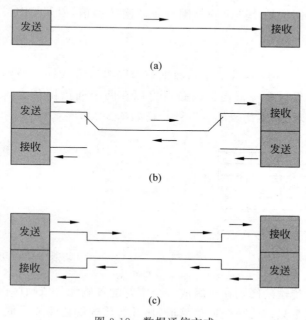

图 3-18　数据通信方式

（2）半双工通信。这种通信方式是指通信可以在两个方向上进行，但不能同时进行传输，在任意时刻信息只能向一个方向传输，如图 3-18（b）所示。

（3）全双工通信。这种通信方式是指通信可以在两个方向上同时进行，如图 3-18（c）所示。

4. 数字信号传输

在线路上传输二进制数据可以采用并行传输或串行传输两种模式。在并行传输时，每一个时钟脉冲有多位数据被发送，而在串行传输时，每一个时钟脉冲只发送一位数据。

1）并行传输

并行传输（Parallel Transmission）是将 n 位由"1"和"0"组成的二进制数组成一组，在发送时 n 位同时发送，数据以成组的方式在两条以上的并行信道上同时传输，这就是并行传输。在传输过程中，使用 n 根线路同时发送 n 位信号，每一位都有其自己的线路并且同一组中的所有 n 位都能够在一个时钟脉冲从一个设备同时传送到另一个设备上。例如采用 8 位代码字符时可以用 8 条信道并行传输，另加一条"选通"线用来通知接收器，以指示各条信道上已出现某一字符的信息，接收器可对各条信道上的电压进行取样，如图 3-19 所示。

与串行传输相比，并行传输的优点在于传输速度。它可以将 n 位数据同时传输，因此提高了传输速度，此外并行传输不需要另外措施就可实现收发双方的字符同步。但是它的缺点也比较明显，即成本高。并行传输需要 n 根通信线路来传输数据，这使得并行传输只能用于短距离传输。在长距离传输时使用多条线路要比使用一条单独线路昂贵，而且长距离的传输要求较粗的导线来降低信号的衰减，所以很难将它们放入一条电缆里；另外，在进行长距离传输时，导线上的电阻也会阻碍信号的传输，从而使信号的到达有快有慢，会给接收端带来麻烦。并行传输适用于计算机和其他高速数字系统，特别适于在设备之间距离较近时使用。最常见的例子是计算机和外围设备之间的通信，以及 CPU、存储器模块和设备控制器之间的通信。

2）串行传输

串行传输（Serial Transmission）是指数据信号以串行方式在一条信道上一位一位地从一端传输到另一端。仅需要一根通信线路就可以在两个通信设备之间进行数据的串行传输，方法简单、易于实现、成本比较低。串行传输如图 3-20 所示。

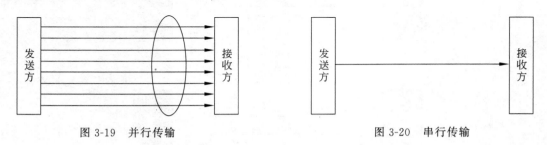

图 3-19　并行传输　　　　　　　　　　图 3-20　串行传输

串行传输和并行传输的区别在于组成一个字符的各码元是依顺序逐位传输还是同时传输。串行传输的优点是只需要一个通信信道，比并行传输的传输成本低。通常情况下，在设备内部采用并行通信方式时需要在发送方和通信线路之间的接口以及通信线路和接收方之间的接口进行转换。缺点是需要外加同步措施，且由于每次只能发送一个二进制位，所以其传输速度比较慢。

3.3.2 信道

任何一个通信系统都可以看作是由发送设备、传输信道和接收设备三大部分组成。传输信道是指以传输所用的物理媒质为基础,为发送设备和接收设备而建立的由有线或无线线路(包括交换设备)组成的信号通路。数据传输信道的特性对通信的质量影响很大。

1. 信道的分类

信道可按不同方式来分类。

1) 从概念上分

(1) 广义信道是指广义上的信号传输通路。它通常是将信号的物理传输媒介与相应的信号转换设备结合起来看作是一个信道,常用的信道如调制信道、编码信道等。

(2) 狭义信道是指传输信号的具体的传输所用的物理介质,例如电缆、光纤、微波、卫星中继等传输线路。

2) 按传输介质分

(1) 有线信道包括双绞线、同轴电缆、光纤等。有线信道性能稳定、外界干扰小、保密性强、维护便利,但是一次性投资较大。

(2) 无线信道是利用无线电波在空间中进行信号的传输。主要有微波、卫星、中波、短波、超短波等。无线信道不用敷设线缆,因此通信成本低、通信的建立比较灵活、可移动性大,但受环境气候影响较大,保密性较差。

3) 按允许通过的信号类型分

(1) 模拟信道是指信道上允许通过的是模拟信号。模拟信道的质量用信号在传输过程中的失真和输出信噪比来衡量。

(2) 数字信道是指信道上允许通过的是数字信号,例如 PCM 数字电话信道。大部分数据信号都是数字的,故数字信道更便于传输数据。

4) 按传输的工作方式分

(1) 单向(单工)信道是只能沿一个固定方向传输的信道,使用它进行信号传输的方式称为单工传输方式。

(2) 半双向(半双工)信道是指可以分时沿两个方向进行信号传输的信道。

(3) 双向(全双工)信道是指可以同时沿两个方向进行双向信号传输的信道,全双工传输工作方式必须采用双向信道。

5) 按传输信息复用的形式分

按传输信息复用的形式不同,网络可分为有频分复用(FDM)、时分复用(TDM)、波分复用(WDM)和混合复用等。

(1) 频分多路复用(Frequency Division Multiplexing,FDM)技术是一种按频率来划分信道的复用方式,它把整个物理介质的传输频带按一定的频率间隔划分为若干个较窄的信道,每个信道提供给一个用户使用。频分复用技术主要用于模拟信号,普遍应用在电视和无线电信号的传输中。使用 FDM 技术时,信号通常被发送设备调制成不同的载波频率,这些调制信号组合成一个能够在线路上传输的复合信号。每一个载波都有一个独立的信道来传输信号,它必须是独立的一条没有被使用的带宽,以防止叠加干扰。

（2）时分多路复用（Time Division Multiplexing，TDM）技术是把许多输入信号结合起来，再一起传送出去。它利用时间分片方式来实现传输信道的多路复用，即将传输介质上的信号分成不同的周期，每个周期再分成不同的时间片，将每个时间片分给固定的用户使用。TDM 技术主要用于数字信号，因此和 FDM 把信号结合成一个单一复杂信号的做法不同，TDM 保持了信号的物理独立性，而从逻辑上把它们结合在一起。

从如何分配传输介质资源的观点出发，时分多路复用又可分为静态时分复用和动态时分复用两种。

（3）波分多路复用（Wave Division Multiplexing，WDM）技术就是用多路复用器把多个光源复合成一个光信号，在一根光纤上同时传输几个不同波长的光信号，不同波长的光线载有不同的电信号。波分多路复用利用了光辐射的高频特性及光纤频带宽、损耗低的特点，在发射端对每个信道的电信号进行调制，形成不同波长的光载波信号，然后将这些信号合成一路输出，用光纤传输到终端用户。在终端用光分波器把输入的多路光载波信号分成单一波长的光载波信号，送给相应波长的光接收机，经过光接收机的解调后，输出相应频道的电信号。

6）按信道的使用方式分

（1）专用信道指两用户间固定不变的数据电路，由专用线路或通信网中固定路由提供。传输质量可以得到保证。

（2）公用（交换）信道。通信网中的用户在通信时由交换机随机确定的数据传输电路，这类电路由于其路由的随机性，其传输质量也相对不稳定。

2. 信道的特性

不同类型的信道其特性也不同。具体如下。

1）电缆信道

电缆信道通信容量大，传输质量稳定，受外界干扰小，可靠性高。

2）光纤信道

光纤信道由光纤组成。由于光纤的不同，其传输特性也不尽相同，通常可分为单模光纤和多模光纤。当纤芯直径小于 5mm 时，光在光波导中只有一种传输模式，这样的光纤称为单模光纤；纤芯直径较大时，光在光波导中可能有许多沿不同途径同时传播的模式，这种光纤称为多模光纤。用光纤来传输信号时，在发送端先要将电信号转换成光信号，而在接收端还要将其还原成电信号，光源可以采用激光二极管或发光二极管。

光纤的主要传输特性为损耗和色散，光纤的损耗会影响传输的中继距离，而色散会影响传输的码率。

光纤传输的主要优点是传输速度快，频带宽，通信容量大，抗干扰能力强，不受外界电磁干扰的影响，所以传输距离远。

3）微波信道

微波通信是电磁波在视距范围内传输的一种通信方式，其载波频率一般为 $2\sim40\text{GHz}$。由于微波是沿直线传播的，而地球表面是曲面，所以微波在地面的传播距离受地形和天线高度的限制，直接传播时天线越高距离越远。两站间的通信距离一般为 $30\sim50\text{km}$，故长距离传输时，必须建立多个中继站。

微波中继通信具有较高的接收灵敏度和较高的发射功率。但受天气影响较大，在传播中通过不利地形或环境时会出现衰落现象。

4）卫星信道

卫星通信实际上也是微波通信的一种方式，它是利用地球同步卫星作中继来转发微波信号。卫星通信可以克服地面微波通信距离的限制，信道频带宽，也可以采用频分多路复用技术，所以卫星通信信道适用于远距离通信，其传输容量大，传输质量和可靠性都优于地面微波通信，其缺点是传输延迟长。

3. 信道容量

通信就是为了可靠、有效地传输信息。信息论提出并解决了信道的可靠性与有效性的问题，即对于给定的信道，当无差错传输时，信道的信息传输量的极限问题。由香农的信息论成果可知，信道传输存在极限并有相应的计算公式，这个极限就是信道容量。信道容量是一个理想的极限值，它是一个给定信道在传输差错率趋于 0 的情况下在单位时间内可能传输的最大信息量。信道容量的单位是比特每秒（b/s）。

3.3.3　数据传输的主要技术指标

在通信系统中，通信质量是人们关心的问题。所谓通信质量，是指整个通信系统的性能，主要是传输的有效性和可靠性。其主要技术指标具体体现在以下几个方面。

1. 传输速率

传输速率是描述数据传输系统的重要技术指标，数据传输速率在数值上等于每秒传输构成数据代码的二进制位数，单位为比特每秒（b/s）。

常用的数据传输速率单位有千比特每秒（kb/s）、兆比特每秒（Mb/s）、吉比特每秒（Gb/s）与太比特每秒（Tb/s），它们之间的换算关系如下：

$$1Kb/s = 1 \times 10^3 b/s$$
$$1Mb/s = 1 \times 10^6 b/s$$
$$1Gb/s = 1 \times 10^9 b/s$$
$$1Tb/s = 1 \times 10^{12} b/s$$

2. 信道带宽

信道带宽的本来意思是指某个信号具有的频带宽度，因为一个特定的信号往往是由许多不同的频率成分组成的，所以一个信号的带宽是指该信号的各种不同频率成分所占据的频率范围。带宽的单位是赫兹（Hz）、千赫兹（kHz）、兆赫兹（MHz）。例如，在传统的通信线路上传送的电话信号是模拟信号，标准带宽是 0.3～3.4kHz。

在计算机网络中，数字信道的带宽用来表示网络的通信线路所能传送数据的能力，因此网络带宽表示在单位时间内从网络的某一点到另一点所能通过的"最高数据量"。即单位时间内在一个信道上能够传送的二进制位数，单位是比特每秒（b/s）。这也是数字信号的传输速率，常见的带宽单位有千比特每秒（kb/s）、兆比特每秒（Mb/s）、吉比特每秒（Gb/s）、太比特每秒（Tb/s）。

3. 吞吐量

吞吐量（Throughput）表示在单位时间内通过某个网络（或信道、接口）的数据量。通过吞吐量可以测量实际上到底有多少数据量能够通过网络。吞吐量会受到网络的带宽或网络的额定速率的限制。例如，对于一个 100Mb/s 的以太网，其额定速率为 100Mb/s，那么这个数值也是该以太网的吞吐量的绝对上限值。因此,对带宽为 100Mb/s 的以太网,其典型的吞吐量可能只有 70Mb/s。

4. 误码率和误组率

数据在传输过程中会因受到外界的干扰而出现差错。误码率和误组率是衡量数据通信系统在正常工作情况下的传输可靠性的两个重要指标。

(1) 误码率。误码率是在一定时间内,二进制数据在传输时出错的概率。设传输的二进制数据总位数为 N,其中出错的位数为 N_e,则误码率 P_e 为

$$P_e = \frac{N_e}{N} \tag{3-1}$$

在一般情况下,计算机网络要求的误码率必须低于 10^{-6},即平均每传输 10^6 位数据仅允许错一位。

(2) 误组率。误组率(P_B)是指在传输的码组总数中发生差错的码组数所占的比例,即码组错误的概率。在数据传输过程中往往存在着随机性与突发性的干扰,造成传输错误,但是在一块或一帧中的一个二进制位差错和几个二进制位差错都导致数据块(或帧)出错,所以使用误码率还不能确切地反映其差错所造成的影响,因此,采用误组率 P_B 来衡量差错对通信的影响。

$$P_B = \frac{b_1}{b_0} \tag{3-2}$$

其中,b_1 为接收出错的组数;b_0 为总的传输组数。

误组率在一些采用块或帧检验以及重发纠错的应用中能反映重发的概率,进而反映出该数据链路的传输效率。在某些数据通信系统中,以码组为一个信息单元进行传输,此时使用误组率更为直观。

【例 3-1】 在 9.6kb/s 的线路上进行 1h 的连续传输,经测试发现 150 位的差错,则该数据通信系统的误码率是多少?

$$P_e = \frac{N_e}{N}$$

$$= \frac{150}{9600 \times 3600} = 4.34 \times 10^{-8}$$

由此可知,误码率为 4.34×10^{-8}。

5. 延迟

延迟是一个非常重要的性能指标。

延迟(Delay 或 Latency)是指一个报文或分组从网络的一端传送到另一端所需要的时间。它由传播延迟、发送延迟、处理延迟、排队延迟组成。

网络中的延迟由以下几部分组成。

(1) 传输延迟。传输延迟也称发送延迟,是主机或路由器发送数据帧所需要的时间,也就是从开始发送数据帧的第一个二进制位到该帧的最后一个二进制位发送完毕所需时间。

发送延迟 = 数据帧长度(单位为比特)/ 发送速率(单位为比特每秒)

网络不同,发送延迟也不同,它与发送帧的长度成正比,与发送速率成反比。

(2) 传播延迟。传播延迟是电磁波在信道中传播一定的距离需要花费的时间。

传播延迟＝信道长度(单位为米)/电磁波在信道上的传播数率(单位为米每秒)

电磁波在真空中的传播速率是光速,约为 $3.0 \times 10^5 \text{km/s}$。电磁波在网络传输介质中的传播速率比在真空中低一些,在铜质电缆中的传播速率约为 $2.3 \times 10^5 \text{km/s}$,在光纤中的传播速率约为 $2.0 \times 10^5 \text{km/s}$。

(3) 处理延迟。主机或路由器在收到分组时需要花费一定的时间进行处理,分析分组首部、从分组中提取数据部分、进行差错检验、查到适当路由等,这就产生了处理延迟。

(4) 排队延迟。一个分组在网络中传输时,要经过许多的路由器。但分组在进入路由器后要先在输入队列中排队等待处理。在路由器确定了转发接口后,还要在输出队列中排队等待转发。这就产生了排队延迟。排队延迟通常取决于网络当时的通信量。

所以,数据在网络中的总延迟计算公式如下:

总延迟＝发送延迟＋传播延迟＋处理延迟＋排队延迟

6. 往返时间

在计算机网络中,往返时间(RTT)也是一个重要的性能指标,表示从发送方发送数据开始到发送方收到来自接收方的确认所经历的时间。往返时间与所发送的分组长度有关。发送很长的数据块的往返时间应当比发送很短的数据块往返时间要多些。

往返时间与带宽的积就是当发送方连续发送数据时,虽然能够及时收到对方的确认,但已经将许多二进制位发送到链路上了。

7. 利用率

利用率分为信道利用率和网络利用率。信道利用率是指某信道被利用的时间占总时间的百分比。网络利用率是指全网信道利用率的加权平均值。信道利用率并非越高越好,根据排队的理论,当某信道的利用率增大时,该信道引起的延迟会迅速增加。

如果 D_0 表示网络空闲时的延迟,D 表示当前网络延迟,U 表示利用率,可以用简单的公式

$$D = D_0/(1-U)$$

来表示 D,D_0 和利用率 U 之间的关系。其中,U 数值范围是 $0 \sim 1$。当网络的利用率接近最大值 1 时,网络的延迟就趋于无穷大。

8. 传输损耗

由于传输过程中能量的损耗,所以任何通信系统接收到的信号和发送的信号都会有所不同。对于模拟信号,传输损耗会使信号出现各种随机的改变,降低了信号的质量;对于数字信号,会在传输中出现位串错误。

影响传输损耗的主要参数有衰减、衰减失真、延迟失真和噪声等。

(1) 衰减(Attenuation)。任何传输介质中进行数据传输时,信号强度都会随距离的增加而减弱。为了实现远距离的传输,人们采用了很多的方法来降低信号的衰减。例如,模拟传输系统采用放大器来解决传输损耗问题,不过放大器会使噪声放大,在经过多次放大后,会产生噪声累加,引起数据出错。数字信号的传输只与内容有关,衰减将会影响数据的完整性,此时可通过中继器来再生信号。

(2) 延迟失真。在数据传输系统中,传输介质的频带宽度不仅会影响信号的振幅度特性,而且会影响其相位特性。通常情况下,中心频率附近的信号传输速率最高,频带两侧的信号速率较低,易产生延迟失真。

在数字信号传输时,延迟失真的影响很大,它可以引起信号内部的相互串扰,这是限制最高速率值的主要原因。

(3) 噪声。在数据传输过程中,不可避免地会有噪声产生,就其性质和影响来说,可以分为随机噪声和脉冲噪声两大类。

① 随机噪声又称为白噪声(White Noise),是在时间上分布比较均匀的噪声。

• 热噪声是由通信传输介质和电子器件热运动所引起的,不可能完全消除。

• 内调制杂音是系统的非线性因素造成的交调干扰。

• 串扰是由系统的电磁耦合引起,像近端串扰、远端串扰等。

② 脉冲噪声通常是突发性的电磁干扰,如闪电等。脉冲噪声对模拟数据的影响较小,但对数字数据的影响很大,它是导致信号错误的主要原因。

除上述几种指标外,还有可靠度、适应性、使用维修性、经济性、标准性及通信建立时间等都会对网络的性能产生影响。

3.3.4 传输速率

衡量数据的传输快慢常用以下两个指标。

1. 数据传输速率

数据传输速率指单位时间内传送的位数,单位是比特每秒(b/s)或千比特每秒(kb/s)。

$$S = (1/T) \, \text{lb} N \qquad (3\text{-}3)$$

式中,S 为数据传输速率;T 为脉冲宽度或脉冲周期;N 为一个脉冲所能表示的有效状态。一般取 2 的整数次方值。在数据传输系统中由于普遍采用的单位脉冲 $N=2$,因此传输速率为 $S=1/T$。

2. 波特率(又称码元速率)

波特率是指信号每秒变化的次数,也称为调制速率、码元速率。在数据通信系统中,每秒传输信号码元的个数,常用 B 表示。单位是波特(Baud)。其计算公式为

$$B = 1/T$$

所以如果 $N=2$,则

$$S = B \, \text{lb} N \qquad (3\text{-}4)$$

在数据传输时,用某种信号脉冲来表示一个或几个 0、1 的组合,那么这种携带数据的信号脉冲称为信号码元。

3. 传输速率与波特率的关系

传输速率是用来衡量数据通信系统在单位时间内传输的信息量,波特率是指在数据通信系统中,每秒传输信号码元的个数,它们的单位不同,但是在数值上有对应关系,如果是二电平传输,则在一个信号码元中包含一个二进制码元,即二者在数值上是相等的;如果是多电平传输,则传输速率 $S = B \, \text{lb} N$。

【例 3-2】 若信号码元持续时间为 1×10^{-4} s,试问传送 8 电平信号,则波特率和传输速率各是多少?

解:由于 $T = 1 \times 10^{-4}$ s,所以波特率

$$B = 1/T = 1 \times 10^{4} \, \text{Baud}$$

由于传送的信号是 8 电平,所以 $N=8$。

则传输速率

$$S = B \ \mathrm{lb}N$$
$$S = 10000 \ \mathrm{lb}8 = 30000 \mathrm{b/s}$$

4. 信道容量

在数据通信系统中,任何传输介质都有限定的带宽,如何高效地使用带宽、提高信道的利用率是通信系统中急需解决的问题。信道容量是在条件和通信信道情况下的数据传输速率。

(1) 奈奎斯特定理(Nyquist Theorem)。信道的最大数据速率是受信道的带宽限制的,对于无热噪声的信道,奈奎斯特定理给出了这种限制关系。1942 年,奈奎斯特证明了,如果一个任意信号通过带宽为 W 的理想低通滤波器,当每秒取样次数大于 $2W$ 时,就可完整地重现该滤波过的信号。

由奈奎斯特定理可知,在无噪声有限带宽 W 的理想信道的条件下,其最大的数据传输速率 C(信道容量)为

$$C = 2W \ \mathrm{lb}N \tag{3-5}$$

式中,N 是离散性信号或电平的个数。

【例 3-3】 一个无噪声的信道,带宽是 4kHz,采用 4 相调制解调器传送二进制信号,则信道容量是多少?

解:4 相调制解调器传送二进制信号的离散信号数为 4,所以 $N = 4$,$W = 4000 \mathrm{Hz}$,则信道容量 C 为

$$C = 2 \times 4000 \ \mathrm{lb}4 = 16 \mathrm{kb/s}$$

(2) 香农定理(Shannon Theorem)。1948 年,香农研究了受随机噪声干扰的信道情况,给出了在有噪声的环境中,信道容量将与信噪功率比有关,根据香农公式,在给定带宽 W(单位为赫兹),信噪功率比为 S/N 的信道中,最大数据传输速率 C 为

$$C = W \ \mathrm{lb}(1 + S/N) \tag{3-6}$$

式中,S/N 为信噪功率比,而实际计算时,S/N 常用分贝(dB)作为单位,其转换的计算公式为

$$(S/N) \mathrm{d}B = 10 \ \mathrm{lg}(S/N) \tag{3-7}$$

式中,S 为信号功率;N 为噪声功率。

【例 3-4】 一个数字信号通过两种物理状态,经信噪比为 20dB 的 3kHz 带宽信道传输,其数据速率不会超过多少?

解:已知信噪比为 20dB,则信噪功率比

$$S/N = 100$$

按香农定理,在信噪比为 20dB 的信道上,信道最大容量为

$$C = W \ \mathrm{lb}(1 + S/N)$$
$$C = 3000 \times \mathrm{lb}(1 + 100) = 3000 \times 6.66 \mathrm{b/s} = 19.98 \mathrm{kb/s}$$

数据速率不会超过 19.98kb/s。

信道容量与数据传输速率的区别在于,信道容量表示信道的最大数据传输速率,是信道传输数据能力的极限,而数据传输速率则表示实际的数据传输速率。

本 章 小 结

本章介绍了数据传输中传输介质、信号的基本知识及相关概念,包括传输介质的类型及其特性、传输介质的选择、信号与编码、传输信道及数据传输的主要技术指标等。

通过本章学习,要求理解传输介质的种类、特性和基本知识,掌握双绞线、光纤的特性和应用,重点掌握数据传输速率、信道容量和数据传输的主要技术指标,使读者对计算机网络传输介质和信道传输的主要技术指标等基础知识有一定的了解。

习 题 3

1. 名词解释:数据、信号、模拟信号、数字信号、单工通信、半双工通信、全双工通信、传输速率、信道容量。

2. 为什么数字信号比模拟信号抗干扰能力强?

3. 常用的传输媒体有哪几种?各有何特点?

4. 曼彻斯特编码和差分曼彻斯特编码的编码原则分别是什么?

5. 信道容量如何计算?

6. 网络中的延迟由几部分组成?简要解释。

7. 一个数字信号通过两种物理状态,经信噪比为 20dB 的 3kHz 带宽信道传输,其数据传输速率不会超过多少?

8. 什么是多路复用技术?多路复用技术分为几类?分别是什么?

第4章 以太网技术基础

本章首先介绍了局域网的概念、功能、组成及分类,随后重点叙述了局域网的参考模型和介质访问控制方法,详细叙述了以太网的类型及主要技术指标,最后介绍了 IEEE 802 标准和 Ethernet Ⅱ 的帧结构。

网络是相互连接的独立的计算机的集合,计算机通过网线、同轴电缆、光纤或无线的方式连接起来,使资源得以共享。绝大多数网络用户使用的网络是位于一个企业、一所学校甚至一幢建筑物或一个房间内的,这类网络称为局域网(Local Area Network,LAN)。

局域网的研究工作开始于 20 世纪 70 年代,以 1975 年美国 Xerox(施乐)公司推出的实验性以太网(Ethernet)和 1974 年英国剑桥大学研制的剑桥环网为典型代表。局域网产品真正投入使用是在 20 世纪 80 年代。到了 20 世纪 90 年代,局域网已经渗透到各行各业,速度、带宽等指标有了很大进展。例如,Ethernet(以太网)产品从传输率为 10Mb/s 的 Ethernet 发展到 100Mb/s 的快速以太网和千兆以太网。局域网在访问、服务、管理、安全和保密等方面也都有了进一步的改善。

4.1 局域网的数据链路层

前面章节,已经介绍了基于 7 层协议的开放系统互连参考模型(OSI-RM)的结构体系,它为局域网的标准化工作提供了良好的基础和经验。

尽管局域网是计算机网络的一个分支,但由于其自身的特性(如覆盖范围小、传输速度快、可靠性高等),使得它与广域网相比有很多区别,IEEE 802 标准包括局域网参考模型与各层协议,其所描述的局域网参考模型与开放系统互连参考模型的对比如图 4-1 所示。

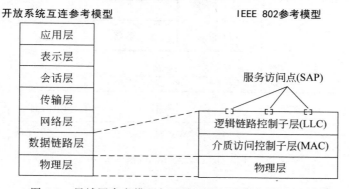

图 4-1 局域网参考模型与开放系统互连参考模型的关系

IEEE 主要对第一、二层制定了规程,所以局域网的 IEEE 802 模型是在开放系统互连参考模型的物理层和数据链路层实现基本通信功能的,高层的标准没有制定,因为局域网的绝大多数高层功能与开放系统互连参考模型是一致的。

局域网的物理层负责物理连接和传输介质上传输数字信号,其主要任务是描述一些传输介质有关的特性。这与开放系统互连参考模型的物理层相同。由于局域网可以采用多种传输介质,各种传输介质的物理特性差异很大,所以局域网中的物理层的处理过程更复杂。通常情况下,局域网的物理层分为两个子层:一个子层描述与传输介质有关的物理特性;另一子层描述与传输介质无关的物理特性。

在局域网中,数据链路层的主要作用是通过数据链路层协议在不太可靠的传输信道上实现可靠的数据传输,负责帧的传送与控制。由于局域网可采用的传输介质有多种,数据链路层必须具有接入多种传输介质的访问控制方法。从体系结构的角度出发,可将数据链路层划分成介质访问控制(Media Access Control,MAC)子层和逻辑链路控制(Logical Link Control,LLC)子层。

1. 介质访问控制子层

介质访问控制(MAC)子层的主要功能是控制对传输介质的访问,它定义了 CSMA/CD、Token Bus、Token Ring 等多种介质访问控制方法,以支持 LLC 子层完成介质访问控制功能,为计算机的网络接口卡(NIC)提供对物理层的访问。

2. 逻辑链路控制子层

逻辑链路控制(LLC)子层在局域网中有着非常重要的位置,既要完成与高层的接口功能,又要完成与介质访问控制子层的通信。数据链路层的 LLC 子层提供了多个称为服务访问点(SAP)的逻辑接口点,不同站点中的两个网络层实体可以通过 SAP 实现数据传输,而且 LLC 子层管理数据链路通信,利用逻辑链路控制帧来实现两个对等逻辑链路控制实体之间的通信。在 LLC 子层,当高层的协议数据单元 PDU 传到 LLC 子层时,LLC 子层会把PDU 加上头部构成 LLC 帧,再向下传递给 MAC 子层;同样,MAC 子层把 LLC 帧作为MAC 的数据字段,加上头部和尾部构成 MAC 帧。图 4-2 给出了 LLC 帧与 MAC 帧的关系示意图。

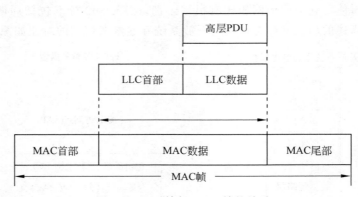

图 4-2　LLC 帧与 MAC 帧的关系

(1) LLC 子层的服务访问点(Service Access Point,SAP)。在一个站(Station)的 LLC层上一般设有多个服务访问点(SAP),因为一个站中可能同时有多个进程在运行,这些进程之间彼此进行通信,当一个 LLC 子层有很多的服务访问点时,不同的用户可以使用不同的SAP,在一个局域网上互不干扰地同时工作。所以多个 SAP 可以复用一条数据链路,以便向多个过程提供服务。但是应注意的是,一个用户可以同时使用多个服务访问点,而一个服务访问点在一个时间只能被一个用户使用。

（2）LLC 子层提供的服务。LLC 子层向上一层提供的服务有 4 种操作类型。

① 类型 1(LLC1)。不确认的无连接服务。

② 类型 2(LLC2)。面向连接服务。

③ 类型 3(LLC3)。确认的无连接服务。

④ 类型 4(LLC4)。高速传送服务（城域网专用）。

不确认无连接服务指的是数据报服务。面向连接服务相当于虚电路服务,每次连接都要首先建立连接、维护连接进行数据交换和释放连接 3 个阶段。确认的无连接服务需要确认实时控制中的警告信号等信息的无连接服务,因此又称为可靠的数据报,适用于令牌总线局域网。

（3）LLC 的帧结构。LLC 帧是在 HDLC 帧的结构基础上进行发展的。LLC 帧分为信息帧、监控帧和无编号帧。由于 LLC 帧还要封装在 MAC 帧中,所以它没有标志字段和帧校验序列字段。LLC 的帧结构包含目的服务访问点 DSAP 字段、源服务访问点（SSAP）字段、控制字段和数据字段 4 个字段,其结构如图 4-3 所示。

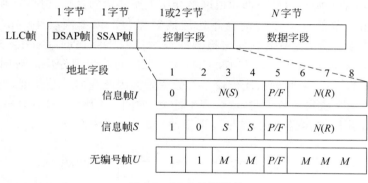

图 4-3　LLC 的帧结构

① 地址字段。地址字段占 2B,其中 DSAP 字段和 SSAP 字段各占 1B。

② 控制字段。LLC 帧分为信息帧 I、监控帧 S 和无编号帧 U。可以用控制字段格式来区分,由控制字段的最低两位来识别。如果控制字段的第 1 位是 0,则此帧为信息帧;如果控制字段的前两位是 1、0,则此帧为监控帧;如果控制字段的前两位是 1、1,则此帧为无编号帧。

③ 数据字段。数字字段的长度 N 没有限制,但应是整数个字节。不过,因为 MAC 帧的长度受限制,所以 LLC 帧的长度实际上也是受限制的。

（4）LLC 子层完成的功能。

① 为高层协议提供相应的通信接口,即一个或多个服务访问点。

② 端到端的差错控制和确认,保证无差错传输。

③ 端到端的流量控制。

LLC 子层中主要规定了无确认无连接、有确认无连接和面向连接 3 种类型的链路服务。其中无确认、无连接服务是一组数据报服务,数据帧在 LLC 实体间交换时,无须事先建立逻辑连接,也没有任何流量控制或差错恢复功能。

面向连接服务提供了访问点之间的虚电路服务,任何数据帧在交换前,都会有一对 LLC 实体建立逻辑链路,在数据传送过程中,数据帧依照次序进行发送且具有差错恢复和流量控制功能。需要注意的是,在局域网中采用了二级寻址方式,即用 MAC 地址标识局域网中的一个站,LLC 提供 SAP 地址,SAP 指定了运行于一台计算机或网络设备上的一个或多个应用进程地址。

在 IEEE 802 局域网参考模型中没有网络层。这是因为局域网的拓扑结构非常简单,各个站点共享传输信道,在任意两个结点之间只有唯一的一条链路,不需要进行路由选择和流量控制,所以在局域网中不单独设置网络层。这与开放系统互连参考模型是不同的。与开放系统互连参考模型比较后发现,网络设备应连接到网络层的 SAP 上,因此在局域网中虽不设置网络层,但将网络层的服务访问点 SAP 设在 LLC 子层与高层协议的交界面上。

4.2　传输介质的访问控制方法

以太网的传输介质包括同轴电缆、双绞线和光纤。以太网传输使用的是共享介质广播技术,也就是说网络上所有的设备都知道网络介质上所传输的数据,但是只有目的地址与数据包中的地址相一致的设备才会接收并处理该数据包。以太网有 10Mb/s、100Mb/s 和 1Gb/s 等数据传输速率,使用带有冲突检测的载波侦听多路访问(Carrier Sense Multiple Access with Collision Detection,CSMA/CD)技术来控制对物理介质的访问。传统以太网的通信是半双工的,在一个时刻只能传输一个数据帧。因此在同一个时刻,当有两台以上的计算机同时向传输介质发送数据时,就会产生冲突,如图 4-4 所示,网络中的计算机 A 和计算机 B 同时向计算机 C 传送数据,结果发生了冲突。

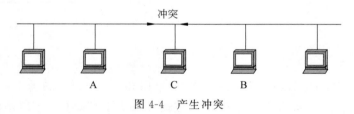

图 4-4　产生冲突

为了避免或减少冲突,所有的以太网(不管它的数据传输速率和数据帧属于哪种类型)都使用带冲突检测的载波监听多路访问(CSMA/CD)技术来控制对物理介质的访问。CSMA/CD 技术的关键在于当以太网中发生冲突时,计算机结点在重发数据之前需要等待一个随机的时间间隔。一般情况下,两个结点等待的随机时间不会一样,因此两个结点再次发生冲突的可能性较小,也就避免了各个结点不断地发生冲突。如果重发的数据帧仍然遇到冲突,那么延迟的时间间隔就需要延长。因此这种 CSMA/CD 协议被形象地称为"先听后发,边听边发"。

载波侦听是指以太网结点的网络接口卡侦听总线,以便检测总线上是否有其他结点正在发送数据(也就是检测载波信号)。如果在总线上没有侦听到其他结点正在发送数据,以太网结点开始发送数据。如果侦听到总线上有以太网结点正在发送数据,就继续侦听,直到总线信道空闲。以太网结点在发送数据的时候继续侦听总线,并将发送的数据与侦听到的载波信号进行比较。如果二者一致,就继续发送数据。如果侦听到的载波信号与所发送的数据不一致,则可能是发生了冲突,这是以太网结点停止发送数据。

多路访问是指多个以太网结点连接到同一个网络上,并能同时检测总线。以太网的任何结点在检测到总线空闲时都可以发送数据,如果网络中的两个结点都检测到总线空闲,若它们在同一时刻发送数据,这时会发生数据冲突,网络执行冲突检测。

冲突检测是指发生冲突时以太网的每个结点都能检测到网络冲突。如果发送结点检测到它的数据遇到冲突,就会继续在整个网络中传播冲突,以保证所有的工作站能够发现冲突,使网络中的其他结点不会再试图发送数据。此后,该结点会等待一个随机时间,在侦听到线路空闲后重发数据。如果重发的数据帧再次遇到冲突,则延迟的时间间隔需要加长。

在一个以太网结点数较多、负荷较重的网络中,冲突会经常发生。冲突发生的次数越多,传输时浪费的时间就越多,会造成网络性能下降,因此在设计以太网时需要考虑到网络中的结点数量。

4.3　以太网的类型及主要技术指标

以太网(Ethernet)最初是由美国施乐(Xerox)公司创立的。1973 年,为了实现几台计算机之间进行简单连接和信息的交互,施乐公司 Palo Alto 研究中心(PARC)的工程师麦卡夫(Robert Metcalfe)描绘出大致的网络构想。他将这项技术命名为 Ethernet(以太网),其灵感来自于"电磁辐射是可以通过发光的以太网传播的"这一想法。当时的数据传输的速率为 2.94Mb/s,传输介质为宽带粗同轴电缆。此后,Metcalfe 说服美国数字设备公司(DEC)和英特尔(Intel)公司加入以太网的开发并与 Xerox 建立了 DIX 联盟。1980 年,Xerox、Intel 和 DEC 3 家公司公布了技术规范,也称 DIX 版以太网 1.0 版(DIX V1)。1982 年,该标准修改为 DIX 以太网版本 2.0 规范(DIX V2 或 Ethernet Ⅱ)。

4.3.1　以太网

通常所说的以太网是指传输速率为 10Mb/s 的以太网。尽管今天的以太网已经获得了飞速发展,出现了快速以太网、千兆以太网和万兆以太网。但其基本工作原理都是在早期的以太网基础上演化而来的。

传输速率为 10Mb/s 的以太网根据传输介质的不同,可以具体分成不同的标准,每个标准都采用 IEEE 802.3 帧结构和 MAC 子层媒体访问控制方法 CSMA/CD,物理层的编码译码方法均采用曼彻斯特编码,所不同的就是传输媒体和物理层的收发器以及媒体连接方式等。

1. 标准以太网

IEEE 802.3 第 1 个定义的标准就是标准以太网 10Base-5,也称粗缆以太网(Thick Ethernet),又称粗电缆网(Thick Net)。10Base-5 是总线拓扑的局域网,传输速率为 10Mb/s,使用基带信号传输,一个网段的最大长度是 500m。如果利用网络互连设备(如中继器和网桥等),可以突破局域网的限制。局域网利用网络连接设备能够将粗缆以太网分成不同的网段,然而由于冲突等原因,最多可连接 5 个网段,总的网段长度不超过 2.5km,相邻工作站之间的距离至少要 2.5m(每个网段最多 200 个工作站)。电缆的两端安置了防止电子信号回音的电子终端,因为往返的回响会产生错误信号并导致混乱,如图 4-5 所示。

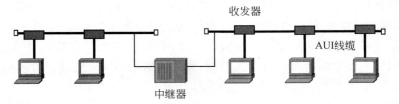

图 4-5　Ethernet 的网段连接

　　每一个工作站通过附件单元接口（Attachment Unit Interface，AUI）线缆与媒体附件单元（Medium Attachment Unit，MAU）或称收发器（Transceiver）相连。收发器的主要功能是在 PC 和电缆之间建立一个接口，这个接口使用 CSMA/CD 竞争机制，将数字信号传到电缆上，完成 CSMA/CD 的冲突监测功能。收发器通过 AUI 与网络接口卡（NIC）连接，AUI 的作用是在工作站和收发器之间完成物理层的接口功能，它的最大长度是 50m，此外，它还有连接粗同轴电缆的作用。该电缆由 5 根双绞线组成，两根用来给 PC 发送数据和控制信息，另外两根用来接收数据的控制信息，第 5 根则可用来接电源或接地。

2. 细缆以太网

　　IEEE 802.3 第 2 个定义的标准就是 10Base-2，细缆以太网（Thin Ethernet）又称细电缆网（Thin Net）。10Base-2 是总线拓扑的局域网，传输速率为 10Mb/s，使用基带信号传输，一个网段的最大长度是 185m。细缆以太网与粗缆以太网相比，细缆以太网的成本低，但网络的覆盖范围小。10Base-2 的拓扑结构如图 4-6 所示。

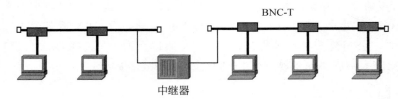

图 4-6　10Base-2 的拓扑结构

3. 双绞线以太网

　　IEEE 802.3 系列里最流行的标准就是 10Base-T，又称双绞线以太网（Twisted-Pair Ethernet）。双绞线以太网是一个星形拓扑的局域网，采用无屏蔽双绞线代替了同轴电缆。支持 10Mb/s 的数据速率，集线器到工作站的最远距离可以达到 100m。工作站与集线器之间采用 8 线无屏蔽双绞线线缆连接，线缆的两端采用 RJ-45 连接器，如图 4-7 所示。

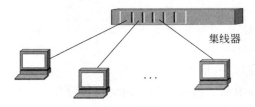

图 4-7　10Base-T 的拓扑结构

　　每个工作站都要包含一个网卡（Network Interface Card，NIC），用不超过 100m 的 4 对无屏蔽双绞线（Unshielded Twisted Pair，UTP），将工作站连接到 10Base-T 集线器上。在 IEEE 802.3 局域网中，10Base-T 的组网是最容易的。

4.3.2　快速以太网

快速以太网是指那些传输速率在 100Mb/s 以上的以太网，它是 10Mb/s 速率以太网技术发展的必然结果。1995 年 6 月，IEEE 802.3u 标准正式作为 IEEE 802.3 标准的补充，命名为 100Base-T。100Base-T 在最大程度上保持了 IEEE 802.3 标准的完整性，保留了核心以太网的细节规范。快速以太网是一种能够很好地适应高速台式机、分布式系统、主干网的技术，它以性价比高、成熟、与现有系统的良好兼容性获得了众多厂商的支持。

1. 百兆以太网

（1）100Base-T4。100Base-T4 需要 4 对双绞线，传输介质使用阻抗为 100Ω 的 4 对 3 类 UTP，3 对用于传送数据，1 对用于检测冲突信号。采用的信号频率为 25MHz，不使用曼彻斯特编码，而是三元信号，每个周期发送 4b，可以达到 100Mb/s 的传输速率，使用 RJ-45 连接器，最大网段长度为 100m。

（2）100Base-TX。100Base-TX 是一种使用 5 类无屏蔽双绞线或屏蔽双绞线的快速以太网技术。传输介质使用阻抗特性为 100Ω 的两对 5 类无屏蔽双绞线或阻抗特性为 150Ω 的两对屏蔽双绞线，其中一对用于发送数据，另一对用于接收数据。可以处理速率高达 125MHz 以上的时钟信号，采用了一种运行在 125MHz 下的 4B/5B 编码方案，获得 100Mb/s 的数据传输速率，信号频率为 125MHz，使用 RJ-45 连接器，最大网段长度为 100m，支持全双工的数据传输。

（3）100Base-FX。100Base-FX 是一种使用光纤作为传输介质的快速以太网技术，既可以选用多模光纤（$62.5\mu m$ 或 $125\mu m$），也可以选用单模光纤（$8\mu m/125\mu m$），在传输中使用 4B/5B 编码方式，信号频率为 125MHz。最大网段长度与所使用的光纤类型和工作模式有关，它支持全双工的数据传输，在全双工情况下，多模光纤传输距离可达 2km，单模光纤传输距离可达 40km。

100Base-T 与 10Base-T 的技术性能对照如表 4-1 所示。

表 4-1　100Base-T 与 10Base-T 的技术性能对照

类　　型	10Base-T	100Base-T
标准名称	IEEE 802.3	IEEE 802.3u
速率/(Mb·s^{-1})	10	100 或 10（自动协商机制）
介质访问控制方式	CSMA/CD	CSMA/CD
介质独立接口	AUI	MII
全双工操作	支持	支持（自动协商机制）
拓扑结构	星形结构或总线拓扑	星形
传输介质	同轴电缆、UTP 和光纤	UTP、STP 和光纤

2. 千兆以太网

千兆以太网是在以太网技术的改进和提高的基础上，再次将 100Mb/s 的快速以太网的传输速率提高 10 倍,使传输速率达到 1Gb/s 的网络系统。1996 年 7 月,IEEE 802.3 工作组成立了 IEEE 802.3z 千兆以太网任务组,研究和制定 IEEE 802.3z 千兆以太网标准,该标准要确保和以前的 10Mb/s 和 100Mb/s 以太网相兼容,即允许在 1Gb/s 速度下进行全双工和半双工通信;使用 IEEE 802.3 以太网的帧格式;使用 CSMA/CD 媒体访问控制方法;编址方式和 10Base-T、100Base-T 兼容。

(1) 1000Base-LX。1000Base-LX 是一种使用长波激光作为信号源的长波光纤网络介质技术,在收发器上配置波长为 1270～1355nm(一般为 1.3μm)的激光传输器,既可以驱动多模光纤,也可以驱动单模光纤,所使用多模光纤通常为一对 62.5μm 或 50μm 多模光纤,在全双工模式下,最长传输距离可以达到 550m;使用单模光纤时,通常为 9μm 的单模光纤,全双工模式下的最长有效距离为 5km。系统采用 8B/10B 编码方案,连接光纤所使用的 SC 型光纤连接器与快速以太网 100Base-FX 所使用的连接器的型号相同。

(2) 1000Base-SX。1000Base-SX 是一种使用短波激光作为信号源的短波光纤网络介质技术,收发器上所配置的波长为 770～860nm(一般为 800nm)的激光传输器只能驱动多模光纤。其中,如果使用 62.5μm 多模光纤,全双工模式下的最长传输距离为 275m;如果使用 50μm 多模光纤,全双工模式下最长有效距离为 550m。系统采用 8B/10B 编码方案,1000Base-SX 所使用的光纤连接器与 1000Base-LX 一样使用的是 SC 型连接器。

(3) 1000Base-CX。1000Base-CX 使用铜缆作为网络传输介质,1000Base-CX 使用的是一种特殊规格的高质量平衡双绞线线对的屏蔽铜缆,最长有效距离为 25m,使用两对 STP 和 9 芯 D 型连接器连接电缆,系统采用 8B/10B 编码方案。1000Base-CX 适用于交换机之间的短距离连接,尤其适合于千兆主干交换机和主服务器之间的短距离连接。以上连接往往可以在机房配线架上以跨线方式实现,不需要再使用长距离的铜缆或光纤。

(4) 1000Base-T。1000Base-T 使用 5 类 UTP 作为网络传输介质,最长有效距离可以达到 100m。1000Base-T 不支持 8B/10B 编码方案,需要采用专门的更加先进的编码/译码方案,才能实现 1Gb/s 的传输速率。用户可以在原有的快速以太网系统中平滑地从 100Mb/s 升级到 1Gb/s。

3. 万兆以太网

以太网经历了 10Mb/s、100Mb/s、1Gb/s 的发展,应用范围不断扩大。2002 年 6 月,IEEE 802.3ae 10Gb/s 以太网标准发布,万兆以太网标准的目的是将 IEEE 802.3 协议扩展到 10Gb/s 的工作速度,并扩展以太网的应用空间,使之能够包括 WAN 链接。IEEE 802.3ae 主要分为两类:一种是与传统以太网连接,速率为 10Gb/s 的 LAN PHY;另一种是连接 SDH/SONET,速率为 9.58464Gb/s 的 WAN PHY。支持单模和多模光纤。其中,10GBase-S(850nm 短波)最大传输距离为 300m,10GBase-L(1310nm 长波)最大传输距离为 10km,10GBase-E(1550nm 长波)最大传输距离 40km,此外,LAN PHY 还包括一种可以使用 DWDM 波分复用技术的 10GBase-LX4 规格。WAN PHY 与 SONET OC-192 帧结构的融合,可与 OC-192 电路、SONET/SDH 设备一起运行,保护传统基础投资。

IEEE 802.3ae 继承了 IEEE 802.3 以太网的帧格式和最大/最小帧长度,支持多层星形连接、点对点连接及其组合,提供广域网物理层接口。但 IEEE 802.3ae 仅支持全双工方式,且不采用 CSMA/CD 机制。未来以太网最高数据传输速率将可望提高至 40Gb/s。

4. 交换型以太网

1) 概述

交换以太网（Switched Ethernet）与 10Base-T 的性能类似，10Base-T Ethernet 是一个共享媒体的网络，尽管它理论上采用的是总线拓扑，但是它实际上是星形拓扑。当一个站将帧发送到集线器时，该帧是发送到所有的端口，任何一个结点都能接收到，这样，在任何时刻都只能是一个结点发送数据，如果有两个结点都试图要发送数据就会产生冲突。

然而，如果用交换机替代集线器，则可以将所发送的帧直接通过交换机发送到目的结点，这也意味着交换机可以在接收一个帧的同时，从另一个结点接收另一个帧，并将其发送到最终的目的结点。这样从理论上来说是不会有冲突的，如图 4-8 所示。

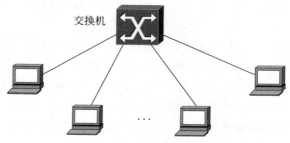

图 4-8　使用交换机的以太网

2) 交换式以太网的工作原理

以太网交换机的原理很简单，它检测从以太网端口送来的数据包的源和目的地的 MAC（介质访问层）地址，然后与系统内部的动态查找表进行比较，若数据包的 MAC 层地址不在查找表中，则将该地址加入查找表中，并将数据包发送给相应的目的端口。

就整个系统的带宽而言，就不再是只有 10Mb/s（10Base-T 环境）或 100Mb/s（100Base-7 环境），而是与交换器所具有的端口数有关。例如若每个端口为 10Mb/s，则整个系统带宽可达 10Mb/s×n，其中 n 为端口数，因此，拓宽整个系统带宽是交换型以太网系统的最明显的特点。

3) 交换型以太网系统特性

交换式以太网不需要改变网络其他硬件，包括电缆和用户的网卡，仅需要用交换式交换机改变共享式集线器。

（1）每个端口上可以连接站点，也可以连接一个网段，且独占该端口的带宽。

（2）有 n 个端口数，系统的最大带宽就可以达到端口带宽的 n 倍。可在高速与低速网络之间转换，实现不同网络的协同。

（3）交换机采用存储转发的方式传输数据。

4.4　IEEE 802 标准

局域网技术的发展带来了更多的具有各自特色的产品，为了统一，美国电气与电子工程师协会（Institute of Electrical and Electronic Engineers，IEEE）在 1980 年 2 月成立了局域网标准化委员会（简称 IEEE 802 委员会），专门进行局域网标准的制定，IEEE 802 委员会现有 16 个分委员会,共同构成了 802 体系结构,制定了一系列的局域网标准——IEEE 802 标准。

IEEE 802 委员会制定了一系列标准。

(1) IEEE 802.1。综述和体系结构(IEEE 802.1a),它除了定义 IEEE 802 标准和 OSI 参考模型高层的接口外,还解决寻址、网际互连和网络管理等方面的问题(IEEE 802.1b)。

(2) IEEE 802.2。逻辑链路控制,定义 LLC 子层为网络层提供的服务。对于所有的 MAC 规范,LLC 是共同的。

(3) IEEE 802.3。定义了 CSMA/CD 总线介质访问控制子层和物理层规范。在物理层定义了 4 种不同介质的 10Mb/s 以太网规范,包括 10Base-5(粗同轴电缆)、10Base-2(细同轴电缆)、10Base-F(多模光纤)和 10Base-T(无屏蔽双绞线 UTP)。另外,IEEE 802.3 工作组还开发了一系列标准。

① IEEE 802.3u 标准。百兆快速以太网标准,现已合并到 IEEE 802.3 中。

② IEEE 802.3z 标准。光纤介质千兆以太网标准规范。

③ IEEE 802.3ab 标准。传输距离为 100m 的 5 类无屏蔽双绞线千兆以太网标准规范。

④ IEEE 802.3ae 标准。万兆以太网标准规范。

目前,局域网络中应用最多的就是基于 IEEE 802.3 标准的各类以太网。

(4) IEEE 802.4。令牌总线控制方法和物理层技术规范。

(5) IEEE 802.5。令牌环控制方法和物理层技术规范。

(6) IEEE 802.6。城域网(Metropolitan Area Network,MAN)访问控制方法和物理层技术规范。

(7) IEEE 802.7。宽带局域网访问控制方法和物理层技术规范。

(8) IEEE 802.8。光纤网媒体访问控制方法和物理层技术规范。

(9) IEEE 802.9。综合语音和数据的访问方法和物理层技术规范。

(10) IEEE 802.10。网络安全与加密访问方法和物理层技术规范。

(11) IEEE 802.11。定义了无线局域网介质访问控制方法和物理层规范,主要包括以下几项。

① IEEE 802.11a。工作在 5GHz 频段,传输速率 54Mb/s 的无线局域网标准。

② IEEE 802.11b。工作在 2.4GHz 频段,传输速率 11Mb/s 无线局域网标准。

③ IEEE 802.11g。工作在 2.4GHz 频段,传输速率 54Mb/s 无线局域网标准。

(12) IEEE 802.12。100VG-AnyLAN 快速局域网访问方法和物理层技术规范。

(13) IEEE 802.14。利用有线电视(Cable-TV)的宽带通信标准。

(14) IEEE 802.15。定义了无线个人局域网(WPAN)技术。

(15) IEEE 802.16。定义了宽带无线局域网技术。

(16) IEEE 802.17。弹性分组环(RPR)标准。

(17) IEEE 802.18。无线管制(Radio Regulatory)TAG。

IEEE 802 这一组标准的数目还在不断扩充和完善。IEEE 802 各个标准之间的关系如图 4-9 所示。

IEEE 802 标准对局域网的标准化起了重要作用,目前,尽管高层软件和网络操作系统不同,但由于低层采用了标准协议,几乎所有局域网均可实现互连。

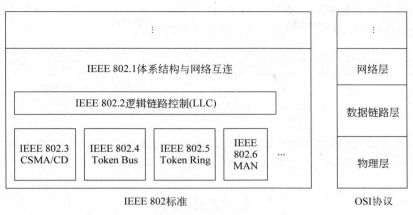

图 4-9　IEEE 802 各个标准之间的关系

4.5　以太网数据帧的结构

4.5.1　以太网版本Ⅱ数据帧的结构

以太网的每个数据帧由帧头、数据和帧尾组成,数据帧的大小为 64～1518B,数据帧头由前导字段(7B)、帧起始标志(1B)、目的 MAC 地址(6B)、源 MAC 地址(6B)和类型字段(2B)组成。数据帧尾是帧校验序列(Frame Check Sequence,FCS),大小为 4B,数据帧的数据部分大小为 46～1500B。如果被传输的数据小于 46B,则数据部分被填充到 46B。因此,以太网数据帧的长度从目的地址到帧校验序列最小为 64(18＋64)B,最大为 1518(18＋1500)B。

标准的以太网版本Ⅱ(Ethernet VersionⅡ)的数据帧格式如图 4-10 所示。

前导字段	帧起始标志	目的MAC地址	源MAC地址	类型字段	数据字	帧校验序列
7B	1B	6B	6B	2B	46~1500B	4B

图 4-10　以太网版本Ⅱ的数据帧格式

以太网数据帧的前导字段用来同步局域网中所有结点,它由 7B 长度的 10101010 组成。帧起始标志(SFD)的值是 1B 长度的 10101011,指明跟随其后的是 MAC 帧。目的MAC 地址是接收方的网卡物理地址,大小为 6B。源 MAC 地址是发送方的网卡物理地址,大小为 6B。类型字段大小为 2B,用来说明帧中所包含的上层协议,如 IP 协议对应的类型值是 0800。数据的大小为 46～1500B,如果数据的长度小于 46B,则需要填充到 46B。帧校验序列(FCS)的大小为 4B,用来校检接收到的数据与发送的数据是否一致。

4.5.2　IEEE 802.3 以太网数据帧的结构

IEEE 802.3 以太网数据帧的结构与标准以太网数据帧的结构相似,它们的不同之处在于标准以太网数据帧中的类型字段在 IEEE 802.3 以太网数据帧中由长度字段取代了。

IEEE 802.3 以太网数据帧格式如图 4-11 所示。这种情况下,类型字段的功能由在长度字段之后的逻辑链路控制(LLC,IEEE 802.2)报头字段来完成。

前导字段	帧起始标志	目的MAC地址	源MAC地址	长度字段	数据	帧校验序列
7B	1B	6B	6B	2B	46~1500B	4B

图 4-11　IEEE 802.3 以太网数据帧格式

IEEE 802.3 以太网数据帧的长度字段指明了数据帧所携带的数据的大小。了解数据帧格式有助于分析捕获到的协议数据,特别是对数据帧的分析。

本 章 小 结

本章介绍了计算机局域网技术及相关知识,包括其基本工作原理、传统局域网及高速局域网,本章重点是介质访问控制技术原理,IEEE 802 标准,以太网组网标准及基本工作原理。读者可以在了解局域网的基本原理和相关知识的基础上,参考技术资料,进一步全面深入地了解局域网的其他相关技术。

习　题　4

1. 选择题

(1) 若将某大学校园内的一间学生宿舍中的所有计算机用交换机连接成网络,则该网络的物理结构为_____拓扑。

　　　A. 总线　　　　　　　　B. 星形　　　　　　　　C. 树状　　　　　　　　D. 环形

(2) 以太网使用的是_____技术。

　　　A. 令牌传送,以保证在网络上不发生冲突

　　　B. 信标,以帮助网络从故障中恢复过来

　　　C. 带冲突检测的载波侦听多路访问(CSMA/CD)

　　　D. 广播,在网络实体之间传送数据流

(3) _____在一个以太局域网或 IEEE 802.3 局域网中会发生冲突。

　　　A. 当一个结点在未通知另外一个结点的情况下就在网络上发送了一个数据分组

　　　B. 当两个工作站并未监听到任何数据流量,而且同时传送数据时

　　　C. 当两个结点向一个不再广播的结点发送数据分组时

　　　D. 当检测到不稳定信号而且在正常传输过程中流量遭到破坏

(4) 介质访问控制指的是_____。

　　　A. 网卡获取了网络介质并且准备进行传输时的状态

　　　B. 对介质获取和释放进行管理的规则

　　　C. 决定在共享介质环境中的哪台计算机可以传输数据的协议

　　　D. 一组正式的比特序列已经被传送了

(5) _____描述了一个 CSMA/CD 的网络。

A. 一个结点的传输会通过整个网络并且每个结点都能接收和检查该传输

B. 如果源设备知道目标设备 MAC 地址和 IP 地址,就会把信号直接发送给目标设备

C. 一个结点的传输会到达最近的路由器,而该路由器会把该传输直接发送给目标设备

D. 信号总是以广播方式进行发送

2. 填空题

(1) IEEE 802 委员会将开放系统互连参考模型中的数据链路层进一步划分为_____和_____两个子层。

(2) 以太网传输使用的是共享介质广播技术,也就是说网络上所有的设备都知道网络介质上所传输的数据,但是只有_____与_____的地址相一致的设备才会接收并处理该数据包。

(3) 10Base-T 中的_____表示传输速率为10Mb/s的网络,_____表示基带传输,_____表示传输介质为双绞线,最大传输距离为100m。

(4) 集线器一般有_____和_____两种类型的端口。

3. 简答题

(1) 简述局域网的主要特点。

(2) 以太网帧的源地址指的是什么?

(3) 以太网帧的目标地址指的是什么?

(4) 简述 10Base-T 的 5-4-3 规则。

(5) 简述交换式以太网的全双工通信。

第5章 交换式网络

本章首先介绍了局域网络互连设备的基本工作原理,重点叙述了交换机的交换原理和地址解析协议(Address Resolution Protocol,ARP),详细叙述了生成树协议的作用和工作原理;最后介绍了交换机的简单配置过程。

以太网是目前使用最广泛的、最具代表性的局域网,从 20 世纪 70 年代末期就有了正式的网络产品。在整个 20 世纪 80 年代以太网与 PC 同步发展,其传输率由 10Mb/s 发展到 100Mb/s,目前已经出现了 1Gb/s 的以太网产品。以太网支持的传输媒体由最初的同轴电缆发展到双绞线和光纤。在拓扑结构上,星形拓扑的出现使以太网技术上了一个新台阶,获得更迅速的发展。从共享型的以太网发展到交换型以太网,并出现了全双工以太网技术,致使整个以太网系统的带宽成十倍、百倍地增长,并保持足够的系统覆盖范围,也带动了局域网技术的发展。

5.1 网络互连设备

计算机连网和网络间互连都需要网络设备,网络互连设备一般可分为网内连接设备和网间连接设备。网内连接设备主要有网卡、集线器、中继器和交换机等;网间连接设备主要有网桥、路由器及网关等。

从理论上说,这些设备都与开放系统互连参考模型的层次有直接关系,如图 5-1 所示。

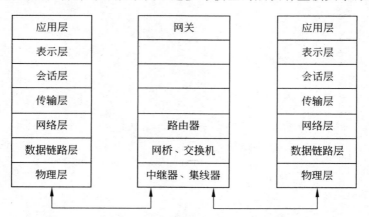

图 5-1 网络互连设备与开放系统互连参考模型的层次关系

目前常用的网络互连设备主要有中继器、集线器、网桥、交换机、路由器和网关等。

5.1.1 中继器和集线器

限制局域网连接距离的一个因素是电子信号在传输时会衰减,为消除这个限制,早期的局域网使用中继器来连接两根电缆。中继器是能持续检测电缆中的模拟信号的设备,当检测到一根电缆中有信号传来时,中继器便转发一个放大的信号到另一根电缆,如图 5-2 所示,一个中继器能把一个以太网的有效连接距离扩大一倍。

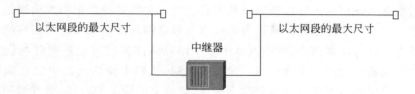

图 5-2　中继器连接两个以太网段

中继器是在 OSI 的第一层上实现局域网的连接,因此它是一种用于实现网络物理层级连接的产品。中继器只能用于连接具有同样层协议的局域网,既不能控制路由选择,又没有能力管理,只能放大电子信号。

中继器可以说是最简单的一种网络连接设备,它仅在所连接的网段间进行信息流的简单复制,而不是进行过滤。

中继器最大的缺点是不了解一个完整的帧。当从一个网段接收信号并转发至另一个网段时,中继器不能区分该信号是否为一个有效的帧或其他信号,因此当在一个网段内有冲突或电子干扰发生时,中继器会将其扩散到其他网段中。

集线器(Hub)是双绞线以太网对网络进行集中管理的最小单元。集线器是一个共享设备,其实质是一个多端口的中继器。一般来说,当中继器用于星形拓扑的网络中心结点时,就称其为集线器,如图 5-3 所示。

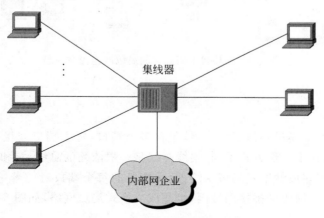

图 5-3　集线器用作网络中心

集线器在 OSI 体系结构模型中处于物理层,是 LAN 的接入层设备。它主要用于共享式以太网络的组建,是解决从服务器直接到桌面的最佳、最经济的方案。

集线器是一种用作网络中心的常用设备,它包含许多独立但又相互联系的网络设备模块。下面是集线器的主要特性。

(1) 放大信号。

(2) 通过网络传播信号。

(3) 无过滤功能。

（4）无路径检测或交换。

（5）被用作网络中心结点。

使用集线器的缺点是不能控制网络数据量。经过集线器的数据将发向网络上其他所有的局域网段。如果一个网络的所有设备都仅由一根电缆连接而成或者网络的网段由集线器等无过滤能力的设备连接而成，则当网络中多个结点试图同时发送数据时，就会发生冲突，这个网络中的设备就构成一个冲突域。冲突发生时，从每个设备上发出的数据相互碰撞而遭到破坏。使用集线器组建的网络是共享网络，随着交换设备的普及，中继器和集线器已经被淘汰。

5.1.2 网桥

网桥（Bridge）也是连接两个网段的设备。与中继器不同，网桥能处理一个完整的帧，拥有和一般计算机相同的接口。因此，网桥是扩展局域网常用的设备。

网桥工作在数据链路层，可以连接不同类型的局域网，如图 5-4 所示，网桥将具有 3 种不同 MAC 子层的局域网连接成为一个更大的局域网。

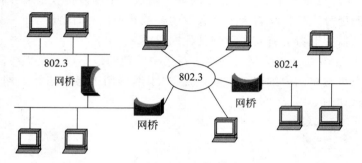

图 5-4　网桥将不同类型的局域网连接在一起

5.1.3 交换机

从物理上来看，交换机类似于集线器，包含多个端口，每个端口连接一台计算机。集线器和交换机的区别在于工作方式不同，集线器就是一根浓缩的总线，它和连接的计算机一起构成一个冲突域，组建成共享式局域网络；而交换机的每个端口对应着一个冲突域，类似于每台计算机组成一个网段的桥接局域网，组建成交换式局域网络，如图 5-5 所示。

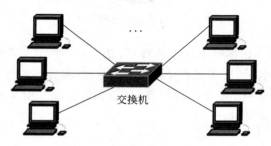

图 5-5　交换机连接的局域网

交换机是数据链路层设备。与网桥相似,它可以使多个物理 LAN 网段互相连接成为一个更大的网络。交换机是根据 MAC 地址对通信进行转发和接收的。

交换机是构成整个交换式网络的关键设备。它所采用的交换技术将极大影响自身的性能。交换机主要采用以下几种基本交换技术。

1. 直通交换技术

直通(Cut-through)交换技术就是接收端口只对接收到的数据帧的目的地址信息进行检查,然后再按指定的地址将数据帧转发出去,不对数据帧做差错和过滤处理。

其工作方式为,当交换机检测到某一端口有数据传输进来时,先检测该数据帧上的报头,获取该数据包中的目的地址,启动内部的动态路由表找到相应的输出端口,在输入与输出交叉处自接通,把数据包直通到相应的端口,实现交换功能。

直通交换模式具有转发速度快、延迟固定、转发错误帧和不同速率端口不能交换等特点。

2. 存储转发交换技术

存储转发(Store and Forward)交换技术是目前交换机中应用最广泛的交换技术,它的工作方式为,当交换机某端口接收到数据帧时,以太网交换机的控制器先将输入端口传输过来的数据包存储到一个共享缓冲区中,此缓冲区与计算机中的高速缓存(Cache)类似;然后,交换机会检查和分析整个数据包的内容并进行过滤和差错校验处理;在确定数据包正确无误后,取出数据包的目的地址,通过查找地址表找到要发送的输出端口计算机的 MAC 地址,建立与目的计算机端口的连接;最后,将数据按目的地址发送到指定端口。

3. 碎片隔离交换技术

碎片隔离(Fragment Free)交换技术是介于直通交换技术和存储转发交换技术之间的一种解决方案。使用这种技术的交换机在转发前先检查数据帧的长度,因为以太网要求最小帧长度是 64B,如果数据帧小于 64B 是残帧,则丢弃该帧;如果帧长度大于 64B,则发送该帧。该方式的数据处理速度比存储转发方式快,比直通式慢,但由于该方式能够避免残帧的转发,所以被广泛应用于低档交换机中。

5.1.4　路由器

路由器(Router)是异构网络连接的关键设备,用于连接多个逻辑上分开的网络(逻辑网络是指一个单独的网络或子网),数据可通过路由器从一个子网传输到另一子网。路由器具有判断网络地址和选择路径的功能,能在多网络互连环境中建立灵活的连接,可用完全不同的数据分组和介质访问方法连接各种子网。

路由器是网络层的设备,它只接收源站或其他路由器的信息,而不关心各子网所使用的硬件设备,但要求运行与网络层协议一致的软件。图 5-6 所示为用路由器连接的两个物理网络。对每个网络连接,路由器都有一个单独的接口。

路由器

图 5-6　用路由器连接两个物理网络

路由器是一种主动的、智能型的网络结点设备,它可参与子网的管理以及网络资源的动态管理。

对于不同规模的网络,路由器作用的侧重点有所不同。

在主干网中,路由器的主要作用是路由选择。主干网上的路由器必须知道有关所有下层网络的路径,因此需要维护庞大的路由表并对连接状态的变化做出尽可能迅速的反应。路由器的故障将会导致严重的信息传输问题。

在地区网中,路由器的主要作用是网络连接和路由选择。

在园区网内部,路由器的主要作用是分隔子网。早期的互联网基层单位是局域网,所有主机处于同一个逻辑网络中。随着网络规模的不断扩大,局域网演变成以高速主干和路由器连接的多个子网所组成的园区网。路由器是唯一能够分隔子网的设备,它负责子网间的报文转发和广播隔离,在边界上的路由器则负责与上层网络的连接。

5.1.5　网关

网关(Gateway)又称网间连接器或者协议转换器。网关在网络层以上实现网络的互连,是最复杂的网络互连设备,仅用于两个高层协议不同的网络互连。网关既可以用于广域网互连,也可以用于局域网互连。

网关是一种承担转换重任的计算机系统,可应用于通信协议、数据格式、语言,甚至体系结构完全不同的两种系统之间,起到翻译器的作用。与网桥只能简单地传达信息不同,网关对收到的信息要重新打包,以适应目的系统的需求。同时,网关也可以提供过滤和安全功能。大多数网关运行在 OSI 参考模型的顶层——应用层。

网关通常分为传输网关和应用网关。传输网关用于在两个网络间建立传输连接。利用传输网关,不同网络上的主机之间可以建立跨越多个网络的、级联的、点对点的传输连接。例如,通常使用的路由器就是传输网关,网关可连接两个不同的网段,在两个不同的路由协议之间的连接,如 RIP、EIGRP、OSPF、BGP 等。

应用网关在应用层上进行协议转换。例如,一个主机执行的是 ISO 电子邮件标准,另一个主机执行的是 Internet 电子邮件标准,如果这两个主机需要交换电子邮件,那么必须经过一个电子邮件网关进行协议转换,这个电子邮件网关就是一个应用网关。

5.2　链路层数据交换

5.2.1　网桥交换原理

网桥的功能在延长网络跨度上类似于中继器,然而它能提供智能化连接服务,即根据帧的目的地址所处网段进行转发和滤除。网桥的工作原理如图 5-7 所示。

网桥以一种混合方式监听每个网段上的信号,当它从一个网段接收到一个帧时,网桥会检查并确认该帧是否已完整地到达。如果需要,就把该帧传输到其他网段。这样,两个局域网网段通过网桥连接后就像一个局域网一样。网中任何一台计算机可发送帧到其他连接在这两个网段中的计算机。由于每个网段都支持标准的网络连接并使用标准的帧格式,因此计算机并不知道它们是连接在同一个局域网中还是连接在同一个桥接局域网中。

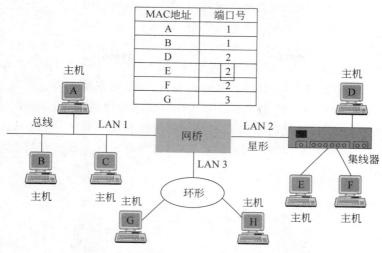

MAC地址	端口号
A	1
B	1
D	2
E	2
F	2
G	3

图 5-7　网桥的工作原理

由于网桥能隔离一些干扰信号,所以使用范围比中继器更广泛。通过网桥相连的网段中如果发生电磁干扰,网桥会接收到一个不正确的帧。这时,网桥就会丢弃该帧,不会把一个网段上的冲突信号传输到另一个网段。

网桥的种类主要有透明网桥和源路由选择网桥两种。透明网桥主要用于连接两个或多个局域网网段,每个局域网网段必须使用相同的技术,但每个端口的传输速率可以不同。源路由选择网桥主要用于网络连接速率不同的网间转发。

5.2.2　交换机原理

交换机的主要功能是接收与转发数据帧,在交换机中有一张交换地址表,当接收到数据帧时,交换机会在自己的交换地址表中查询是否有目的地址的记录,一旦发现,便立即将该数据帧从去往目的地址的端口(Port)送出。

交换地址表中的表项主要由主机的 MAC 地址和该地址对应的交换机端口号组成。初始状态下,交换机并不知道所连接主机的 MAC 地址,所以交换地址表中的 MAC 地址为空,如图 5-8 所示。

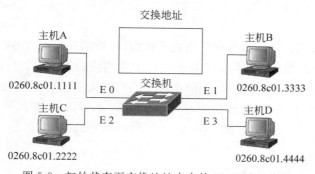

图 5-8　初始状态下交换地址表中的 MAC 地址为空

整张交换地址表的生成采用动态自学习的方法,即当交换机收到一个数据帧以后,将数据帧的源地址和输入端口记录在交换地址表中。

主机 A 发送数据给主机 C 时,一般会首先发送 ARP 请求来获取主机 C 的 MAC 地址,此 ARP 请求帧中的目的 MAC 地址是广播地址,源 MAC 地址是发送主机 A 自己的 MAC 地址。主机 B、C、D 接收到此数据帧后,都会查看该 ARP 数据帧。但是主机 B 和主机 D 不会回复该帧,主机 C 会处理该帧并发送 ARP 回应,此回复数据帧的目的 MAC 地址为主机 A 的 MAC 地址,源 MAC 地址为主机 C 的 MAC 地址。交换机收到该帧后,会将源 MAC 地址和接收端口的映射关系添加到交换地址表中,如果此映射关系在交换地址表已经存在,则会被刷新,如图 5-9 所示。

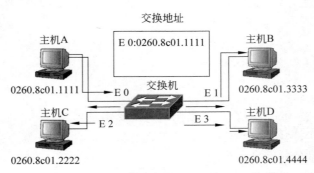

图 5-9　交换机自学习生成交换地址表

如果交换机连接的所有主机都发送过数据帧,就可以建立起一个完整的交换地址表,交换机在开始运行后会很快形成完整的交换地址表。交换机将据此做出是转发还是过滤的决定。

交换地址表是动态变化的,如果在一定时间内某台主机没有新的数据帧发送,则相应的表项将被清除。交换地址表中的每个表项都有时间标记,用来指示该表项存储的时间周期。当交换地址表每次被使用或者被查找时,表项的时间标记会被更新。如果在一定的时间范围内地址表项仍然没有被引用,它就会从交换地址表中移走。因此,交换地址表中所维护的一直是最有效、最精确的地址——端口信息。

默认情况下,华为 X7 系列交换机学习到的交换地址表项的老化时间为 300s。如果在老化时间内再次收到主机 A 发送的数据帧,交换机中保存的主机 A 的 MAC 地址和 E 0 的映射的老化时间会被刷新。

交换机接收到数据帧后,都要查询交换地址表,根据帧的目的 MAC 地址找到对应的转发端口,如果数据帧的目的 MAC 在交换地址表中有相应的表项,则交换机将该数据帧直接发往对应的端口,从而保证其他端口上的主机不会收到无关的数据帧;例如交换机收到目标 MAC 地址为 0260.8c01.2222 的数据帧时,将通过 E 2 端口转发,如图 5-10 所示。广播帧和组播帧仍将被洪泛(Flood)到除接收端口以外的所有其他接口。

5.2.3　地址解析协议

地址解析协议(ARP)的基本功能就是通过目标设备的 IP 地址,查询目标设备的 MAC 地址,以保证通信的顺利进行。它是 IPv4 中网络层必不可少的协议,不过在 IPv6 中已不再

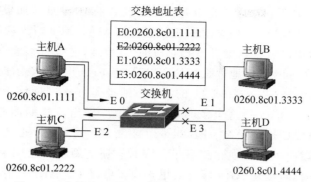

图 5-10　交换机根据 MAC 地址做出转发/过滤的决定

适用,并被 ICMPv6 所替代。

在以太网协议中规定了,同一局域网中的一台主机要和另一台主机进行直接通信,必须要知道目标主机的 MAC 地址。而在 TCP/IP 中,网络层和传输层只关心目标主机的 IP 地址。这就导致在以太网中使用互联网协议(IP)时,数据链路层的以太网协议接到上层 IP 提供的数据中,只包含目的主机的 IP 地址。于是需要一种方法,根据目的主机的 IP 地址,获得其 MAC 地址。所谓地址解析就是主机在发送帧前将目标 IP 地址转换成目标 MAC 地址的过程。

另外,当发送主机和目的主机不在同一个局域网中时,即便知道目的主机的 MAC 地址,两者也不能直接通信,必须经过路由转发才可以,所以此时发送主机通过 ARP 获得的将不是目的主机的真实 MAC 地址,而是一台可以通往其他局域网的路由器的 MAC 地址。此后主机发往目的主机的所有帧,都将发往该路由器,通过它向外发送。这种情况称为 ARP 代理(ARP Proxy)。

每一个主机都设有一个 ARP 高速缓存(ARP Cache),里面有所在局域网上的各主机和路由器的 IP 地址到 MAC 地址的映射关系如表 5-1 所示。

表 5-1　ARP 高速缓存中 IP 地址到 MAC 地址的映射关系

主　机　名　称	IP 地址	MAC 地址
A	192.168.38.10	00-AA-00-62-D2-02
B	192.168.38.11	00-BB-00-62-C2-02
C	192.168.38.12	00-CC-00-62-C2-02
D	192.168.38.13	00-DD-00-62-C2-02
E	192.168.38.14	00-EE-00-62-C2-02
⋮	⋮	⋮

当主机 A 欲向本局域网上的某个主机 B 发送 IP 数据报时,就先在其 ARP 高速缓存中查看有无主机 B 的 IP 地址。如有,就可查出其对应的 MAC 地址,再将此 MAC 地址写入 MAC 帧,然后通过局域网将该 MAC 帧发往此 MAC 地址的主机中。

以主机 A(192.168.38.10)向主机 B(192.168.38.11)发送数据为例。当发送数据时,主机 A 会在自己的 ARP 缓存中寻找是否有目标主机 B 的 IP 地址。如果找到了,也就知道了目标 MAC 地址为(00-BB-00-62-C2-02),直接把目标 MAC 地址写入帧里面发送就可以了;如果在 ARP 缓存表中没有找到主机 B 相对应的 IP 地址,主机 A 就会在网络上发送一个广播(ARP Request),目标 MAC 地址为"FF.FF.FF.FF.FF.FF",这表示向同一网段内的所有主机发出这样的询问:"192.168.38.11 的 MAC 地址是什么?"网络上其他主机并不响应 ARP 询问,只有主机 B 接收到这个帧时,才向主机 A 做出这样的回应(ARP Response):"192.168.38.11 的 MAC 地址是(00-BB-00-62-C2-02)"。这样,主机 A 就知道了主机 B 的 MAC 地址,它就可以向主机 B 发送信息了。同时它还更新了自己的 ARP 缓存表,下次再向主机 B 发送信息时,直接从 ARP 缓存表里查找就可以了。ARP 缓存表采用了老化机制,在一段时间内如果表中的某一行没有使用,就会被删除,这样可以大大减少 ARP 缓存表的长度,加快查询速度。

5.3 生成树协议

生成树协议(Spanning Tree Protocol,STP)是由美国 DEC 公司开发,经 IEEE 组织进行修改、制定的 IEEE 802.1d 标准,其主要功能是解决备份连接所产生的环路问题。当网络中存在备份链路时,只允许主链路被激活,如果主链路因故障而被断开,则备用链路自动打开。生成树协议的目的是在实现交换机之间的冗余连接的同时,避免网络环路的出现,提高网络的可靠性。

5.3.1 交换机成环产生的问题

在实际网络连接中,为了提高网络的可靠性,通常采用冗余连接的方式,如图 5-11 所示。网段 1 和网段 2 通过交换机 A、B 互连,形成了一个冗余连接,当其中一个交换机出现故障时,可以通过另一个交换机来继续完成网络传输,避免了网络单点失效问题,提高了网络的可靠性。

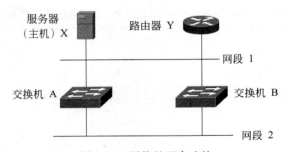

图 5-11　网络的冗余连接

冗余连接可以防止网络中的单点失效的问题,同时也导致了交换环路的出现,如图 5-12 所示,主机 X 发送一个广播,该广播将由交换机 A 扩散到网段 2。

交换机 B 从网段 2 收到交换机 A 发出的广播帧后又扩散到网段 1,如图 5-13 所示。

如此反复,交换机不断循环扩散广播导致风暴形成,从而浪费带宽,影响网络和主机性能。因此,交换环路导致广播风暴的产生,如图 5-14 所示。

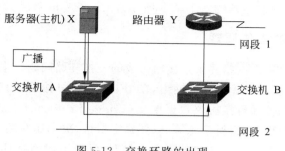

图 5-12　交换环路的出现

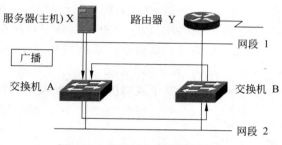

图 5-13　广播帧又扩散到网段 1

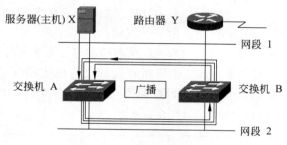

图 5-14　广播风暴的产生

交换环路也可以导致出现同一帧的多个副本,如图 5-15 所示。

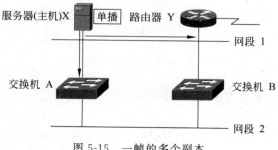

图 5-15　一帧的多个副本

主机 X 发送单播帧给路由器 Y,交换机也将收到该单播帧(广播网络),若交换机 A 的交换地址表中没有路由器 Y 的地址,则该帧将被扩散。路由器分别收到来自主机 X 和交换机 B 发送的同一帧,因此同一帧的多个副本将导致无法恢复的错误。

5.3.2 生成树协议的工作原理

生成树协议可以解决因网络冗余连接而造成的交换环路问题。生成树协议通过阻塞一个或多个冗余端口,维护一个无回路的网络,在 IEEE 802.1d 协议中有详细的描述。

通过在交换机之间传递桥接协议数据单元(Bridge Protocol Data Unit,BPDU)来互相告知诸如交换机的链路性质、根桥信息等,以便确定根桥,决定哪些端口处于转发状态,哪些端口处于阻止状态,以免引起网络环路。BPDU 包含的各字段如图 5-16 所示。

根据 STP 工作原理,在环形结构里,只存在一个唯一的根(Root),这个根可以是一台网桥或一台交换机,由它作为核心基础来构成网络的主干。备份交换机作为分支结构,处于阻塞状态。

配置生成树协议的交换机端口有 4 种工作状态。

(1)阻塞状态的端口:能够接收 BPDU,但不发送 BPDU。

(2)侦听状态的端口:查看 BPDU,并发送和接收 BPDU 以确定最佳拓扑。

(3)学习状态的端口:获悉 MAC 地址,防止不必要的洪泛。但不转发帧。

(4)转发状态的端口:能够发送和接收数据。

Bytes	Field
2	Protocol ID
1	Version
1	Message Type
1	Flags
8	Root ID
4	Cost of Path
8	Bridge ID
2	Port ID
2	Message Age
2	Maximum Time
2	Hello Time
2	Forward Delay

图 5-16　BPDU 字段

生成树协议的工作过程如下:运行生成树算法的交换机定期发送 BPDU,只选取一台网桥为根网桥(Root Bridge)。每个非根网桥只有一个根端口(Root Port)。每网段只有一个指定端口(Designated Port),如图 5-17 所示。

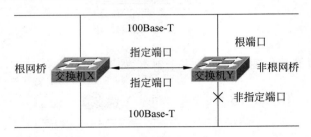

图 5-17　生成树协议的工作过程

阶段 1:选取唯一一个根网桥(Root Bridge)。

Bridge ID 值最小的成为根网桥。

BPDU 中包含 Bridge ID,Bridge ID(长度为 8B)= 优先级(长度为 2B)+交换机 MAC 地址(长度为 6B),优先级值最小的成为根网桥,优先级值相同、MAC 地址最小的成为根网桥。根网桥默认每 2s 发送一次 BPDU。

阶段 2:在每个非根网桥选取唯一一个根端口(Root Port)。

端口代价最小的成为根端口(到根网桥的路径成本最低)。

端口代价相同，Port ID 最小端口的成为根端口（Port ID 通常为端口的 MAC 地址）；MAC 地址最小的端口成为根端口。

阶段 3：在每网段选取唯一一个指定端口（Designated Port）。

端口代价最小的成为指定端口，根网桥端口到各网段的代价最小，通常只有根网桥端口成为指定端口，被选定为根端口和指定端口的处于转发状态，落选端口进入阻塞状态，只侦听不发送 BPDU。

5.4　交换机的简单配置

配置交换机的方法如下。

（1）通过交换机的控制台端口连接终端或运行终端仿真软件的计算机。

（2）用主机的以太网接口与交换机或路由器的以太网接口用直通线连接。

（3）用远程控制的方法。通常使用第一种方法配置。

对交换机的基本配置主要包括配置 enable 口令和主机名；配置交换机 IP 地址、默认网关、域名、域名服务器；配置交换机的端口属性；配置和查看交换地址表。

5.4.1　控制台端口及连线

通过计算机串口连接控制台（Console）端口访问交换机，并对交换机的端口进行基本配置。控制台端口线如图 5-18(a)所示，它与交换机的连接如图 5-18(b)所示。

 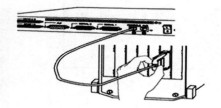

(a) 控制台的端口线　　　　　(b) 控制台与交换机的连接

图 5-18　控制台端口线及与交换机的连接

控制台端口连接配置采用超级终端方式，下面以 Windows 操作系统提供的超级终端工具配置为例进行说明。

（1）将 PC 与交换机进行正确连线之后，在 Windows 的桌面上单击"开始"|"程序"|"附件"|"通信"|"超级终端"，进行超级终端连接。

（2）弹出"位置信息"对话框，按要求输入有关的位置信息：国家/地区代码、地区电话号码和用来拨外线的电话号码，如图 5-19 所示。

（3）弹出"连接描述"对话框时，为新建的连接输入名称并为该连接选择图标，如图 5-20 所示。

（4）根据配置线所连接的串口，选择连接串口为 COM1（依实际情况选择 PC 所使用的串口，此处选 Conexant 56K ACLink Modem），如图 5-21 所示。

（5）设置所选串口的端口属性。端口属性的设置主要包括以下内容："每秒位数"为

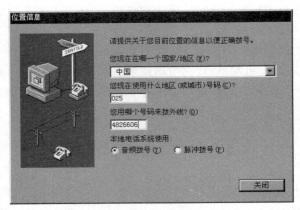

图 5-19　位置信息

"9600","数据位"为"8","奇偶校验"为"无","停止位"为"1","数据流控制"为"无",如图 5-22 所示。

图 5-20　"连接描述"对话框

图 5-21　选择连接串口为 COM1

图 5-22　串口的属性

　　如果搭建了串口环境,可通过 Telnet 直接实现串口登录,而不必再到设备侧进行连接。

5.4.2 常用设置

（1）在所有模式下均可以查看交换机的配置。执行 display current-configuration 命令将会看到系统当前的全部配置，如图 5-23 所示。下面是默认的配置下命令执行后的部分情况：

```
<Quidway>system-view            //进入全局配置模式
[Quidway]syename S3700          //设置交换机名字为 S3700
[S3700]q
<S3700>display current-configuration
```

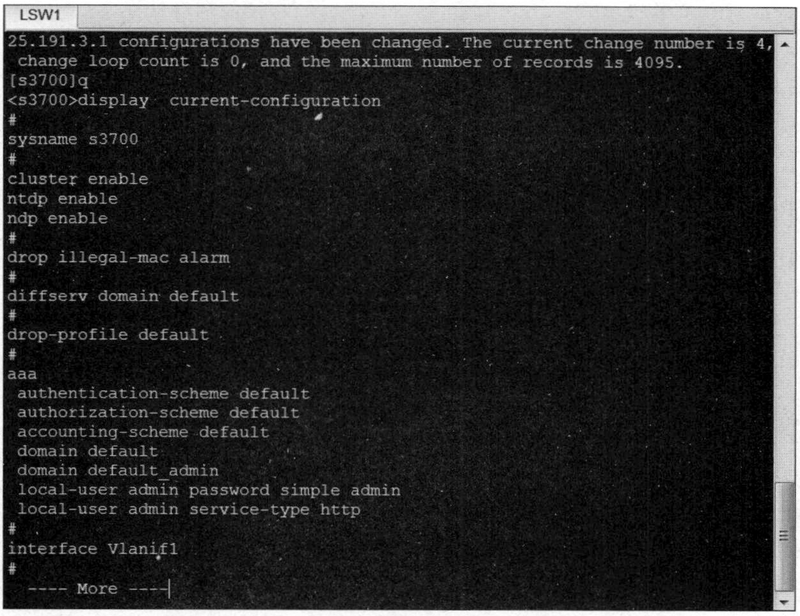

图 5-23　查看系统当前的全部配置

（2）在普通配置模式＜Quidway＞下，使用 save 命令保存配置信息。

要查看终端的监控和交换机日志信息，可执行如下操作：

```
<Quidway>display logbuffer      //在普通模式下查询日志信息
```

（3）设置密码操作。由于从串口登录设备以后就可对设备进行全部功能的操作，所以从串口进入设备的密码非常重要。设备在实际应用中会要求设置进入设备的密码，在第一次登录交换机时初始配置的密码即为串口密码，具体命令示例如下：

```
<S3700>system-view                              //进入全局配置模式
[S3700]user-interface console 0                 //进入串口配置模式,默认没有密码
[S3700-ui-con0]authentication-mode password     //启用串口密码设置
[S3700-ui-con0]set authentication password cipher huawei        //密码设置为 huawei
```

（4）通过 Telnet 登录还需设置登录密码。

```
<S3700>system-view                                    //进入全局配置模式
[S3700]user-interface vty 0                            //进入 Telnet 端口 0
[S3700-ui-vty0]authentication-mode password            //启用 Telnet 端口密码设置
[S3700-ui-vty0]set authentication password cipher huawei    //密码设置为 huawei
```

（5）端口基本配置和端口信息查看。下面在 S3700 上，对端口基本参数进行配置，如自动协商、双工模式、速率等，端口参数的配置在进入到端口配置模式下进行。

```
[S3700]interface Ethernet 0/0/3                       //进入端口 3 配置模式
[S3700-Ethernet0/0/3]shutdown                         //关闭端口 3
[S3700-Ethernet0/0/3]undo shutdown                    //使能端口 3
[S3700-Ethernet0/0/3]duplex full                      //设置端口 3 的工作方式为全双工
[S3700-Ethernet0/0/3]duplex half                      //设置端口 3 的工作方式为半双工
[S3700-Ethernet0/0/3]negotiation auto  //设置端口 3 的工作方式为自适应，默认为自适应
[S3700-Ethernet0/0/3]speed 100                        //设置端口 3 的速率为 100Mb/s
```

使用 display 命令可以查看端口的相关信息。

```
[S3700]display interface Ethernet 0/0/3               //显示端口 3 的配置和工作状态
```

本 章 小 结

本章首先介绍了局域网络互连设备的基本工作原理及其对应的 OSI 协议层次，重点描述了交换机的交换原理以及 ARP 和 STP 这两个协议的作用和工作原理，最后介绍了交换机的简单配置过程。读者可以在了解交换机的工作原理和基本配置的基础上，参考相关技术资料，进一步全面深入地了解交换网络的组建和配置的相关技术。

习 题 5

1. 简述交换机中交换地址表的形成过程。

2. 当一台主机从交换机的一个端口移动到另外一个端口时，交换机的交换地址表会发生什么变化？

3. 网络环路可能引起的问题有哪些？

4. STP 的作用是什么？如何操作？

5. 端口开销和根路径开销的区别是什么？

6. 根桥产生故障后，其他交换机会被选举为根桥。那么原来的根桥恢复正常之后，网络又会发生什么变化呢？

7. 网络设备在什么情况下会发送 ARP Request？

第6章　网络互连与 IP 编址技术

本章将介绍网络互连与 IP 编址技术所涉及的相关知识,包括网络互连与互联网协议、IP 地址技术、IP 地址规划等。通过本章的学习,可以对网络互连和 IP 地址技术有一定的了解。

6.1　网络互连与互联网协议

6.1.1　网络互连

互联网是由大量的物理网络彼此互连,通过互联网协议(Internet Protocol,IP)和路由器等设备来实现大规模异构网络的互连。IP 编址和 IP 数据报可使 TCP/IP 软件隐藏物理网络细节,使构成的互联网看起来是一个统一体的基础。

互联网是一个抽象出来的虚拟结构,互联网络层及以上的协议功能完全由软件实现,设计人员可以自由地选择 IP 编址方案、IP 数据报的格式及交付技术,不受底层网络硬件的支配。图 6-1 给出了一个通过路由器进行网络互连的例子。互联网协议是用来建造大规模异构网络的关键协议。各种底层物理网络(如各种局域网和广域网)可通过运行互联网协议进行互连。Internet 上的所有结点(主机和路由器)都必须运行互联网协议。

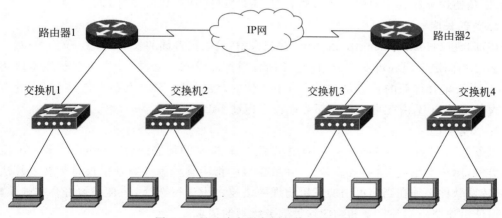

图 6-1　通过路由器实现网络互联示例

互联网协议的使用使数据报在经过相应的寻址和路由后,可以从一个网络转发到另一个网络。它在每个发送的数据报前加入一个控制信息,其中包含了源主机的 IP 地址(IP 地址相当于开放系统互连参考模型中网络层的逻辑地址)、目的主机的 IP 地址和其他一些信息。IP 的另一项工作是分割和重编在传输层被分割的数据报。由于数据报要从一个网络转发到另一个网络,当两个网络所支持传输的数据报的大小不相同时,IP 就要在发送端将数据报分割,然后在分割的每一段前再加入控制信息进行传输。当接收端接收到数据报后,IP 将所有的片段重新组合形成原始的数据。

互联网协议的重要体现就是 IP 数据报。它将所有的高层数据都封装成 IP 数据报,然后通过各种物理网络和路由器进行转发,以完成不同物理网络的互连。

6.1.2　IP 数据报的格式

IP 数据报(IP Datagram)包括首部和数据部分,如图 6-2 所示。其中,IP 首部由固定部分和可变部分组成。首部中的字段通常是以 32 位为单元,32 位数据在进行传输时都是高位在前。

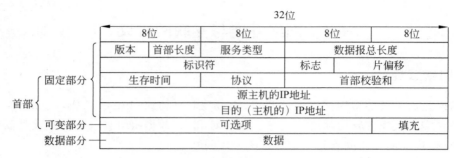

图 6-2　IP 数据报的格式

1. 版本

版本(Version)占 4 位,IP 的版本可分为 IPv4 和 IPv6。所有的 IP 软件在处理 IP 数据报之前都必须首先检查版本号,以确保版本正确。IP 软件拒绝处理协议版本不同的 IP 数据报,以免错误解释其中的内容。本章的 IP 除非特殊说明,其余都指 IPv4。

2. 首部长度

首部长度(Header Length)占 4 位,它记录 IP 数据报首部的长度(以 32 位为单位)。首部由 20B 的固定字段和可变部分组成。因此,当首部没有可变部分时,头部长度字段为最小值 5,这意味着首部的长度是 20B。对于 4 位的首部长度字段,其最大值是 15,因此首部的最大长度是 60B,由此可知可变部分最长不超过 40B。

3. 服务类型

服务类型(Type of Service,ToS)用来定义 IP 报文的优先级(Precedence)和所期望的路由类型,用于实施 QoS(服务质量)。在数据报中指明某种服务级别仅仅是为转发算法做参考,转发软件必须在当前可用的底层物理网络技术中进行选择,并且必须符合本地策略,不能保证沿途路由器都接受和响应这种服务级别的请求。

互联网协议允许应用程序指定不同服务类型,即应用程序可以告诉网络该 IP 数据报是高可靠性数据还是低延迟数据等。例如,对于数字话音通信,需要低延迟;而对于文件传输,则要求可靠性。而这些服务类型正是通过服务类型字段指示的。

4. 数据报总长度

数据报总长度(Total Length)用于指明整个 IP 数据报的长度。该字段的长度为 16 位,以字节作为单位。数据报从一台计算机传送到另一台计算机,要通过底层的物理网络进行传输。每种分组交换技术都规定了一个物理帧所能传送的最大数据量,称为最大传送单元(Maximum Transmission Unit,MTU)。一个数据报在从源站到目的站的过程中,会被分解成若干较小的片,这一分解过程称为分片。每个数据报都封装在单个物理帧中作为独立地进行发送和传输。TCP/IP 规定,所有的片重装在目的站进行。

5. 标识符

标识符(Identifier)占 16 位,该字段与标志和片偏移联合使用,对较大的上层数据报进行分段操作。它可作为一个计数器用来产生数据报的标志。当数据报需要分片时,此标识表示同一个数据报的分片。

6. 标志

标志(Flag)占 3 位,其中 1 位保留,只有低两位有效;第 2 位是 DF(Don't Fragment,不分片),用来表示数据报是否允许分片,DF 位设为"1"时,表示数据报不能被分片,DF 为"0"时表示数据报允许被分片,当路由器必须对数据报分片才能转发,而该数据的 DF 又被置"1"时,路由器将抛弃该数据报并返回一个 ICMP 错误信息;第 3 位是 MF(More Fragments,还有分片),表示是否有后续分片,该位为"1",表示该数据报片不是最初始数据报的最后一片,该位为"0"时表示最后一片。

7. 片偏移

片偏移(Fragment Offset)占 13 位,表示分片在原分组中的相对位置,以 8B 为偏移单位。表示该 IP 数据报在该组分片中的位置,指出本数据报片中数据相对于最初始数据报中数据的偏移量,以 8B 为单位计算偏移量。还没被分片的数据报或者第 1 个数据报片的偏移量为 0。接收端靠此来组装还原 IP 数据报。

8. 生存时间

生存时间(Time To Live,TTL)占 8 位,数据报在网络中的寿命,其单位为秒。在目前的实际应用中,以"跳"为单位。传送时 IP 数据报每经过一个沿途的路由器时,每个沿途路由器会把 IP 数据报的 TTL 值减 1,如果 TTL 减少为 0,则该 IP 数据报会被丢弃。通过生存时间字段,路由器就可以自动丢弃那些已在网络中存在了很长时间的数据报,避免 IP 数据报在网络上不停地循环,浪费网络带宽。TTL 一般设置为 64,最大值为 255,每经过一个路由器或一段延迟后 TTL 值便减 1。一旦 TTL 减至 0,路由器便将该数据报丢弃,同时通过 ICMP 协议向产生该 IP 报文的源端报告超时信息。

9. 协议

协议(Protocol)占 8 位,该字段标识了上层所使用的协议,以便目的主机的 IP 层知道 IP 数据报的数据是由哪个高层协议创建的,便于对 IP 数据报进行处理。协议类型代码由互联网数字分配机构(The Internet Assigned Numbers Authority,IANA)负责分配,在整个 Internet 范围内保持一致。例如,ICMP 的协议 ID 为 1,IP 的协议 ID 为 4,TCP 的协议 ID 为 6,UDP 的协议 ID 为 17,而 OSPF 的协议 ID 是 89。

10. 首部检验和

首部检验和(Header Checksum)占 16 位,只检验数据报的首部,不包括数据部分,采用简单的计算方法。首部校验和的计算方法采用 Internet 校验和算法。

首部校验和只保护首部,而数据区的差错检测由传输层的协议完成,这样使得数据报的处理非常有效,因为路由器无须关心整个数据报的完整性。

11. 源地址和目的地址

源地址(Source Address)和目的地址(Destination Address)的字段长度都占 32 位,用

于指明发送方和接收方,标识了这个 IP 报文的起源和目标地址。

12. 选项

首部中的选项(Option)由代码、长度和数据 3 部分组成。IPv4 定义了 5 个选项,分别为安全(Security)、严格源路由(Strict Source Route)、松散源路由(Loose Source Route)、记录路由(Record Route)以及时间戳(Timestamp)。

(1) 安全选项用于说明 IP 数据报的安全程度。

(2) 严格路由选项要求 IP 数据报必须严格按照给定的路径传送。

(3) 松散路由选项要求 IP 数据报必须沿给定的路由器,依次进行传送。

(4) 记录路由选项用于记录 IP 数据报从源地址到目的地址所经过的所有路由器的 IP 地址,以使管理员可以跟踪路由。

(5) 时间戳选项用于记录 IP 数据报经过每个路由器时的时间。

13. 填充

因为首部长度部分的单位为 32 位,所以 IP 数据报的首部必须为 32 位的整数倍,必须在可选项后面填充(Padding)若干个 0,以达到 32 位的整数倍。

6.2 IP 编址技术

网络互连的目的是提供一个无缝的通信系统,因此互连网络中的所有主机必须使用统一的编址模式且每个地址必须是唯一的。为了实现这一目的,协议软件定义了一种独立于物理层地址的编址模式,可在 IP 协议层提供 IP 地址。计算机通信的集中管理和分配离不开 IP 地址,IP 地址标识了 IP 网络中的每个通信实体,确保了网络中的每台计算机 IP 地址的唯一性。

6.2.1 IPv4 地址的分类

根据 TCP/IP 的规定,IPv4 地址是一个 32 位的二进制数。由网络号和主机号两部分组成,如图 6-3 所示。

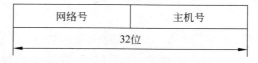

图 6-3　IP 地址结构

由于二进制数的表示形式不方便使用,为了便于用户阅读和理解 IP 地址,Internet 管理委员采用了一种"点分十进制"表示方法来表示 IP 地址。也就是说,将 IP 地址分为 4 组,每组 8 位,共 32 位,组与组之间用点号"."隔开,如图 6-4 所示。例如,32 位二进制数为11000000 10101000 00000110 00011111,对应的点分十进制数为 192.168.6.31。

在实际网络设计中普遍采用的是在主机部分继续划分子网的地址规划方案,以便满足企业要使用更多网段的需求,同时解决 IP 地址空间利用率较低的问题。

根据网络规模,IP 地址分成 A 类、B 类、C 类、D 类和 E 类,如图 6-5 所示。

1. A 类地址

A 类地址首字节的第 1 位是"0",该位是 A 类网识别符,其余 7 位表示实际网络地址,

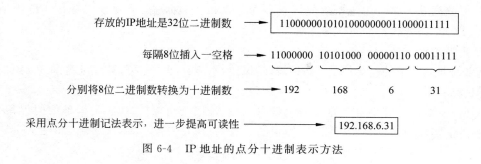

图 6-4 IP 地址的点分十进制表示方法

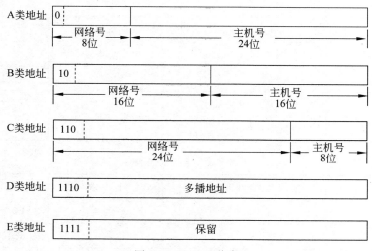

图 6-5 IP 地址分类

这种表示方法允许有 126 个不同的 A 类网络,网络地址为 1~126。注意,0 和 127 两个地址用于特殊目的,不作为 A 类地址,数字 127 保留给内部回环地址。主机地址有 24 位编址,每个网络的实际主机地址可达 $2^{24}-2=16\ 777\ 214$ 个,即主机地址范围为 1.0.0.0~126.255.255.255,适用于拥有大量主机的大型网络。

2. B 类地址

B 类地址首字节的前两位是"10",构成 B 类网识别符,由首字节的其余 6 位和第 2 字节(8 位)共同组成的 14 位用于表示实际网络地址。这种表示方法允许有 $16\ 384(2^{14})$ 个不同的 B 类网络,网络地址范围是 128~191,由第 3 字节和第 4 字节组成的 16 位用于表示主机地址,每个网络实际能容纳 $65\ 534(2^{16}-2)$ 台主机,一般分配给具有中等规模主机数的网络用户。

3. C 类地址

C 类地址首字节的前 3 位是"110"。由首字节剩余的 5 位和第 2 字节、第 3 字节组成的 21 位用于表示实际网络地址。这种表示方法允许多达 $2\ 097\ 150(2^{21})$ 种不同的网络,网络地址范围是 192~223。第 4 字节表示主机地址仅有 8 位,即每个 C 类网络实际能容纳 254 $(2^{8}-2)$ 台主机,特别适用于小公司或研究机构这样的小型网络。

4. D 类地址

D 类地址首字节的前 4 位是"1110",不标识网络位和主机位,只表示一个多播地址。多播就是把数据发送给一组主机。要接收多播数据报,网络主机必须预先登记。D 类地址范围为 224.0.0.0～239.255.255.255。

5. E 类地址

E 类地址首字节的前 4 位是"1111",暂时保留,不能分配给主机,其地址范围为 240.0.0.0～255.255.255.255。

A 类、B 类和 C 类地址为基本类地址,D 类地址用于组播传输,E 类地址暂时保留,也可以用于科学实验。实际在 IP 网络中使用的只有 A、B、C 三类,如表 6-1 和表 6-2 所示。

表 6-1 地址分类

高位(网络标识)	实际网络位	主 机 位	类 型
0	7 位网络	24 位主机地址	A 类
10	14 位网络	16 位主机地址	B 类
110	21 位网络	8 位主机地址	C 类
1110	28 位多点广播组标号		D 类
1111	保留试验使用		E 类

表 6-2 地址对照表

地 址 类 型	地址范围(十进制)	地 址 类 型	地址范围(十进制)
A 类	1～126	D 类	224～239
B 类	128～191	E 类	保留试验使用
C 类	192～223		

6.2.2 特殊的 IP 地址

TCP/IP 网络中保留了一些 IP 地址,这些 IP 地址具有特殊的用途,不用做分配。表 6-3 给出了这些地址及其所代表的含义。表 6-4 给出了特殊 IP 地址示例。

表 6-3 特殊 IP 地址

前 缀	后 缀	地址类型	说 明
127	任意值	环回地址	它将信息通过自身的接口发送后返回,可用来测试接口状态。仅用于测试目的,不在网上传输
全 0	全 0	主机	表示网络地址上的任意主机。地址待定
全 0	指定的主机	目的主机	系统启动时,用来指定当前网络上的目的主机
网络 ID	全 1	直接广播	向特定的网络中广播
网络 ID	全 0	网络号	标识一个网络
全 1	全 1	受限广播	在本地网络上广播

表 6-4 特殊 IP 地址示例

特 殊 地 址	示 例	含 义	使 用 情 况
网络地址	201.161.132.0	网络地址	路由器路由时使用
32 位全"0"地址	0.0.0.0	网络上的任意主机	源地址
网络号全"0"地址	0.0.0.3	这个网络上的 3 号主机	源地址
直接广播地址	201.161.132.255	广播发给固定网络地址中的所有主机	目的地址
受限广播地址	255.255.255.255	广播发给"本网络"的所有主机	目的地址
环回地址	127.0.0.1	用于环回接口	目的地址

6.2.3 私有地址和网络地址转换

1. 私有地址

为了解决 IP 地址短缺的问题,IETF 将 A 类、B 类和 C 类地址中的一部分指派为私有地址(Private Address),如表 6-5 所示。

表 6-5 IP 私有地址表

地址类型	网络地址	地址块数
A 类	10.0.0.0	1
B 类	172.16.0.0～172.31.255.255	16
C 类	192.168.0.0～192.168.255.255	256

每个单位或组织不需申请就可以使用上述私有地址,但是如果使用私有 IP 地址的结点要访问 Internet,则必须通过网络地址转换将其转换成全球唯一地址。

2. 网络地址转换

网络地址转换(Network Address Translator,NAT)的基本思想是,Internet 上彼此通信的主机不需要全球唯一的 IP 地址。一个主机可以配置一个私有地址,该地址只要在一定的范围内唯一即可。例如,使用私有地址的主机仅仅在公司内部通信,那么使用局部唯一的地址就足够了。如果它希望与公司网络以外的主机(例如 Internet 上的主机)进行通信,就必须经过 NAT 设备(一般是带 NAT 功能的路由器)进行地址转换,将其使用的私有地址转换成全球唯一的地址。

6.3 IP 地址规划

IP 地址中的网络地址是由 Internet 的权力机构分配的,目的是为了保证网络地址的全球唯一性。主机地址是由各个网络的系统管理员统一分配的。

IP 地址主要由两部分组成,一部分是用于标识所属网络的网络地址,另一部分是用于标识给定网络上的某个特定主机的主机地址。如果计算机接收到一个 IP 地址,它是如何辨别这个地址的网络地址和主机地址的呢?这时就需要子网掩码和地址规划。

6.3.1 主网及子网

1. 子网

为了充分利用网络资源,可以将一个较大的网络划分成若干个较小的网络,这些较小的网络称为子网。在 IP 地址中,网络地址唯一且不可改变,如果要划分子网,就需要将 IP 地址的主机地址部分细分为子网地址和主机地址两部分,其子网编址模式如图 6-6 所示。

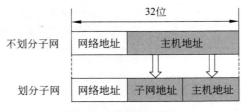

图 6-6   子网编址模式

2. 主网及子网掩码

主网段是指采用自然掩码的网段,在 A 类网络中使用 8 位掩码,B 类网络中使用 16 位掩码,C 类网络中使用 24 位掩码。在相应自然掩码的后面继续添加掩码位所定义出来的网络是主网的子网,其掩码称为子网掩码。

子网掩码(Subnet Mask)也是一个 32 位二进制数。它和 IP 地址一样,用"点分十进制"表示。子网掩码与 IP 地址一同使用,通过子网掩码可以指出 IP 地址中的哪些位对应网络地址(包括子网地址),哪些位对应主机地址,是指定网络前缀和主机后缀之间界限的 32 位值,该 32 位值称为子网掩码。

IP 地址由网间网和本地网两部分组成,其中本地部分又分为物理子网和主机两部分,物理网络用来表示同一 IP 网络地址下不同的子网,所以一个物理网络可以用"网络地址+子网地址"来唯一标识。含有 1 的几位标记了网络地址,含有 0 的几位标记了主机地址。IP 地址与掩码中为 1 的位相对应的部分为子网地址,其他的位则是主机地址。

与主网段 A、B、C 类地址对应的是自然掩码,或称默认子网掩码,如表 6-6 所示。

表 6-6   自然(或称默认)子网掩码

地址类型	自然子网掩码	对应子网掩码的二进制位			
A 类	255.0.0.0	11111111	00000000	00000000	00000000
B 类	255.255.0.0	11111111	11111111	00000000	00000000
C 类	255.255.255.0	11111111	11111111	11111111	00000000

6.3.2 子网划分

1. 划分子网的原因

划分子网的原因有很多,主要包括以下几方面。

(1)充分使用地址。由于 A 类或 B 类地址的空间太大,造成在不使用路由设备的单一网络中无法使用全部地址。例如,对于一个 B 类地址 172.32.0.0,可以有 65534 个主机,这么多的主机在单一的网络下是不能工作的。因此,为了能更有效地使用地址空间,有必要把可用地址分配给更多较小的网络。

（2）划分管理职责。划分子网还可以更易于管理网络。当一个网络被划分为多个子网时,每个子网就变得更易于控制。每个子网的用户、计算机及其子网资源可以让不同的管理员进行管理,减轻了由单人管理大型网络的管理职责。

（3）提高网络性能。在一个网络中,随着网络用户的增长、主机的增加,网络通信也将变得非常繁忙。而繁忙的网络通信很容易导致冲突、丢失数据报以及数据报重传,因而降低了主机之间的通信效率。如果将一个大型的网络划分为若干个子网并通过路由器将其连接起来,就可以减少网络拥塞。这些路由器就像一堵墙把子网隔离开,使本地的通信不会转发到其他子网中,使同一子网中主机之间的广播和通信只能在各自的子网中进行。

（4）提高安全性。使用路由器的隔离作用可以将网络分为内外两个子网,可限制外部网络用户对内部网络的访问,以提高内部子网的安全性。

2. 划分子网的方法

子网划分是把整个主网络地址继续划分成更多的子网络地址,属于在主网内部重新规划不同子网的行为,从外部来看,整个网络只有一个 IP 地址,所有划分出来的子网共用同样的主网前缀,只有当外面的报文进入主网络范围后,内部的路由设备才根据子网号码再进行选路,找到目的主机。

在 A、B、C 类网中,可以按照需要进行子网划分。不能只有一位用于子网划分,至少需要两位用于定义主机。例如,在 C 类网中,只有 8 位可定义主机,所以其可以选择的子网掩码如下:

$$11000000 = 192$$
$$11100000 = 224$$
$$11110000 = 240$$
$$11111000 = 248$$
$$11111100 = 252$$

如果已知子网掩码,可以求出其网络地址、子网数、有效主机数和广播地址等。

为了识别网络地址,将 IP 地址与子网掩码进行"按位与"运算,若两个值均为"1",则结果为"1";若其中任何一个值为"0",则结果为"0"。根据"按位与"运算结果是"1"的位对应网络地址,而为"0"的位则对应主机号,示例如图 6-7 所示。

图 6-7　IPv4 地址按位与运算

每个子网的有效主机数等于 2^y-2，y 是没有被借为子网的位数，即 0 的个数。例如，11111000 能产生 2^3-2 个主机。

3. 子网划分实例

为了将网络划分为不同的子网,必须为每个子网分配一个子网地址。在划分子网之前,需要确定所需要的子网数和每个子网的最大主机数,有了这些信息后,就可以定义每个子网的子网掩码、网络地址(网络地址＋子网地址)的范围和主机地址的范围。划分子网的步骤如下。

(1) 确定需要多少个子网地址来唯一标识网络上的每一个子网。

(2) 确定需要多少个主机地址来标识每个子网上的每台主机。

(3) 定义一个符合网络要求的子网掩码。

(4) 确定标识每一个子网的网络地址。

(5) 确定每个子网上所使用的主机地址的范围。

下面,以一个具体的实例来说明子网划分的过程。假设要将图 6-8(a)所示的一个 C 类的网络划分为图 6-8(b)所示的网络。

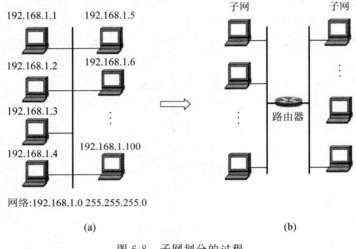

图 6-8　子网划分的过程

由于划分出了两个子网,则每个子网都需要一个唯一的子网地址来标识,即需要两个子网地址。

对于每个子网上的主机以及路由器的两个端口都需要分配一个唯一的主机地址,因此在计算需要多少主机地址来标识主机时,要把所有需要 IP 地址的设备都考虑进去。根据图 6-8(a),网络中有 100 台主机,如果再考虑路由器两个端口,则需要标识的主机数为 102个。假定每个子网的主机数各占一半,即各有 51 个。

将一个 C 类的地址划分为两个子网,必然要从代表主机地址的第 4 个字节中取出若干个位用于划分子网。要求是每个子网需要容纳 51 个主机,所以主机域至少要保留 6 位($2^6=64$)才能够满足上述要求。因此,需要在主机域借 2 位用来划分子网,每个子网可容纳 62 个主机(全为 0 和全为 1 的主机号不能分配给主机),子网掩码为 255.255.255.192,如

图 6-9（a）所示。

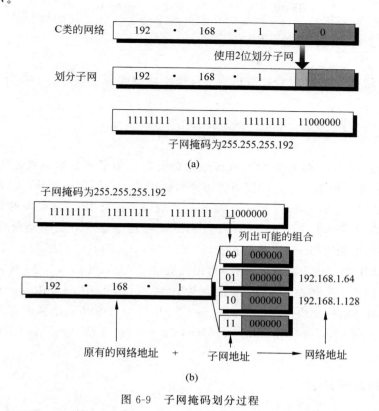

(a)

(b)

图 6-9　子网掩码划分过程

确定了子网掩码后，就可以确定可用的网络地址，使用子网地址的位数列出可能的组合，在本例中，子网地址的位数为 2，而可能的组合为 00、01、10、11。根据子网划分的规则，全为 0 和全为 1 的子网不能使用，因此将其删去，剩下 01 和 10 就是可用的子网地址，再加上这个 C 类网络原有的 192.168.1，因此，划分出的两个子网的网络地址分别为 192.168.1.64 和 192.168.1.128。根据每个子网的网络地址就可以确定每个子网的主机地址的范围，如图 6-9（b）所示。

6.3.3　地址规划设计要求

根据子网划分的方法，地址规划设计要求应该考虑如下几点。

1. 层次性

实现网络的层次性划分时，需要综合考虑地域和业务因素，采用自顶向下的方法划分，达到有效管理网络、简化路由表的目的。通常情况下，对于主干网络和城域网络相结合的网络，采用层次性划分方式；对于行政类型的网络，采用多级网络分配方式。

2. 连续性

在层次结构的网络中，连续地址更易于进行路由聚合，可大大缩减路由表数量，提高路由查找的效率，所以应尽量为每个区域分配连续的 IP 地址空间和连续的 IP 地址。

3. 高效性

划分子网时,可利用可变长子网掩码技术分配 IP 地址,使子网的划分满足主机个数的要求,使地址资源得到充分合理的应用。

4. 扩展性

分配地址时,要留有余量,以便日后网络规模扩展时能保证地址分配的连续性,为扩展留有余地。

6.3.4 可变长子网掩码

划分子网可以缓解 Internet 地址资源不足的问题。为了充分利用地址资源,1987 年,RFC 1009 提出,在一个划分子网的网络中可同时使用几个不同的子网掩码。使用可变长子网掩码(Variable Length Subnet Mask,VLSM)可进一步提高 IP 地址资源的利用率。

VLSM 可以分配产生不同大小的子网,VLSM 将允许给点对点的链路分配子网掩码 255.255.255.252,而给 Ethernet 网络分配 255.255.255.0。VLSM 技术对高效分配 IP 地址及减少路由表大小都起到非常重要的作用,但需要注意的是,使用 VLSM 时采用的路由协议必须能够支持它,这些路由协议包括路由信息协议(Routing Information Protocol,RIP2)、开放最短通路优先协议(Open Shortest Path First,OSPF)、增强内部网关路由协议(Enhanced Interior Gateway Routing Protocol,EIGRP)和边界网关协议(Border Gateway Protocol,BGP)。

6.3.5 无类别域间路由

无类别域间路由选择(Classless Inter-Domain Routing,CIDR)是一个在 Internet 上创建附加地址的方法,这些地址提供给因特网服务提供方(Internet Service Provider,ISP),再由 ISP 分配给客户。其基本思想是要取消地址的分类结构,是在 VLSM 的基础上进一步研究使用无分类编址方法,现在 CIDR 已成为 Internet 建议标准协议。

CIDR 使用斜线记法(Slash Notation),又称 CIDR(无类别域间路由选择)记法,即在 IP 地址后面加上斜线"/",然后写上网络前缀所占的位数(对应子网掩码中 1 的个数),网络前缀的长度决定了一个子网中能容纳主机数量的大小,不管 IP 地址是 A 类、B 类或 C 类都没有什么区别,选路决策是基于整个 32 位 IP 地址的掩码操作,允许以可变长分界的方式分配网络数,通过路由聚合可以把许多 C 类地址聚合起来作为 B 类地址分配。CIDR 不再使用子网的概念而使用网络前缀,使 IP 地址从三级编址(使用子网掩码)又回到了两级编址,但这已是无分类的两级编址。

例如,使用 CIDR 记法的地址 128.14.46.34/20,表示这个 IP 地址的前 20 位是网络前缀,而后 12 位是主机号,其掩码为 20 个 1。因此,用十进制表示的前缀网络地址是 128.14.32.0。

CIDR 把网络前缀都相同的连续的 IP 地址组成 CIDR 地址块,一个 CIDR 地址块是由地址块的起始地址(即地址块中地址数值最小的一个)和地址块中的地址数来定义的,也用斜线记法来表示。例如,128.14.32.0/20 表示的地址块共有 2^{12} 个地址。所以该地址块的起始地址是 128.14.32.0。在不需要指出地址块的起始地址时,也可把这样的地址块简称为"/20 地址块"。上面的地址块的最小地址和最大地址为

最小地址	128.14.32.0	10000000 00001110 00100000 00000000
最大地址	128.14.47.255	10000000 00001110 00101111 11111111

当然,这两个主机号是全 0 和全 1 的地址并不使用,通常只使用在这两个地址之间的地址,即 $2^{12}-2$ 个主机地址。

通过这种分配方法有两个好处:其一,地址的分配是连续的;其二,CIDR 使路由表的设置更容易。

一个 CIDR 地址块可以表示很多地址,这种地址的聚合常称为路由聚合(Route Aggregation),它使得路由表中的一个项目可以表示原来传统分类地址的很多个路由。路由聚合有利于减少路由器之间的路由选择信息的交换,从而提高了整个 Internet 的性能。路由聚合也称为超网(Supernet)。

6.3.6 IP 地址规划实例

1. 子网掩码计算实例

在设计选择子网划分方案时,必须考虑以下 5 个问题:

(1) 该网络内将划分几个子网?

(2) 每个子网有多少有效主机?

(3) 在该子网划分中,子网掩码是什么?

(4) 有效的子网地址是什么?

(5) 每个子网的广播地址是什么?

【例 6-1】 设有一个网络,网络地址为 172.168.0.0,要在此网络中划分如表 6-7 所示的 6 个子网,则需要多少位表示子网? 子网掩码是多少? 每个子网地址是什么?

表 6-7 子网编址示例

子网号	子 网 掩 码	子 网 地 址	子网中最小主机地址	子网中最大主机地址	子网广播地址
001	255.255.255.224.0	172.168.32.0	172.168.32.1	172.168.63.254	172.168.63.255
010	255.255.255.224.0	172.168.64.0	172.168.64.1	172.168.95.254	172.168.95.255
011	255.255.255.224.0	172.168.96.0	172.168.96.1	172.168.127.254	172.168.127.255
100	255.255.255.224.0	172.168.128.0	172.168.128.1	172.168.159.254	172.168.159.255
101	255.255.255.224.0	172.168.160.0	172.168.160.1	172.168.191.254	172.168.191.255
110	255.255.255.224.0	172.168.192.0	172.168.192.1	172.168.223.254	172.168.223.255

解:子网数小于或等于 2^x,则 $x=3$,需借用 3 位表示子网,子网数为 2^x,其中主机减 2 是指除去子网位全 0 和全 1 情形,因为它们默认是无效的。

又因为 172.168.0.0 是 B 类网络,网络掩码为 255.255.0.0,所以子网掩码为 255.255.224.0。

2. CIDR 分配网络地址块计算实例

【例 6-2】 CIDR 分配网络地址块。已知某个运营商拥有地址块 202.64.0.0.15,现在共有 4 个单位申请地址块。单位甲需要 2000 个地址,单位乙需要 4000 个地址,单位丙需要 500 个地址,单位丁需要 1000 个地址,该如何分配地址块?

首先分析各单位的需求,如果不使用 CIDR,则应给每个单位都分配一个 B 类网络地址或若干个 C 类地址,如果使用 CIDR,对于单位甲所需的 2000 个地址,需要 11 位标识主机,因此这个单位的 IP 地址前缀应该是 21,单位乙的网络前缀长度应该是 20,单位丙的网络前缀长度应该是 23,单位丁的网络前缀长度应该是 22,为了保证各个单位的网络前缀是不重复的,给出一种可能的分配方案,如表 6-8 所示。

表 6-8 CIDR 地址块划分示例

运营商(单位)	地 址 块	网络前缀(二进制表示)	主机地址数
运营商	202.64.0.0/15	11001010.01000000.00000000.00000000	$2^{17}-2=131070$
单位甲	202.64.0.0/21	11001010.01000000.00000 000.00000000	$2^{11}-2=2046$
单位乙	202.64.16.0/20	11001010.01000000.0001 0000.00000000	$2^{12}-2=4094$
单位丙	202.64.2.0/23	11001010.01000000.0000001 0.00000000	$2^{9}-2=510$
单位丁	202.64.4.0/22	11001010.01000000.000001 00.00000000	$2^{10}-2=1022$

每个单位内部可以根据需要再进行具体划分,给每个物理网络分配具体的网络地址。

本 章 小 结

本章介绍了网络互连与 IP 编址技术及所涉及的相关概念,包括网络互连与互联网协议、IP 地址技术、IP 地址规划等相关内容。

通过本章学习,要求理解网络互连的基本知识,重点掌握 IP 地址的分类、编址方法、子网划分、地址规划、特殊 IP、私有地址等 IP 编址技术,掌握 CIDR、VLSM 等编址方法。读者可以在了解 IP 编址技术的基本原理和相关知识的基础上,参考技术资料,进一步全面深入地了解 IP 编址方面的其他相关技术。

习 题 6

1. 网络互连的含义是什么?

2. 数据 IP 报的格式由几部分组成?分别是什么?

3. IPv4 地址的组成是什么?说明 IP 地址的分类、子网掩码、广播地址。

4. IPv4 中哪些是私有地址?

5. IPv4 地址规划的要求是什么?

6. 解释超网和无类路由。

7. 某公司分配一段 C 类地址为 202.107.33.0/24,该公司共有 6 个部门,每个部门人数不超过 30 人,要求每人一台计算机,该公司的网络应如何规划?计算并完善表 6-9。

表 6-9 公司的网络规划

子 网 序 号	子网地址/子网掩码	广 播 地 址
子网 0		
子网 1		
子网 2		
子网 3		
子网 4		
子网 5		
子网 6		
子网 7		

第7章 虚拟局域网技术

随着网络中计算机的数量越来越多,传统的以太网络开始面临冲突严重、广播泛滥以及安全性无法保障等各种问题。为了限制广播域的范围,减少广播流量,需要在二层没有互访需求的主机之间进行隔离。因此,设想在物理局域网上构建多个逻辑局域网——虚拟局域网。

虚拟局域网是将物理的局域网在逻辑上划分成多个广播域的技术。通过在交换机上配置虚拟局域网,可以实现在同一个虚拟局域网内的用户可以进行二层互访,不同虚拟局域网之间的用户被隔离。这样既能够隔离广播域,又能够提升网络的安全性。

本章主要介绍虚拟局域网的概念及应用,重点描述虚拟局域网的工作原理,最后介绍了在交换机上配置虚拟局域网的过程。

7.1 虚拟局域网技术概述

虚拟局域网(Virtual Local Area Network,VLAN)是一种将局域网内的设备进行逻辑划分,形成一个个网段,从而实现虚拟工作组的技术。虚拟局域网技术可以将一个物理局域网在逻辑上划分成多个广播域,也就是划分成多个虚拟局域网。虚拟局域网技术部署在数据链路层,用于隔离二层流量。

虚拟局域网技术允许网络管理员根据实际应用需求,把同一物理局域网内的不同用户逻辑上划分成不同的广播域。每一个虚拟局域网都包含一组有着相同需求的计算机工作站,与物理上形成的局域网有着相同的属性。由于它是从逻辑上划分,而不是从物理上划分,所以同一个虚拟局域网内的各个工作站没有限制在同一个物理范围中,即这些工作站可以在不同物理局域网的网段。一个虚拟局域网内部的广播和单播流量都不会转发到其他局域网中,从而有助于流量控制,减少设备投资,简化网络管理,提高网络的安全性。

虚拟局域网内部的主机可以直接在二层互相通信,不同虚拟局域网之间的主机无法直接实现二层通信。如图 7-1 所示,属于同一个广播域的主机被划分到了 VLAN 1 和 VLAN 2

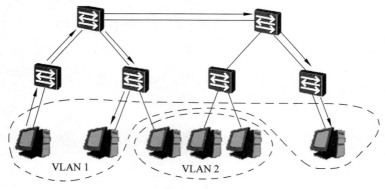

图 7-1 虚拟局域网的划分

中,VLAN 1 和 VLAN 2 之间的主机不能直接通信。

7.1.1 虚拟局域网的划分

虚拟局域网是为解决以太网的广播问题和提高安全性而提出的,它把用户划分为更小的工作组,对不同工作组之间用户的互访进行了限制,每个工作组就是一个虚拟局域网,它在以太网数据的基础上增加了虚拟局域网头和 ID 来标识不同的虚拟局域网。

虚拟局域网可以在同一个交换机上划分,如图 7-2 所示。在交换机 A 上划分 VLAN 10 和 VLAN 20 两个虚拟局域网。

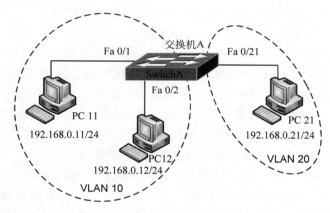

图 7-2　在同一个交换机上划分虚拟局域网

在不同交换机上划分虚拟局域网,如图 7-3 所示。在交换机 A 和交换机 B 上划分 VLAN 10 和 VLAN 20 两个虚拟局域网。将两个交换机互连的端口类型设置为 Trunk,所有虚拟局域网数据都通过 Trunk 端口从一台交换机某一虚拟局域网到达另一交换机的同一虚拟局域网中。

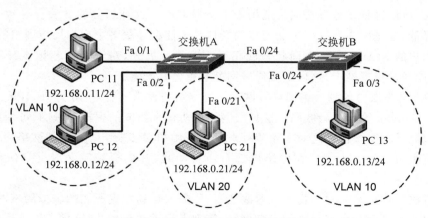

图 7-3　跨交换机上划分虚拟局域网

虚拟局域网技术的优势主要体现在以下几方面。

(1)增加了网络连接的灵活性。借助虚拟局域网技术,可将不同地点、不同网络中的不同用户组合在一起,形成一个虚拟的网络环境,就像使用本地局域网一样方便、灵活、有效。

虚拟局域网可以降低移动或变更工作站地理位置的管理费用,特别是一些业务情况有经常性变动的单位,使用了虚拟局域网后,大大降低了管理费用。

(2) 控制网络上的广播。虚拟局域网可以提供建立防火墙的机制,防止交换网络的过量广播。使用虚拟局域网,可以将某个交换端口或用户赋予某一个特定的虚拟局域网组。该虚拟局域网组可以在一个交换网中或跨接多个交换机,在一个虚拟局域网中的广播不会送到虚拟局域网之外。同样,相邻的端口不会收到其他虚拟局域网产生的广播。这样可以减少广播流量,释放带宽给用户应用,提高网络的利用率。

(3) 增加网络的安全性。因为一个虚拟局域网就是一个单独的广播域,虚拟局域网之间相互隔离,减少了广播流量的产生,确保了网络的安全保密性。

虚拟局域网在交换机上的划分方法,可以大致划分为4类。

(1) 基于端口划分的虚拟局域网。这是最常应用的一种虚拟局域网划分方法,是静态配置方式,应用最广泛、最有效,目前绝大多数虚拟局域网协议的交换机都提供这种虚拟局域网配置方法。网络管理员将交换机端口划分到某个虚拟局域网中。

这种划分方法的优点是定义虚拟局域网成员时非常简单,只要将所有的端口都定义为相应的虚拟局域网组即可,适合于任何大小的网络。它的缺点是,如果某用户的端口换到了一个新的地方,虚拟局域网的从属性就会发生变化,必须重新定义。

(2) 基于 MAC 地址划分虚拟局域网。这种划分虚拟局域网的方法是根据每台主机的 MAC 地址对虚拟局域网进行划分,即对每个 MAC 地址对应的主机都需要配置属于哪个组,它实现的机制就是每一块网卡都对应唯一的一个 MAC 地址,虚拟局域网交换机跟踪的是 MAC 的地址。这种方式的虚拟局域网允许网络用户从一个物理位置移动到另一个物理位置时,自动保留其所属虚拟局域网的成员身份。

这种划分方法最大的优点就是当用户物理位置移动时,即从一个交换机换到其他的交换机时,虚拟局域网不用重新配置,这是因为它基于的是用户,而不是交换机的端口。这种方法的缺点是初始化时,必须对所有的用户都进行配置,如果有几百个甚至上千个用户,工作量非常大,所以这种划分方法通常适用于小型局域网。这种划分的方法会导致交换机执行效率的降低,这是因为在每一个交换机的端口都可能存在很多个虚拟局域网组的成员,保存了许多用户的 MAC 地址,查询起来就相当不容易。另外,对于使用笔记本计算机的用户,由于可能经常更换网卡,这样虚拟局域网就必须经常配置。

(3) 基于网络层协议划分虚拟局域网。按网络层协议来划分,可分为 IP、IPX、DECnet、AppleTalk、Banyan 等虚拟局域网。这种按网络层协议来组成的虚拟局域网,可使广播域跨越多个虚拟局域网交换机。这对于希望针对具体应用和服务来组织用户的网络管理员来说是非常具有吸引力的。当用户在网络内部自由移动时,其虚拟局域网成员身份仍然保留不变。

这种方法的优点是用户的物理位置改变了,不需要重新配置所属的虚拟局域网,而且可以根据协议类型来划分虚拟局域网,这对网络管理者很重要。另外,这种方法不需要附加的帧标签来识别虚拟局域网,因此可以减少网络的通信量。这种方法的缺点是效率低,这是因为检查每一个数据包的网络层地址是需要消耗处理时间的(相对于前面两种方法),一般的交换机芯片都可以自动检查以太网上每帧数据的头,但要让芯片能检查每帧数据的 IP,需要更先进的技术,同时也更费时。当然,这与各个厂商的实现方法有关。

（4）按策略划分虚拟局域网。基于策略组成的虚拟局域网能实现多种分配方法，包括虚拟局域网交换机端口、MAC 地址、IP 地址、网络层协议等。网络管理人员可根据自己的管理模式和本单位的需求来决定选择哪种类型的虚拟局域网。

基于 MAC 地址、网络层协议和按策略划分虚拟局域网都属于动态划分方式，当用户物理位置移动时，虚拟局域网不用重新配置。

管理员可以根据实际应用需求把用户划分为更小的工作组并限制不同工作组之间的用户互访，每个工作组就是一个虚拟局域网。虚拟局域网之间的数据传送需要通过三层交换技术实现。

7.1.2 虚拟局域网的工作原理

虚拟局域网可以跨越多个交换机，如图 7-4 所示。在多个交换机上的虚拟局域网内通信需在交换机间建立干线（Trunk），它是一条支持多个虚拟局域网的点对点的链路。本干线为多个虚拟局域网运载信息量，并完成网络中交换机之间的通信。只有干线链路才能携带多个虚拟局域网的数据，干线不属于任何虚拟局域网。

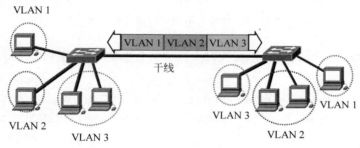

图 7-4　跨越交换机的虚拟局域网

跨越交换机的虚拟局域网运行原理如图 7-5 所示。交换机依靠虚拟局域网标签（Tag）来识别不同虚拟局域网的流量，虚拟局域网标签由交换机添加，对用户端是透明的。只有干线链路才能携带多个虚拟局域网的数据帧，交换机上虚拟局域网之间的流量彼此隔离，虚拟

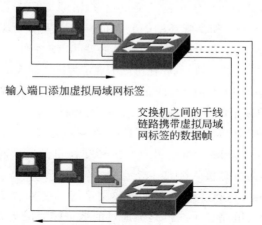

图 7-5　跨越交换机的虚拟局域网的运行原理

局域网之间的通信需要通过路由器或三层交换机。

　　跨越多个交换机的同一个虚拟局域网在进行通信时,每帧数据在发送到交换机间的链路上之前,在每帧的头中封装虚拟局域网标签(Tag)来标记属于哪个虚拟局域网。虚拟局域网每帧数格式如图 7-6 所示。

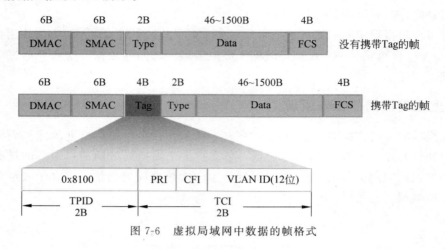

图 7-6　虚拟局域网中数据的帧格式

　　虚拟局域网标签长 4B,直接添加在以太网中帧数据的头中,IEEE 802.1q 标准对虚拟局域网标签做出了说明。

　　(1) TPID(Tag Protocol Identifier)长度为 2B。固定取值 0x8100,是 IEEE 定义的新类型,表明这是一个携带 IEEE 802.1q 标签的帧。如果不支持 IEEE 802.1q 的设备收到这样的帧,会将其丢弃。

　　(2) TCI(Tag Control Information)长度为 2B。表示帧的控制信息。

　　① PRI(Priority)长度为 3 位。表示数据帧的优先级,取值范围为 0～7,值越大优先级越高。当交换机阻塞时,优先发送优先级高的数据帧。

　　② CFI(Canonical Format Indicator)长度为 1 位。表示 MAC 地址是否是经典格式。CFI 为 0 说明是经典格式,CFI 为 1 表示为非经典格式。用于区分以太网、FDDI(Fiber Distributed Digital Interface)和令牌环网的数据帧。在以太网中,CFI 的值为 0。

　　③ VLAN ID(VLAN Identifier)长度为 12 位。在华为 X7 系列交换机中,可配置的虚拟局域网 ID 取值范围为 0～4095,但是 0 和 4095 在协议中规定为保留的 VLAN ID 不能给用户使用。

　　在现有的交换网络环境中,以太网的数据帧有无虚拟局域网标记的帧(Untagged Frame)和有虚拟局域网标记的帧(Tagged Frame)两种格式。

　　虚拟局域网中的链路分为接入链路和干线链路两种类型,如图 7-7 所示。

　　① 接入链路(Access Link)。连接用户主机和交换机的链路称为接入链路。图 7-7 中主机和交换机之间的链路都是接入链路。

　　② 干线链路(Trunk Link)。连接交换机和交换机的链路称为干线链路。图 7-7 中交换机之间的链路都是干线链路。干线链路上通过的数据帧一般为有标记虚拟局域网的虚拟局域网帧。

　　PVID(Port VLAN ID)。端口默认的 VLAN ID。交换机从对端设备收到的数据帧

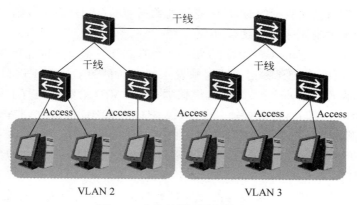

图 7-7　虚拟局域网的链路类型

有可能是无标记的数据帧,但所有以太网帧在交换机中都是以有标记的形式来被处理和转发的,因此交换机必须给端口收到的无标记数据帧添加上标记。为了实现此目的,必须为交换机配置端口的 PVID。当该端口收到无标记数据帧时,交换机将给它加上该 PVID 的标记,如图 7-8 所示。

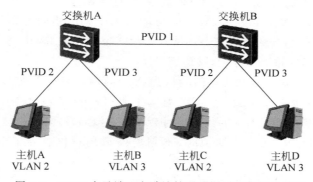

图 7-8　PVID 表示端口在默认情况下所属的虚拟局域网

虚拟局域网中,交换机端口类型分为 Access 端口、Trunk 端口和 Hybrid 端口 3 种。这3 种端口传输数据帧的原理如下。

1. Access 端口

Access 端口是交换机上用来连接用户主机的端口,它只能用于接入链路,并且只能允许唯一的 VLAN ID 通过本端口,如图 7-9 所示。

Access 端口收发数据帧的规则如下。

(1) 如果该端口收到对端设备发送的数据帧是无标记的,交换机将强制加上该端口的 PVID。如果该端口收到对端设备发送的帧是有标记的,交换机会检查该标签内的 VLAN ID。当 VLAN ID 与该端口的 PVID 相同时,接收该报文。当 VLAN ID 与该端口的 PVID 不同时,丢弃该报文。

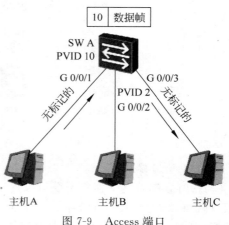

图 7-9　Access 端口

（2）Access 端口发送数据帧时,总是先剥离数据帧的标记然后再发送。由 Access 端口发出的以太网帧永远是无标记的数据帧。

如图 7-9 所示,交换机的 G 0/0/1、G 0/0/2 和 G 0/0/3 端口分别连接 3 台主机,都配置为 Access 端口。主机 A 把无标记的数据帧发送到交换机的 G 0/0/1 端口,再由交换机发往其他目的地。收到数据帧之后,交换机根据端口的 PVID 给数据帧打上标签 VLAN 10,然后决定从 G 0/0/3 端口转发数据帧。G 0/0/3 端口的 PVID 也是 10,与标签 VLAN 中 ID 相同,交换机移除标签,把数据帧发送到主机 C。连接主机 B 的端口的 PVID 是 2,与 VLAN 10 不属于同一个虚拟局域网,因此该端口不会接收到 VLAN 10 的数据帧。

2. Trunk 端口

Trunk 端口是交换机上用来和其他交换机连接的端口,它只能连接主干链路。Trunk 端口允许多个有标记的虚拟局域网的帧通过。

Trunk 端口收发数据帧的规则如下。

（1）当接收到对端设备发送的不带标记的数据帧时,会添加该端口的 PVID,如果 PVID 在允许通过的 VLAN ID 列表中,则接收该报文,否则丢弃该报文。当接收到对端设备发送的带标记的数据帧时,检查 VLAN ID 是否在允许通过的 VLAN ID 列表中。如果 VLAN ID 在接口允许通过的 VLAN ID 列表中,则接收该报文。否则丢弃该报文。

（2）端口发送数据帧时,当 VLAN ID 与端口的 PVID 相同且是该端口允许通过的 VLAN ID 时,去掉标记,发送该报文。当 VLAN ID 与端口的 PVID 不同且为该端口允许通过的 VLAN ID 时,保持原有标记,发送该报文。

交换机 SW A 和 SW B 连接主机的端口为 Access 端口,PVID 如图 7-10 所示。SW A 和 SW B 互连的端口为 Trunk 端口,PVID 都为 1,此 Trunk 链路允许所有虚拟局域网的流量通过。当 SW A 转发 VLAN 1 的数据帧时会剥离虚拟局域网标记,然后发送到 Trunk 链路上。而在转发 VLAN 20 的数据帧时,不剥离虚拟局域网标记直接转发到 Trunk 链路上。

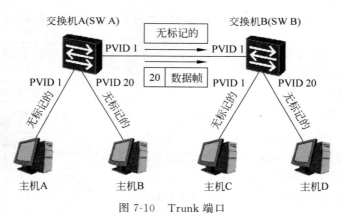

图 7-10　Trunk 端口

3. Hybrid 端口

Hybrid 端口是交换机上既可以连接用户主机,又可以连接其他交换机的端口。Hybrid 端口既可以连接 Access 链路又可以连接 Trunk 链路。Hybrid 端口允许多个虚拟局域网的数据帧通过,并可以在出端口方向将某些虚拟局域网数据帧的标记剥掉。华为设备默认的端口类型是 Hybrid 端口。

如图 7-11 所示,要求主机 A 和主机 B 都能访问服务器,但是它们之间不能互相访问。此时交换机连接主机和服务器的端口,以及交换机互连的端口都配置为 Hybrid 类型。交换机连接主机 A 的端口的 PVID 是 2,连接主机 B 的端口的 PVID 是 3,连接服务器的端口的 PVID 是 100。

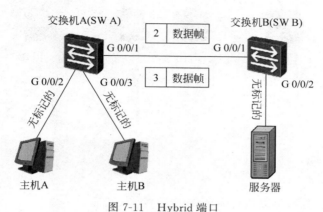

图 7-11　Hybrid 端口

Hybrid 端口收发数据帧的规则如下。

(1) 当接收到对端设备发送的不带标记的数据帧时,会添加该端口的 PVID,如果 PVID 在允许通过的 VLAN ID 列表中,则接收该报文,否则丢弃该报文。当接收到对端设备发送的带标记的数据帧时,检查 VLAN ID 是否在允许通过的 VLAN ID 列表中。如果 VLAN ID 在接口允许通过的 VLAN ID 列表中,则接收该报文,否则丢弃该报文。

(2) Hybrid 端口发送数据帧时,将检查该接口是否允许该虚拟局域网数据帧通过。如果允许通过,则可以通过命令配置发送时是否携带标记。

7.2　在交换机上配置虚拟局域网

7.2.1　建立虚拟局域网

在交换机上划分虚拟局域网时,需要首先创建虚拟局域网。在交换机上执行虚拟局域网命令

```
<vlan-id>
```

创建虚拟局域网。网络连接如图 7-12 所示。

执行 vlan 10 命令后,就创建了 VLAN 10,并进入了 VLAN 10 视图。虚拟局域网 ID 的取值范围为 1~4094。

执行 vlan batch{vlan-id1[to vlan-id2]}命令,可以创建多个虚拟局域网,可以在交换机上创建多个连续的虚拟局域网。

执行 vlanbatch{vlan-id1 vlan-id2}命令,可以创建多个不连续的虚拟局域网,vlan 与编号之间需要用空格隔开。

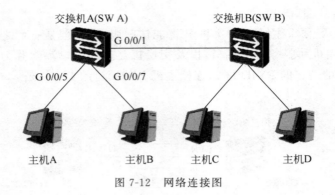

图 7-12 网络连接图

例如：

```
[SWA]vlan 10
[SWA-vlan10]quit
[SWA]vlan batch 2 to 4
```

创建虚拟局域网后,可以执行命令

```
display vlan
```

验证配置结果。如果不指定任何参数,则该命令将显示所有虚拟局域网的简要信息。
执行命令

```
display vlan[ vlan-id[verbose]]
```

可以查看指定虚拟局域网的详细信息,包括 VLAN ID、类型、描述、虚拟局域网的状态、虚拟局域网中的端口以及虚拟局域网中端口的模式等。
执行命令

```
display vlan vlan-id statistics
```

可以查看指定虚拟局域网中的流量统计信息。
执行命令

```
display vlan summary
```

可以查看系统中所有虚拟局域网的汇总信息。

7.2.2 虚拟局域网的端口配置

配置端口类型的命令如下：

```
port link-type <type>
```

其中,type 可以配置为 Access、Trunk 或 Hybrid。注意,如果查看端口配置时没有发现端口类型信息,说明端口使用了默认的 Hybrid 端口链路类型。当修改端口类型时,必须先恢复端口的默认虚拟局域网配置,使端口属于默认的 VLAN 1。

1. 配置 Access 端口

配置端口类型的命令

```
port link-type <type>
```

type 配置为 access，例如：配置图 7-12 中的 G 0/0/5 和 G 0/0/7 端口类型为 Access。

```
[SWA]interface GigabitEthernet0/0/5
[SWA-GigabitEthernet0/0/5]port link-type access
[SWA-GigabitEthernet0/0/5]quit
[SWA]interface GigabitEthernet0/0/7
[SWA-GigabitEthernet0/0/5]port link-type access
```

执行命令

```
port default vlan <vlan-id>
```

把端口加入虚拟局域网。其中 vlan-id 是指端口要加入的虚拟局域网。

```
[SWA]interface GigabitEthernet0/0/5
[SWA-GigabitEthernet0/0/5]port link-type access
[SWA-GigabitEthernet0/0/5]port default vlan 3
```

2. 配置 Trunk

配置 Trunk 时，应先使用 port link-type trunk 命令修改端口的类型为 Trunk，然后再配置 Trunk 端口允许哪些虚拟局域网的数据帧通过。

执行命令

```
port trunk allow-pass vlan {{vlan-id1 [ to vlan-id2]} |all}
```

可以配置端口允许的虚拟局域网，all 表示允许所有虚拟局域网的数据帧通过。

执行命令

```
port trunk pvid vlan vlan-id
```

可以修改 Trunk 端口的 PVID。

修改 Trunk 端口的 PVID 之后需要注意，虚拟局域网在默认情况下不一定是端口允许通过的。只有使用命令

```
port trunk allow-pass vlan{{vlanid1 [to vlan-id2]}|all}
```

允许默认虚拟局域网数据通过，才能转发默认虚拟局域网的数据帧。交换机的所有端口默认允许 VLAN 1 的数据通过。

```
[SWA]interface GigabitEthernet0/0/1
[SWA-GigabitEthernet0/0/1]port link-type trunk
[SWA-GigabitEthernet0/0/1]port trunk allow-pass vlan 2 3
```

将交换机 SW A 的 G 0/0/1 端口配置为 Trunk 端口，该端口 PVID 默认为 1。配置命令

```
port trunk allow-pass vlan 2 3
```

之后，该 Trunk 允许 VLAN 2 和 VLAN 3 的数据流量通过。

3. 配置 Hybrid 端口

port link-type hybrid 命令的作用是将端口的类型配置为 Hybrid。默认情况下，X7 系

列交换机的端口类型是 Hybrid。因此,只有在把 Access 端口或 Trunk 端口配置成 Hybrid 时,才需要执行此命令。

```
port hybrid tagged vlan{{vlan-id1[ to vlan-id2]}|all}
```

用来配置允许哪些虚拟局域网的数据帧以 Tagged 方式通过该端口。

```
port hybrid untagged vlan{{vlan-id1[to vlan-id2]}|all}
```

用来配置允许哪些虚拟局域网的数据帧以无标记的方式通过该端口。

如图 7-13 所示,要求主机 A 和主机 B 都能访问服务器,但是它们之间不能互相访问。

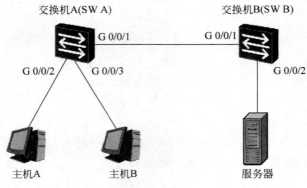

图 7-13　配置 Hybrid 端口

此时通过命令

```
port link-type hybrid
```

可以配置交换机连接主机和服务器的端口,以及交换机互连的端口都为 Hybrid 类型。

通过命令

```
port hybrid pvid vlan 2
```

可以配置交换机连接主机 A 的端口的 PVID 是 2。类似地,连接主机 B 的端口的 PVID 是 3,连接服务器的端口的 PVID 是 100。

通过在 G 0/0/1 端口下使用命令

```
port hybrid tagged vlan 2 3 100
```

可以配置 VLAN 2,VLAN 3 和 VLAN 100 的数据帧在通过该端口时都是有标记的。

在 G 0/0/2 端口下使用命令

```
port hybrid untagged vlan 2 100
```

可以配置 VLAN 2 和 VLAN 100 的数据帧在通过该端口时都没有标记。

在 G 0/0/3 端口下使用命令

```
port hybrid untagged vlan 3 100
```

可以配置 VLAN 3 和 VLAN 100 的数据帧在通过该端口时都没有标记。

例如:

```
[SWA]interface GigabitEthernet 0/0/1
[SWA-GigabitEthernet0/0/1]port link-type hybrid
[SWA-GigabitEthernet0/0/1]port hybrid untagged vlan 2 3 100
[SWA-GigabitEthernet0/0/2]]port hybrid pvid vlan 2
[SWA-GigabitEthernet0/0/2]port hybrid untagged vlan 2 100
[SWA-GigabitEthernet0/0/3]]port hybrid pvid vlan 3
[SWA-GigabitEthernet0/0/3]port hybrid untagged vlan 3 100
```

本 章 小 结

本章主要介绍虚拟局域网的概念及应用,重点描述了虚拟局域网的工作原理,特别对跨交换机的虚拟局域网运行原理进行了详细叙述,此外,还详细介绍了交换链路的类型和交换端口类型,最后介绍了在交换机上虚拟局域网的基本配置过程。虚拟局域网技术是组建局域网的重要技术,有兴趣的读者可以参考相关技术资料,进一步全面深入地了解虚拟局域网技术内容。

习 题 7

1. 简述虚拟局域网的概念和作用。

2. 虚拟局域网的链路类型和端口类型有哪些?

3. 二层以太网交换机中的默认虚拟局域网有哪些特点?

4. 如果一个主干链路的 PVID 是 5,且端口下配置 port trunk allow-pass vlan 2 3,那么哪些虚拟局域网的流量可以通过该主干链路进行传输?

5. PVID 为 2 的 Access 端口收到一个无标记的帧会采取什么样的动作?

6. 网络拓扑如图 7-14 所示,完成交换机上虚拟局域网、主干等主要的配置,写出配置命令。

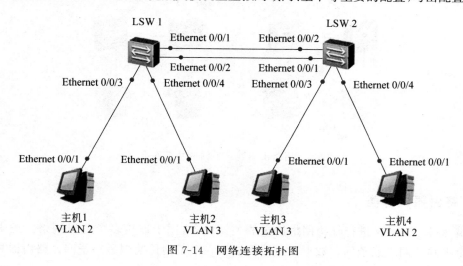

图 7-14　网络连接拓扑图

第8章 路由器及路由协议

在第 5 章已介绍了交换式网络,它是通过交换机实现二层数据转发的,而交换机的转发依赖于交换地址表。交换地址表中总是会记录最新的 MAC 地址,交换机可使用该地址在局域网内实现网络通信。若要局域网与广域网进行通信,就必须使用广域网互连设备——路由器,路由器工作在网络层,使用网络地址实现三层数据转发。本章将重点介绍路由器、路由协议和路由器配置。

8.1 路 由 器

以太网交换机工作在数据链路层,用于在网络内进行数据转发。而企业网络的拓扑结构一般比较复杂,此时就需要使用路由器来连接不同的网络,进行网络之间数据的转发。

如图 8-1 所示,网络通常由多个不同的局域网组成。例如,在企业网中,各个部门可以属于不同的局域网,各个分支机构和总部也可能属于不同的局域网。局域网内的主机可以通过交换机来实现相互通信。不同局域网之间的主机若要相互通信,需要通过路由器实现。路由器工作在网络层,隔离了广播域。它可以作为局域网的网关,找出到达目的网络的最优路径,实现报文在不同网络间的转发。此例中通过路由器 RT A 和 RT B 把整个网络分成了 3 个不同的局域网,每个局域网都为一个广播域,其内部的主机可以直接通过交换机实现相互通信,但是 LAN 1 内部的主机与 LAN 2 内部的主机之间则必须要通过路由器才能实现相互通信。

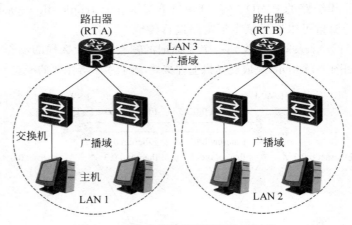

图 8-1 用路由器连接不同的物理网络

8.1.1 路由器的分类

路由器(Router)是进行异构网络连接的关键设备,用于连接多个逻辑网络。逻辑网络是指一个单独的网络或子网。数据通过路由器从一个子网传输到另一子网。路由器具有判断网络地址和选择路径的功能。它能在多种网络互连的环境中建立灵活的连接,可用完全不同的数据分组和介质访问方法连接各种子网。路由器是属于网络应用层的互连设备。它只接收源站或其他路由器发来的信息,而不关心各子网内部所用的硬件设备。另外,它要求运行与网络层协议一致的软件。如图 8-1 所示,路由器连接的物理网络中,对每个网络连接,路由器都有一个单独的接口。通过它,计算机可以连到两个网络之一。

路由器的价格和性能随应用要求的不同而存在很大的差异。虽然路由器的种类很多,但是路由器的主要功能一般没有明显区别。下面根据不同的分类方法,对路由器进行分类。

1. 按性能划分

路由器可按性能划分为低端、中端、高端 3 种。通常情况下,将交换能力大于 40Gb/s 的路由器称为高端路由器,范围为 25~40Gb/s 的路由器称为中端路由器,低于 25Gb/s 的路由器称为低端路由器。

(1)低端路由器主要适用于小型网络的 Internet 接入或企业网的远程接入,其端口数量、类型以及数据包的处理能力都非常有限。

(2)中端路由器适用于较大规模的网络,其拥有较高的数据包处理能力,具有较丰富的网络接口,适用于较为复杂的网络结构。

(3)高端路由器拥有非常高的数据包处理能力,端口密度高、类型多,能适应复杂的网络环境,主要作为大型网络的核心路由器。

2. 按结构划分

路由器可按结构划分为模块化与非模块化两种。通常情况下,中、高端路由器均为模块化结构,可以使用各种类型的模块灵活配置路由器,便于增加端口数量,提供多种端口类型,以适应不断变化的需求。

3. 按在网络市场位置划分

路由器可按在网络市场位置划分为核心路由器、分发路由器和接入路由器 3 种。

(1)核心路由器位于网络中心,通常使用性能稳定的高端模块化路由器,一般被电信级超大规模企业选用,它要求快速的数据包交换能力与高速的网络接口。

(2)分发路由器一般为中档的企业级路由器,主要适用于大、中型企业和 Internet 服务提供商。其主要目标是在分级系统中的中级系统中以尽量便宜的方法实现尽可能多的端点互连并在此基础上支持不同等级的服务。此类路由器的主要特点是端口数量多、价格便宜、应用简单。

(3)接入路由器一般位于网络边缘,所以也称为边缘路由器。它通常采用中、低端产品,是目前应用最广的一类路由器,主要应用于中、小型企业或大型企业的分支机构,要求能用相对低速的端口实现较强的接入和控制能力。

4. 按功能划分

路由器可按功能分为通用路由器与专用路由器两种。一般所说的路由器为通用路由器。专用路由器通常为实现某种特定功能对路由器接口、硬件等专门优化。

5. 按传输性能划分

路由器可按传输性能划分为线速路由器及非线速路由器两种。

(1)线速路由器一般为高端路由器,它可以以传输介质的带宽作为传输速率进行通畅传输,基本上没有间断和延迟,具有非常高的端口带宽和数据转发能力,能以媒体速率转发数据包。

（2）中、低端路由器是非线速路由器。不过，一些新型的宽带接入路由器也有线速转发能力。

6. 按网络类型划分

目前，路由器可以从广义上分为有线路由器和无线路由器两种。

（1）有线路由器就是借助物理连线建立连接的路由器，平时所说的路由器基本上都是有线路由器。

（2）无线路由器是在近几年随着无线网络应用的快速普及才出现的。无线路由器的功能和有线路由器没有很大区别，都是用来连接不同的网络或和进行 Internet 接入，与有线路由器不同，无线路由器的连接不是通过有形的线缆实现的，而是借助无形的电磁波实现的。

7. 按支持路由协议的数量分

路由器可按支持路由协议的数量分为单协议路由器和多协议路由器两种。

（1）单协议路由器就是只按某种特定的路由协议工作的路由器。

（2）多协议路由器是指路由器可以使用不同的协议连接网络，例如，一个路由器上的不同端口分别连接了使用 IP、IPX/SPX 和 Apple Talk 网络协议的网络，这 3 种不同的网络协议之间不能直接通信，必须使用多协议路由器，多协议路由器将每种网络协议的路由信息转换为标准的 GRE 形式，以实现不同网络之间的通信。

8.1.2　路由器的功能

路由器用于连接多个逻辑网络。逻辑网络就是一个单独的网络（子网）。当数据从一个子网传输到另一个子网时，需要通过路由器来完成，因此路由器具有判断网络地址和选择数据传输路径的功能，它能在多网络互连环境中建立灵活的连接，可用于连接完全不同的数据分组和介质访问方法的子网。

路由器最基本的功能是数据交换和路由选择。在此基础上，路由器还可实现以下增值功能。

（1）网关功能。路由器工作在网络层，隔离了广播域，因此可以作为局域网的网关，发现数据到达目的网络的最优路径，实现数据报在不同网络之间的转发。

（2）支持多协议堆栈。目前的路由器都有自己的路由选择协议，所以支持在不同的环境中运行。

（3）具有网桥功能。

（4）作为一般的网络集线器使用，进行基于优先级的业务排序和业务过滤。

路由的根本问题是要解决路由选择（Routing）问题。路由选择是指在一个路由的网络环境中如何选择一条从源地址到目的地址的最佳路径，以便底层设备进行数据报投递。路由器收到数据报后，会根据数据报中的目的 IP 地址选择一条最优的路径，并将数据报转发到下一个路由器，路径上最后一个路由器负责将数据报送交目的主机。数据报在网络上的传输就好像是体育运动中的接力赛一样，每一个路由器负责将数据报按照最优的路径向下一跳路由器转发，通过多个路由器一站一站地接力，最终将数据报通过最优路径转发到目的地。有些时候，由于实施了特殊的路由策略，数据报通过的路径可能并不一定是最佳的。

路由器能够决定数据报的转发路径。当有多条路径可以到达目的地时，路由器会通过进行计算来决定最佳下一跳。计算的原则会随实际使用路由协议的不同而不同。

路由器是一种主动、智能的网络结点设备，它可参与子网的管理以及网络资源的动态管理。不同规模的网络，路由器作用的侧重点也会有所不同。

（1）在主干网中，路由器的主要作用是路由选择。主干网上的路由器必须知道所有下层网络的路径，因此需要维护庞大的路由表，对连接状态的变化做出尽可能迅速的反应。路由器的故障将会导致严重的信息传输问题。

（2）在地区网中，路由器的主要作用是网络连接和路由选择。

（3）在园区网中，路由器的主要作用是分隔子网。早期的互联网中的基本单位是局域网，所有主机处于同一个逻辑网络中。随着网络规模的不断扩大，局域网演变成以高速主干和路由器连接的多个子网所组成的园区网。路由器是唯一能够分隔子网的设备，它负责子网间的数据报转发和广播隔离，在边界上的路由器负责与上层网络的连接。

8.1.3 路由选择协议

路由是指在网络中选择一条从源地址到目的地址的最佳路径。路由器通过路由表来决定数据报的转发策略，每个路由器根据网络的拓扑结构和所有可以到达目的主机的路径情况来确定最优的路由通路。路由选择的方式分为静态路由和动态路由两种。

要完成路由选择，首先需要确定下面内容。

（1）信息源地址。

（2）信息所要到达的目标地址。

（3）到达的目的地址的所有可能路径。

（4）路由选择，选择一条到达的目的地址的最佳通路。

在完成路由选择的同时，路由器还要维护路由表。应用路由协议需要不断进行路由学习，以便进行最佳通路的选择。

1. 路由分类

路由信息有 3 种来源。

（1）直连路由。进行直连路由选择时，无须多做配置，只要连接该网络的接口处于正常状态，直连路由最佳通路就会出现在路由表中。

（2）静态路由。进行静态路由选择时，需要管理员通过命令手动添加最佳通路到路由表中。

（3）动态路由。进行动态路由选择时，通过动态路由协议可得到从邻居路由器习得的最佳通路。

路由选择协议（Routing Protocol）通过运行不同的路由算法来完成路由的选择工作并尽量确保路由表的精确与高效。路由选择协议不但要求能准确地在网络中传递路由信息，而且要求能及时地学习新的和变更的路由，以便进行路由表的更新与维护。路由选择协议包括 TCP/IP、有路由信息协议（RIP）、开放最短路径优先协议（OSPF）、IS-IS 等。

2. 路由表

路由器转发数据包的关键是路由表。每个路由器中都保存着一张路由表，表中的每条路由表项都指明了数据包要到达某网络或某主机应通过路由器的哪个物理接口发送，以及可到达该路径中的哪个下一跳路由器。此外，也可以不经过别的路由器而直接到达目的地。

例如,图 8-2 所示的路由表中包含了下列关键项。

```
[Huawei]display ip routing-table
Route Flags: R - relay, D - download to fib
------------------------------------------------------------
Routing Tables: Public   Destinations : 2        Routes : 2
    Destination/Mask  Proto   Pre  Cost  Flags  NextHop     Interface
    0.0.0.0/0         Static  60   0       D    120.0.0.2   Serial1/0/0
    8.0.0.0/8         RIP     100  3       D    120.0.0.2   Serial1/0/0
    9.0.0.0/8         OSPF    10   50      D    20.0.0.2    Ethernet2/0/0
    9.1.0.0/16        RIP     100  4       D    120.0.0.2   Serial1/0/0
    11.0.0.0/8        Static  60   0       D    120.0.0.2   Serial2/0/0
    20.0.0.0/8        Direct  0    0       D    20.0.0.1    Ethernet2/0/0
    20.0.0.1/32       Direct  0    0       D    127.0.0.1   LoopBack0
```

图 8-2　查看 IP 路由表

(1) Destination(目的地址)。它用于用来标识 IP 数据包的目的地址或目的网络。

(2) Mask(网络掩码)。它用于在路由表中网络掩码具有重要的意义。IP 地址和网络掩码进行"逻辑与"便可得到相应的网段信息。如本例中,目的地址为 8.0.0.0,掩码为 255.0.0.0,进行与运算后便可得到一个 A 类的网段信息(8.0.0.0/8)。当路由表中有多条目的地址相同的路由信息时,路由器将选择掩码最长的一项作为匹配项。

(3) Interface(输出接口)。它用于指明 IP 数据包将从该路由器的哪个接口转发出去。

(4) NextHop(下一跳 IP 地址)。它用于指明 IP 数据包所经由的下一跳路由器的接口地址。

下面,以图 8-3 所示的网络拓扑图为例说明路由表的建立过程。在图 8-3 中,路由器的每个端口都会分配一个 IP 地址,通常至少有两个端口连接两个不同的网络。注意,同一个路由器上各个端口的 IP 地址必须属于不同的网络。

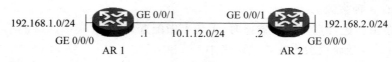

图 8-3　建立 IP 路由表

当网络管理员配置好路由器的端口地址并开启路由选择协议后,路由器 AR 1 和 AR 2 之间就会交换路由信息。开始时,路由表中只有直连端口的信息,当对路由表进行交换后便会发现差异,这些差异是由路由器所连接的网络不同造成的。路由器会将这些存在差异的路由信息添入路由表,直到两台路由器所有路由信息完全一致为止,这一过程称为路由收敛。两台路由器的路由表如表 8-1 和表 8-2 所示,比较分析这两台路由器的端口直连信息就会发现差异。

3. 路由优先级

路由器可以通过多种协议学习去往同一目的网络的路由,在这些路由符合最长匹配原则时,决定哪个路由优先。

每个路由协议都有一个协议优先级(取值越小、优先级越高)。当有多个路由信息时,选

表 8-1　路由器 AR 1 路由表

目 的 地 址	下一跳地址	接　　口
192.168.1.0/24	直接传送	GE 0/0/0
10.1.12.1/24		GE 0/0/01
192.168.2.0/24	10.1.12.2	

表 8-2　路由器 AR 2 路由表

目 的 地 址	下一跳地址	接　　口
192.168.2.0/24	直接传送	GE 0/0/0
10.1.12.2/24		GE 0/0/01
192.168.1.0/24	10.1.12.1	

择最高优先级的路由作为最佳路由。

如图 8-4 所示,路由器通过两种路由协议学习到了网段 10.1.1.0 的路由。虽然 RIP 提供了一条看起来更加近的路线,但是由于 OSPF 具有更高的优先级,因而成为优选路由,并被加入路由表中。

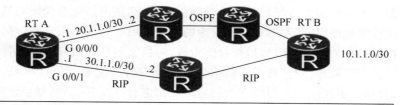

图 8-4　路由优先级

路由优先级也称为路由的"管理距离",用于指定路由协议的优先级,数值越低,优先级越高;当到达同一目的网络存在多条路由时,可以根据路由优先级大小选择一个优先级数值最小的作为最优路由,并将这条路由添加到路由表中,如图 8-4 所示,路由器给每种路由信息渠道赋予的一个权重,此权重值就称为路由优先级(也称为协议优先级);路由优先级的值越小,代表这种类型的路由可信度越高。常见的路由优先级如图 8-5 所示。

4. 路由度量值

路由度量值用于评估去往目的网络的开销,度量值越小越优先;不同的路由协议参考计算度量值的因素不一样。

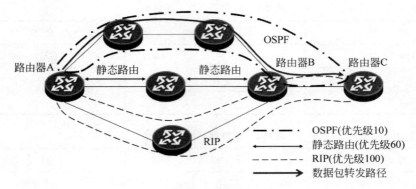

图 8-5 路由优先级示例

　　路由的度量值越小,路由协议会认为按照这条路由指引的去往目的网络的路径成本越低,因此在去往同一个目的网络的路由中,度量值最小的路由会被路由设备放入路由表中。

　　鉴于每种路由协议都需要解决网络中可行路径的优化问题,因此路由协议都定义了计算度量值所用的参数和算式。例如,在华为设备中,RIP采用跳数作为度量的参考,而OSPF采用带宽作为参考因素。

5. 最长匹配原则

　　如果在路由表中有多个匹配目的网络的路由条目,则路由器会选择掩码最长的一个。

　　路由器在转发数据时,需要选择路由表中的最优路由。当数据报文到达路由器时,路由器首先提取报文的目的IP地址,然后查找路由表,将报文的目的IP地址与路由表中某表项的掩码字段进行"与"操作,"与"操作后的结果再与路由表相应表项的目的IP地址比较,若相同则匹配,否则就不匹配。在与所有的路由表项都进行匹配后,路由器会选择一个掩码最长的匹配项。

6. 直连路由

　　路由器会把状态正常的接口所连接的网络作为直连路由放入自己的路由表中;直连路由的路由优先级和度量值皆为0;直连路由的路由优先级和度量值都是不可修改的。

7. 查看路由表

　　华为路由器查看路由表命令如下:

```
[Huawei]display ip routing-table
```

　　命令输出结果如图8-2所示。

8.2 静 态 路 由

8.2.1 静态路由的作用

　　静态路由需要管理员手动配置和维护。静态路由配置简单,不用像动态路由那样占用路由器的CPU资源来计算和分析路由更新。

　　静态路由的缺点是,当网络拓扑发生变化时,静态路由不会自动适应,而是需要管理员手动调整。

静态路由一般适用于结构简单的网络。在复杂网络环境中，一般会使用动态路由协议生成动态路由。即使是在复杂网络环境中，合理地配置静态路由也可以改进网络的性能。

例如，华为设备静态路由的默认路由优先级为 60，可通过命令

```
display ip routing-table protocol static
```

查看指定路由协议的路由信息。

如果管理员配置了去往同一网络的两条静态路由条目且这两条路由使用了不同的下一跳或者出站接口，则路由器会默认为同时使用这两条静态路由条目来转发数据包，这就实现了数据流量的负载分担。

管理员可以通过给不同的静态路由条目配置不同的路由优先级值，使路由器在默认情况下只使用某一条特定的路由来转发数据包。

只有当该路由出现故障时，路由器才会使用其他路由优先级值比较大（也就是次选）的路由来转发流量。

在主链路恢复正常后，静态路由优先级高的会被重新激活，主链路承担数据转发业务。而静态路由优先级低的作为备份路由，在路由表中删除，放到 Inactive 列表中。因此，这条备份路由也称为浮动静态路由。

8.2.2 静态路由的写法

1. 静态路由配置

静态路由配置命令如下：

```
ip route-static ip-address {mask | mask-length} interface-type interface-number
[ nexthop-address]
```

其中，参数 ip-address 指定了一个网络或者主机的目的地址，mask 指定了一个子网掩码或者前缀长度。如果使用了广播接口（如以太网接口）作为输出接口，则必须要指定下一跳地址；如果使用了串口作为输出接口，则可以通过参数 interface-type 和 interface-number（如 Serial 1/0/0）来配置输出接口，此时不必指定下一跳地址。

如图 8-6 所示，RT B 路由器配置静态路由的命令如下：

```
[RTB]ip route-static 192.168.1.0 255.255.255.0 10.0.12.1
[RTB]ip route-static 192.168.1.0 255.255.255.0 Serial 1/0/0
[RTB]ip route-static 192.168.1.0 24 Serial 1/0/0
```

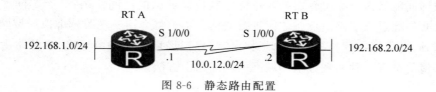

图 8-6 静态路由配置

2. 验证配置

使用下面命令查看静态路由器由信息：

```
display ip routing-table protocol static
```

8.2.3　直连路由

1. 直连路由

路由器接口所连接的子网的路由方式称为直连路由。

2. 非直连路由

通过路由协议从别的路由器学到的路由称为非直连路由,可分为静态路由和动态路由。

直连路由是由链路层协议发现的,一般指去往路由器的接口地址所在网段的路径,该路径信息不需要网络管理员维护,也不需要路由器通过某种算法进行计算获得,只要该接口处于活动(Active)状态,路由器就会把通向该网段的路由信息填写到路由表中,直连路由无法使路由器获取与其不直接相连的路由信息。

8.2.4　默认路由

当路由表中没有与数据报的目的地址匹配的表项时,设备可以选择默认路由作为报文的转发路径。在路由表中,默认路由的目的网络地址为 0.0.0.0,掩码也为 0.0.0.0,如图 8-7 所示,在本示例中,RT A 使用默认路由转发到达未知目的地址的数据报。默认静态路由的默认优先级也是 60。在路由选择过程中,默认路由会被最后匹配。

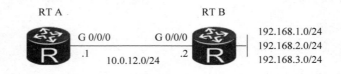

```
[RTA]ip route-static 0.0.0.0 0.0.0.0 10.0.12.2
[RTA]ip route-static 0.0.0.0 0 10.0.12.2 GigabitEthernet 0/0/0
```

图 8-7　默认路由

8.3　虚拟局域网的网间路由

虚拟局域网隔离了两层广播域,也严格地隔离了各个虚拟局域网之间的任何二层流量,属于不同虚拟局域网的用户之间不能进行二层通信。只能通过网络层设备根据 IP 地址为虚拟局域网间流量执行路由转发的操作称为虚拟局域网的网间路由;处于不同虚拟局域网中的主机必须通过三层路由设备才能进行通信。本节将介绍实现跨越虚拟局域网的三层路由理论基础,提供了物理拓扑与逻辑拓扑、传统虚拟局域网间路由环境、单臂路由与路由器子接口环境的配置 3 种实现虚拟局域网的网间路由方法。

8.3.1　虚拟局域网的网间路由基础

因为不同虚拟局域网之间的主机是无法实现二层通信的,所以必须通过三层路由才能将报文从一个虚拟局域网转发到另外一个虚拟局域网。具体方法如下。

方法 1:在路由器上为每个虚拟局域网分配一个单独的接口并使用一条物理链路连接

到二层交换机上。当虚拟局域网之间的主机需要通信时,数据会经由路由器进行三层路由,并被转发到目的虚拟局域网内的主机,这样就可以实现虚拟局域网之间的相互通信,如图 8-8 所示。

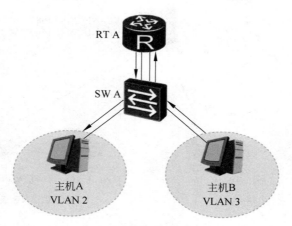

图 8-8　第一种方法路由器实现虚拟局域网的通信

随着每个交换机上虚拟局域网数量的增加,这样做必然需要大量的路由器接口,而路由器的接口数量极其有限且某些虚拟局域网之间的主机可能不需要频繁通信,若进行这样的配置,会导致路由器的接口利用率极低,因此在实际应用中一般不会采用这种方案来解决虚拟局域网间的通信问题。

方法 2:如图 8-9 所示,在交换机和路由器之间仅使用一条物理链路连接。在交换机上,把连接到路由器的端口配置成 Trunk 类型的端口,并允许相关虚拟局域网的帧通过。在路由器上需要创建子接口,逻辑上把连接路由器的物理链路分成了多条。一个子接口代表了一条归属于某个虚拟局域网的逻辑链路,这种方式称为单臂路由。

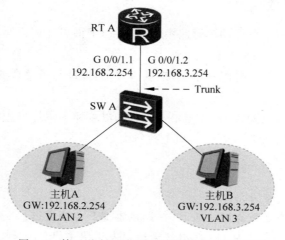

图 8-9　第二种方法路由器实现虚拟局域网通信

方法 3:如图 8-10 所示,在三层交换机上配置 VLANIF 接口来实现虚拟局域网之间的路由选择。如果网络上有多个虚拟局域网,则需要给每个虚拟局域网配置一个 VLANIF 接

口,并给每个 VLANIF 接口配置一个 IP 地址。用户设置的默认网关就是三层交换机中
VLANIF 接口的 IP 地址。

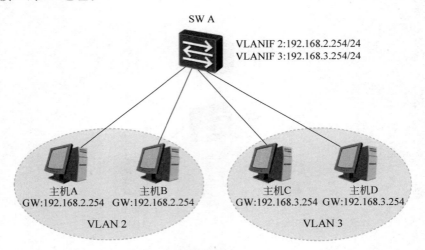

图 8-10 为每个虚拟局域网创建一个 VLANIF 接口作为网关

8.3.2 单臂路由组网方式

单臂路由是交换机与路由器只用一个接口互连,交换机上的所有虚拟局域网之间的数
据都从这个接口进行转发,这种组网环境称为单臂路由,带来的好处是节省路由器接口。

为了满足路由器一个物理接口传输多个虚拟局域网流量的这种需求,路由器提供了一
种称为子接口的逻辑接口。将一个接口逻辑的虚拟出每个虚拟局域网对应的子接口出来传
输对应虚拟局域网的流量,如图 8-7 所示。

8.3.3 单臂路由配置

如图 8-7 所示为一个典型的单臂路由组网实例,下面以此例说明单臂路由的配置方法。
单臂路由配置子接口时,需要注意以下两点:

(1) 必须为每个子接口分配一个 IP 地址。该 IP 地址与子接口所属虚拟局域网位于同
一网段。

(2) 需要在子接口上配置 IEEE 802.1q 封装,以剥掉和添加虚拟局域网的标记,从而实
现虚拟局域网之间相互通信。在子接口上执行命令

```
arp broadcast enable
```

激活子接口的 ARP 广播功能。

本例中,主机 A 发送数据给主机 B 时,路由器 RT A 会通过 G 0/0/1.1 子接口收到此数
据,然后查找路由表,将数据从 G 0/0/1.2 子接口发送给主机 B,这样主机就能通过 VLAN 2
和 VLAN 3 进行通信。

1. 交换机配置

在交换机 SW A 上执行下列命令:

```
[SWA]vlan batch 2 3
[SWA-GigabitEthernet0/0/1]port link-type trunk
[SWA-GigabitEthernet0/0/1]port trunk allow-pass vlan 2 3
[SWA-GigabitEthernet0/0/2]port link-type access
[SWA-GigabitEthernet0/0/2]port default vlan 2
[SWA-GigabitEthernet0/0/3]port link-type access
[SWA-GigabitEthernet0/0/3]port default vlan 3
```

执行命令

```
port link-type trunk
```

配置 SWA 的 G 0/0/1 端口为 Trunk 类型的端口。

执行命令

```
port trunk allow-pass vlan 2 3
```

配置 SWA 的 G 0/0/1 端口允许 VLAN 2 和 VLAN 3 的数据通过。

执行命令

```
port link-type access
```

配置 SWA 的 G 0/0/2、G 0/0/3 端口为 Access 类型的端口。

执行命令

```
port default vlan
```

将 SWA 的 G 0/0/2、G 0/0/3 端口加入到所属的虚拟局域网中。

2. 路由器配置

在路由器 RT A 上执行下列命令：

```
[RTA]interface GigabitEthernet0/0/1.1
[RTA-GigabitEthernet0/0/1.1]dot1q termination vid 2
[RTA-GigabitEthernet0/0/1.1]ip address 192.168.2.254 24
[RTA-GigabitEthernet0/0/1.1]arp broadcast enable
[RTA]interface GigabitEthernet0/0/1.2
[RTA-GigabitEthernet0/0/1.2]dot1q termination vid 3
[RTA-GigabitEthernet0/0/1.2]ip address 192.168.3.254 24
[RTA-GigabitEthernet0/0/1.2]arp broadcast enable
```

其中，interface interface-type interface-number.sub-interface number 用于创建子接口。sub-interface number 代表物理接口内的逻辑接口通道。dot1q termination vid 用于配置子接口 dot1q 封装的单层 VLAN ID。默认情况下，子接口没有配置 dot1q 封装的单层 VLAN ID。本命令执行成功后，终结子接口对报文的处理如下：接收报文时，剥掉报文中的标记后进行三层转发。转发出去的报文是否是有标记的由出接口决定。发送报文时，将相应的虚拟局域网信息添加到报文中再发送。arp broadcast enable 用来使能终结子接口的 ARP 广播功能。默认情况下，终结子接口没有使能 ARP 广播功能。终结子接口不能转发广播报文，在收到广播报文后它们直接把该报文丢弃。为了允许终结子接口能转发广播报文，可以通过在子接口上执行此命令。

3. 配置验证

使用 ping 命令可以在端口和主机之间相互 ping 检查链路是否连通：

```
Host A>ping 192.168.3.2

Ping 192.168.3.2: 32 data bytes,Press Ctrl_C to break
From 192.168.3.2: bytes=32 seq=1 ttl=127 time=15 ms
From 192.168.3.2: bytes=32 seq=2 ttl=127 time=15 ms
From 192.168.3.2: bytes=32 seq=3 ttl=127 time=32 ms
From 192.168.3.2: bytes=32 seq=4 ttl=127 time=16 ms
From 192.168.3.2: bytes=32 seq=5 ttl=127 time=31 ms

---192.168.3.2 ping statistics ---
  5 packet(s) transmitted
  5 packet(s) received
  0.00% packet loss
  round-trip min/avg/max=15/21/32 ms
```

8.3.4 三层交换机的虚拟局域网路由配置

如图 8-11 所示的网络拓扑，使用三层交换路路由配置实现主机 A、主机 B 之间的通信。

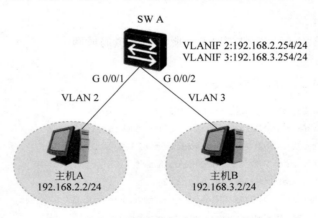

图 8-11 配置三层交换机虚拟局域网的路由

1. 创建虚拟局域网

在三层交换机上配置虚拟局域网的路由时，首先创建虚拟局域网，并将端口加入其虚拟局域网中。命令如下：

```
[SWA]vlan batch 2 3
[SWA-GigabitEthernet0/0/1]port link-type access
[SWA-GigabitEthernet0/0/1]port default vlan 2
[SWA-GigabitEthernet0/0/2]port link-type access
[SWA-GigabitEthernet0/0/2]port default vlan 3
```

2. 创建 VLANIF 接口并配置 IP 地址

命令如下：

```
[SWA]interface vlanif 2
[SWA-Vlanif2]ip address 192.168.2.254 24
[SWA-Vlanif2]quit
[SWA]interface vlanif 3
[SWA-Vlanif3]ip address 192.168.3.254 24
[SWA-Vlanif3]quit
```

其中，interface vlanif vlan-id 用来创建 VLANIF 接口并进入到 VLANIF 接口视图。vlan-id 表示与 VLANIF 接口相关联的 VLAN ID。VLANIF 接口的 IP 地址作为主机的网关 IP 地址，必须和主机的 IP 地址位于同一网段。

8.4　动态路由协议

8.4.1　动态路由协议的作用

动态路由是按照某种路由协议收集网络的路由信息，再通过路由器间不断地交换路由信息实现动态地更新和确定路由表项。当网络的拓扑结构发生了变化，路由协议能自动对路由进行更新，选择新的最佳路由，自动更新路由表。

与静态路由比较动态路由协议有如下优势。

（1）通常配置静态路都是在小型网络中使用，中大规模的网络都使用动态路由协议，网络规模越大，越适合部署动态路由协议。对于规模庞大到一定程度的网络来说，网络拓扑复杂，路由表非常庞大，网络中的路由器必须使用动态路由协议来维护的路由表。

（2）配置静态路由需要为网络中每一个非直连网段进行路由明细的静态配置，而动态路由只需要宣告各自的直连网段。

（3）静态路由无法适应网络的变化，这一点缺陷同样让静态路由难以适应大型、复杂的网络环境。

路由选择协议分为距离矢量、链路状态和平衡混合 3 种。

（1）距离矢量（Distance Vector）路由协议。距离矢量路由协议计算网络中所有链路的矢量和距离并以此为依据确认最佳路径。定期向其相邻的路由器发送全部或部分路由表。常用的距离矢量路由协议有 RIP 和 IGRP 等。

（2）链路状态（Link State）路由协议。链路状态路由协议使用为每个路由器根据 LSA 数据包创建的拓扑数据库来创建路由表，每个路由器通过此数据库建立一个整个网络拓扑图。在拓扑图的基础上通过相应的路由算法计算出通往各目标网段的最佳路径，并最终形成路由表。OSPF（开放系统最短路径优先）是常用的链路状态协议。OSPF 协议根据用户指定的链路费用标准（延迟、带宽或收费率等）计算最短路径。

（3）平衡混合（Balanced Hybird）路由协议。结合了链路状态和距离矢量两种协议的优点。典型代表是 Cisco 公司的 EIGRP（增强型内部网关协议）。

相比较于静态路由，动态路由协议具有更强的可扩展性，具备更强的应变能力。本节将重点介绍 RIP 和 OSPF 这两个路由协议。

8.4.2 路由信息协议的工作原理

路由信息协议（Routing Information Protocol，RIP）是一种基于距离矢量（Distance Vector）算法的协议，使用跳数作为度量来衡量到达目的网络的距离。RIP 主要应用于规模较小的网络中。

距离矢量型路由协议有易配置、具备动态路由协议的扩展性和应变能力、能够自动学习路由、选择路由、避免网络中出现环路、路由通告方式是周期更新等特点。

距离矢量型路由协议定义的路由通告方式是周期更新。运行这类路由协议的路由器会每隔一段固定的时间，就将自己当前完整的路由表通告给相邻的（运行相同路由协议的）路由器。路由器就是通过这种方法获得非直连网络的路由信息的。

1. RIP 的工作原理

如图 8-12 所示，在初始状态下，所有路由器都只拥有自己直连网络的路由。一旦 3 台路由器上都启用了距离矢量型路由协议，这些路由器都会对外通告路由。

AR 1　　　　　　　　AR 2　　　　　　　　AR 3

.1　　　　.1　　　.2　　　　.2　　　.3　　　　.3
E 1　　　E 0　　　E 0　　　E 1　　　E 1　　　E 0
12.1.2.0/24　　　12.1.1.0/24　　　22.1.1.0/24　　　33.1.1.0/24

AR1的IPv4路由表			AR2的IPv4路由表			AR3的IPv4路由表		
子网	度量	下一跳	子网	度量	下一跳	子网	度量	下一跳
12.1.2.0	0	—	12.1.1.0	0	—	22.1.1.0	0	—
12.1.1.0	0	—	22.1.1.0	0	—	33.1.1.0	0	—

图 8-12　RIP 路由器初始状态

当 AR 2 接收到 AR 1 通告的直连路由信息之后，便会发现在 AR 1 通告的两条路由中有一条路由是自己的直连路由，另一条路由是自己未知网络的路由。直连路由拥有最高优先级，因此 AR 2 不可能把 AR 1 通告的 12.1.1.0/24 网络的路由信息添加到路由表中；然而，AR 1 通告的网络 12.1.2.0/24 并不是 AR 2 的直连网络，AR 2 路由表中也并没有关于这个网络的信息。在接收到 AR 1 的路由通告消息之后，AR 2 发现自己可以将 AR 1 的 E 0 接口地址作为下一跳来传输去往 12.1.2.0/24 这个网络的数据包，于是 AR 2 将这个网络作为一条路由条目添加到了自己的路由表中。显然，AR 2 去往 12.1.2.0/24 这个子网的距离比 AR 1 要远，因此在 AR 2 的路由表中，关于子网 12.1.2.0/24 这个网络的路由条目，其度量值一定会大于 AR 1 路由表中关于该子网路由的度量值。如果在此运行的距离矢量型路由协议为 RIP，则 AR 2 路由表中 12.1.2.0/24 这个路由的度量值就会变成 1，因为 RIP 路由的度量值即为本地路由器向该子网转发数据包时，数据包会经历的路由设备跳数（Hop Count）。按照这样的方式可以判断出来，在 3 台路由器第一次相互通告并学习了路由信息之后，这 3 台路由器的路由表如图 8-13 所示。

当 AR 2 接收到 AR 1 通告的路由信息之后，它会发现 AR 1 通告过来的更新信息包含了 3 个子网，其中一个子网（12.1.2.0/24）已经被添加到了路由表中；另外两个子网（12.1.1.0/

AR 1的IPv4路由表				AR 2的IPv4路由表				AR 3的IPv4路由表		
子网	度量	下一跳		子网	度量	下一跳		子网	度量	下一跳
12.1.2.0	0	—		12.1.1.0	0	—		22.1.1.0	0	—
12.1.1.0	0	—		22.1.1.0	0	—		33.1.1.0	0	—
22.1.1.0	1	12.1.1.2		12.1.2.0	1	12.1.1.1		12.1.1.0	1	22.1.1.2
				33.1.1.0	1	22.1.1.3				

图 8-13　RIP 路由学习

24 和 22.1.1.0/24）都是自己的直连子网。因此 AR 2 并不会更新自己的路由表。

当 AR 1 接收到 AR 2 通告的路由信息时，AR 1 会发现自己并不了解 33.1.1.0 这个子网的信息。在接收到 AR 2 的路由通告消息之后 AR 1 发现，可以以 AR 2 的 E0 接口地址作为下一跳来传输去往子网 33.1.1.0/24 这个网络的数据包。于是 AR 1 将这个网络作为一条路由条目添加到了自己的路由表中。当然，AR 1 去往 33.1.1.0 路由的度量值应该高于 AR 2 去往该网络路由的度量值。如果讨论的这种距离矢量型路由协议是用跳数作为度量值的，那么 AR 2 路由表中 33.1.1.0/24 这个路由的度量值就会变成 2。

在 3 台路由器第二次相互通告并学习了路由信息之后，这 3 台路由器的路由表如图 8-14 所示。

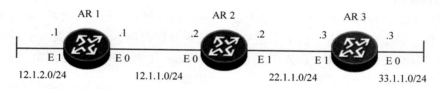

AR 1的IPv4路由表				AR 2的IPv4路由表				AR 3的IPv4路由表		
子网	度量	下一跳		子网	度量	下一跳		子网	度量	下一跳
12.1.2.0	0	—		12.1.1.0	0	—		22.1.1.0	0	—
12.1.1.0	0	—		22.1.1.0	0	—		33.1.1.0	0	—
22.1.1.0	1	12.1.1.2		12.1.2.0	1	12.1.1.1		12.1.1.0	1	22.1.1.2
33.1.1.0	2	12.1.1.2		33.1.1.0	1	22.1.1.3		12.1.2.0	2	22.1.1.2

图 8-14　RIP 路由收敛

2. RIP-度量

RIP 使用跳数作为度量值来衡量到达目的网络的距离。在 RIP 中，路由器到与它直接相连网络的跳数为 0，每经过一个路由器后跳数加 1。为限制收敛时间，RIP 规定跳数的取值范围为 0～15 的整数，跳数大于 15 的被定义为无穷大，即目的网络或主机不可达。

路由器从某一邻居路由器收到路由更新报文时，将根据以下原则更新本路由器的 RIP 路由表。

对于本路由表中已有的路由项,当该路由项的下一跳是该邻居路由器时,不论度量值将增大或是减少,都更新该路由项(度量值相同时只将其老化定时器清"0"。路由表中的每一路由项都对应了一个老化定时器,当路由项在180s内没有任何更新时,定时器超时,该路由项的度量值变为不可达)。

当该路由项的下一跳不是该邻居路由器时,如果度量值将减少,则更新该路由项。对于本路由表中不存在的路由项,如果度量值小于16,则在路由表中增加该路由项。

某路由项的度量值变为不可达后,该路由会在 Response 报文中发布 4 次(120s),然后从路由表中清除。

如图 8-15,在本示例中,路由器 RT A 通过两个接口学习路由信息,每条路由信息都有相应的度量值,到达目的网络的最佳路由就是通过这些度量值计算出来的。

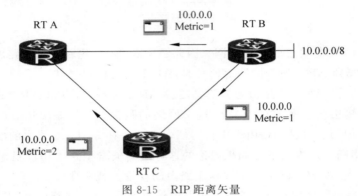

图 8-15   RIP 距离矢量

3. RIP-环路

当网络中的 3 台路由器都学习到去往这个网络中各个子网的路由之后,如图 8-16 网络中出现了接口状态变化,AR 1 的 E 1 接口因为某种原因而由 up 状态,变为了 down 状态。所以,AR 1 从自己的路由表中清除了去往 12.1.2.0/24 这个子网的直连路由。于是,AR 1 现在并不知道该如何转发去往子网 12.1.2.0/24 的数据包。

AR 1的IPv4路由表				AR 2的IPv4路由表				AR 3的IPv4路由表		
子网	度量	下一跳		子网	度量	下一跳		子网	度量	下一跳
12.1.1.0	0	—		12.1.1.0	0	—		22.1.1.0	0	—
22.1.1.0	1	12.1.1.2		22.1.1.0	0	—		33.1.1.0	0	—
33.1.1.0	2	12.1.1.2		12.1.2.0	1	12.1.1.1		12.1.1.0	1	22.1.1.2
				33.1.1.0	1	22.1.1.3		12.1.2.0	2	22.1.1.2

图 8-16   网络中出现了接口状态变化

并没有哪种机制可以让 AR 2 迅速了解到 AR 1 与网络 12.1.2.0/24 之间的连接已经不复存在,因此 AR 2 也没有理由把自己去往子网 12.1.2.0/24 的这条路由删除。在下一个更新周期中,问题出现了。R 2 对 R 1 说:"从我这儿去往 12.1.2.0 有一跳,你知道这些就够了。"

通过 AR 2 的路由更新消息,AR 1 学习到了一条去往 12.1.2.0/24 的路由,这条路由的下一跳为 12.1.1.2,度量值为 2。AR 1 当然不会知道,在 AR 2 的 IPv4 路由表中,去往子网 12.1.2.0/24 的路由下一跳是自己的 E 0 接口(12.1.1.1),而且路由的度量值是 1 跳,如图 8-17 所示。

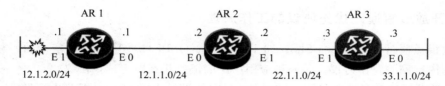

AR 1的IPv4路由表				AR 2的IPv4路由表				AR 3的IPv4路由表		
子网	度量	下一跳		子网	度量	下一跳		子网	度量	下一跳
12.1.1.0	0	—		12.1.1.0	0	—		22.1.1.0	0	—
22.1.1.0	1	12.1.1.2		22.1.1.0	0	—		33.1.1.0	0	—
33.1.1.0	1	12.1.1.2		**12.1.2.0**	**1**	**12.1.1.1**		12.1.1.0	1	22.1.1.2
12.1.2.0	**2**	**12.1.1.2**		33.1.1.0	1	22.1.1.3		12.1.2.0	2	22.1.1.2

图 8-17　AR 1 学习到了错误的路由

如果子网 33.1.1.0/24 中有一台终端发送了一个以子网 12.1.2.0/24 中某台主机的 IP 地址作为目的地址的数据包,则 AR 3 会通过查询 IPv4 路由表,将这个数据包转发给下一跳 22.1.1.2,也就是 AR 2 的 E 1 接口;接下来,AR 2 会通过查询 IPv4 路由表,将它转发给 AR 1 的 E 0 接口;再然后,AR 1 会查询 IPv4 路由表,将它转发回 AR 2(的 E 0 接口)。

在图 8-17 所示的网络中,尽管目前没有任何一台路由器有能力将数据包转发给子网 12.1.2.0/24,但它们都相信网络中存在去往该子网的路径。但其实,所有以该子网为目的网络的数据包最终都只能在 AR 1 和 AR 2 之间循环转发,这就导致网络中出现了路由环路。

4. 环路的避免

(1) 水平分割。RIP 路由协议引入了很多机制来解决环路问题,除了之前介绍的最大跳数,还有水平分割机制。水平分割的原理是,路由器从某个接口学习到的路由,不会再从该接口发出去。也就是说,AR 2 从 AR 1 学习到的 12.1.1.0/24 网络的路由不会再从 AR 2 的接收接口重新通告给 AR 1,由此避免了路由环路的产生。

(2) 毒性反转。RIP 的防环机制中还包括毒性反转,毒性反转机制的实现可以使错误路由立即超时。配置了毒性反转之后,RIP 从某个接口学习到路由之后,发回给邻居路由器时会将该路由的跳数设置为 16。利用这种方式,可以清除对方路由表中的无用路由。本示例中,AR 1 向 AR 2 通告了度量值为 1 的 12.1.1.0/24 路由,AR 2 在通告给 AR 1 时将该路由度量值设为 16。如果 12.1.1.0/24 网络发生故障,AR 1 便不会认为可以通过 AR 2 到达 12.1.1.0/24 网络,因此就可以避免路由环路的产生。

5. RIPv1 和 RIPv2 的区别

RIP 包括 RIPv1 和 RIPv2 两个版本。它们的区别如下。

(1) RIPv1 为有类别路由协议,不支持 VLSM 和 CIDR。RIPv2 为无类别路由协议,支持 VLSM,支持路由聚合与 CIDR。

（2）RIPv1 使用广播发送报文。RIPv2 有广播和组播两种发送方式,默认情况下是组播方式。RIPv2 的组播地址为 224.0.0.9。组播发送报文的好处是在同一网络中那些没有运行 RIP 的设备可以避免接收 RIP 的广播报文;另外,组播发送报文还可以使运行 RIPv1 的设备避免错误地接收和处理 RIPv2 中带有子网掩码的路由。

（3）RIPv1 不支持认证功能,RIPv2 支持明文认证和 MD5 密文认证。

8.4.3 开放最短通路优先协议的工作原理

开放最短通路优先（Open Shortest Path First,OSPF）协议是 IETF 定义的一种基于链路状态的内部网关路由协议。是一种应用广泛的链路状态路由选择协议。

OSPF 是一种基于链路状态的路由协议,它从设计上就保证了无路由环路。OSPF 支持区域的划分,区域内部的路由器使用 SPF 最短路径算法保证了区域内部的无环路。OSPF 还利用区域间的连接规则保证了区域之间无路由环路。

如图 8-18 所示,OSPF 要求每台运行 OSPF 的路由器都了解整个网络的链路状态信息,这样才能计算出到达目的地的最优路径。OSPF 的收敛过程由链路状态公告（Link State Advertisement,LSA）洪泛开始,LSA 中包含了路由器已知的接口 IP 地址、掩码、开销和网络类型等信息。收到 LSA 的路由器都可以根据 LSA 提供的信息建立自己的链路状态数据库（Link State Database,LSDB）,并在 LSDB 的基础上使用 SPF 算法进行运算,建立起到达每个网络的最短路径树。最后,通过最短路径树得出到达目的网络的最优路由,并将其加入到 IP 路由表中。

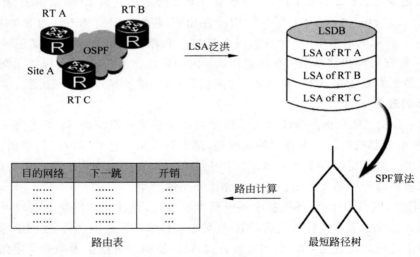

图 8-18 OSPF 路由算法

所谓链路状态是指路由器接口的状态,例如 UP、DOWN、IP 及网络类型等。链路状态信息通过链路状态公告（LSA）发布到网上的每台路由器。每台路由器通过 LSA 信息建立一个关于网络的拓扑数据库,这个数据库实际上就是全网的拓扑结构图,它在全网范围内是一致的（这称为链路状态数据库的同步）。OSPF 支持触发更新,OSPF 的链路状态数据库能较快地进行更新,使各个路由器能及时更新其路由表。OSPF 的更新过程收敛得快是其重要优点。OSPF 支持可变长度的子网划分和无分类编址 CIDR。

OSPF 可以解决网络扩容带来的问题。当网络上路由器越来越多,路由信息流量急剧增长的时候,OSPF 可以将每个自治系统划分为多个区域,并限制每个区域的范围。OSPF 这种分区域的特点,使得 OSPF 特别适用于大中型网络。OSPF 可以提供认证功能。OSPF 路由器之间的报文可以配置成必须经过认证才能进行交换。

1. OSPF 分组

OSPF 有 5 种类型的分组,OSPF 分组是直接用 IP 数据报传送,OSPF 构成的数据报很短,这样做可减少路由信息的通信量,如图 8-19 所示。

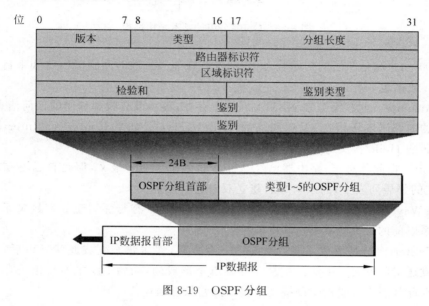

图 8-19　OSPF 分组

OSPF 是基于 IP 的,使用 IP 的协议号为 89。OSPF 有 5 种报文类型,每种报文都使用相同的 OSPF 报文头。

(1) Hello 报文。该报文是最常用的一种报文,用于发现、维护邻居关系。并在广播和 (None-Broadcast Multi-Access,NBMA) 类型的网络中选举指定路由器 (Designated Router,DR) 和备份指定路由器 (Backup Designated Router,BDR)。

(2) DD 报文。该报文用于在两台路由器进行 LSDB 数据库同步时,描述自己的 LSDB。DD 报文的内容包括 LSDB 中每一条 LSA 的头部(LSA 的头部可以唯一标识一条 LSA)。LSA 头部只占一条 LSA 的整个数据量的一小部分,所以这样就可以减少路由器之间的协议报文流量。

(3) LSR 报文。该报文用于在两台路由器互相交换过 DD 报文之后,向对方请求缺少的 LSA,LSR 只包含了所需要的 LSA 的摘要信息。

(4) LSU 报文。该报文用于向对端路由器发送所需要的 LSA。

(5) LSACK 报文。该报文用于对接收到的 LSU 报文进行确认。

2. OSPF 分组操作

OSPF 分组的基本操作过程如图 8-20 所示。邻居和邻接关系建立的过程如下。

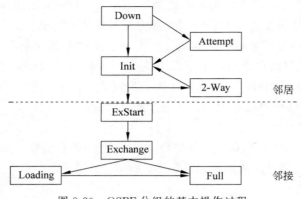

图 8-20　OSPF 分组的基本操作过程

（1）Down。这是邻居的初始状态，表示没有在邻居失效时间间隔内收到来自邻居路由器的 Hello 数据包。

（2）Attempt。此状态只在 NBMA 网络上存在，表示没有收到邻居的任何信息，但是已经周期性的向邻居发送报文，发送间隔为 HelloInterval。如果 RouterDeadInterval 间隔内未收到邻居的 Hello 报文，则转为 Down 状态。

（3）Init。在此状态下，路由器已经从邻居收到了 Hello 报文，但是自己不在所收到的 Hello 报文的邻居列表中，尚未与邻居建立双向通信关系。

（4）2-Way。在此状态下，双向通信已经建立，但是没有与邻居建立邻接关系。这是建立邻接关系以前的最高级状态。

（5）ExStart。这是形成邻接关系的第一个步骤，邻居状态变成此状态以后，路由器开始向邻居发送 DD 报文。主从关系是在此状态下形成的，初始 DD 序列号也是在此状态下决定的。在此状态下发送的 DD 报文不包含链路状态描述。

（6）Exchange。此状态下路由器相互发送包含链路状态信息摘要的 DD 报文，描述本地 LSDB 的内容。

（7）Loading。相互发送 LSR 报文请求 LSA，发送 LSU 报文通告 LSA。

（8）Full。路由器的 LSDB 已经同步。

3. Router ID、邻居和邻接

如图 8-21 所示，Router ID 是一个 32 位的值，它唯一标识了一个自治系统内的路由器，管理员可以为每台运行 OSPF 的路由器手动配置一个 Router ID。如果未手动指定，设备会按照以下规则自动选出 Router ID：如果设备存在多个逻辑接口地址，则路由器使用逻辑接口中最大的 IP 地址作为 Router ID；如果没有配置逻辑接口，则路由器使用物理接口的最大 IP 地址作为 Router ID。在为一台运行 OSPF 的路由器配置新的 Router ID 后，可以在路由器上通过重置 OSPF 进程来更新 Router ID。建议手动配置 Router ID，以防止 Router ID 因为接口地址的变化而改变。

运行 OSPF 的路由器之间需要交换链路状态信息和路由信息，在交换这些信息之前路由器之间首先需要建立邻接关系。

（1）邻居（Neighbor）。OSPF 路由器启动后，便会通过 OSPF 接口向外发送 Hello 报文

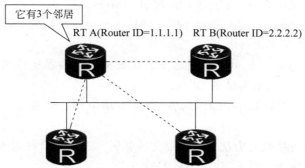

图 8-21　Router ID、邻居和邻接

用于发现邻居。收到 Hello 报文的 OSPF 路由器会检查报文中所定义的一些参数,如果双方的参数一致,就会彼此形成邻居关系,状态到达 2-Way 即可称为建立了邻居关系。

（2）邻接（Adjacency）。形成邻居关系的双方不一定都能形成邻接关系,这要根据网络类型而定。只有当双方成功交换 DD 报文,并同步 LSDB 后,才形成真正意义上的邻接关系。

4. 邻居发现

OSPF 的邻居发现过程是基于 Hello 报文来实现的,Hello 报文中的重要字段解释如下,Hello 报文描述如图 8-22 所示。

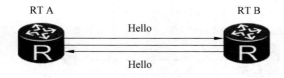

Network Mask		
Hello Interval	Options	Router Priority
Router Dead Interval		
Designated Router		
Backup Designated Router		
Neighbor		

图 8-22　Hello 报文用来发现和维持 OSPF 邻居关系

（1）Network Mask。发送 Hello 报文的接口的网络掩码。

（2）Hello Interval。发送 Hello 报文的时间间隔,单位为秒。

（3）Options。标识发送此报文的 OSPF 路由器所支持的可选功能。具体的可选功能已超出这里的讨论范围。

（4）Router Priority。发送 Hello 报文的接口的 Router Priority,用于选举 DR 和 BDR。

（5）Router Dead Interval。失效时间。如果在此时间内未收到邻居发来的 Hello 报文,则认为邻居失效;单位为秒,通常为 4 倍 Hello Interval。

（6）Designated Router。发送 Hello 报文的路由器所选举出的 DR 的 IP 地址。如果设置为 0.0.0.0,表示未选举 DR 路由器。

（7）Backup Designated Router。发送 Hello 报文的路由器所选举出的 BDR 的 IP 地址。如果设置为 0.0.0.0,表示未选举 BDR。

（8）Neighbor。邻居的 Router ID 列表,表示本路由器已经从这些邻居收到了合法的 Hello 报文。

如果路由器发现所接收的合法 Hello 报文的邻居列表中有自己的 Router ID,则认为已经和邻居建立了双向连接,表示邻居关系已经建立。

验证一个接收到的 Hello 报文是否合法的方法如下。

（1）如果接收端口的网络类型是广播型、点对多点或者 NBMA,则所接收的 Hello 报文中 Network Mask 字段必须和接收端口的网络掩码一致,如果接收端口的网络类型为点对点类型或者是虚连接,则不检查 Network Mask 字段。

（2）所接收的 Hello 报文中 Hello Interval 字段必须和接收端口的配置一致。

（3）所接收的 Hello 报文中 Router Dead Interval 字段必须和接收端口的配置一致。

（4）所接收的 Hello 报文中 Options 字段中的 E-bit(表示是否接收外部路由信息)必须和相关区域的配置一致。

5. 数据库同步

如图 8-23 和图 8-24 所示,路由器在建立完成邻居关系之后,便开始进行数据库同步,具体过程如下。

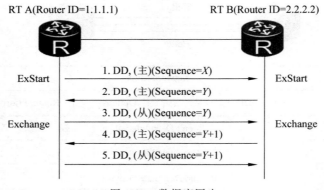

图 8-23　数据库同步

（1）邻居状态变为 ExStart 以后,RT A 向 RT B 发送第一个 DD 报文,在这个报文中,DD 序列号被设置为 X(假设),RT A 宣告自己为主路由器。

（2）RT B 也向 RT A 发送第一个 DD 报文,在这个报文中,DD 序列号被设置为 Y(假设)。RT B 也宣告自己为主路由器。由于 RT B 的 Router ID 比 RT A 的大,所以 RT B 应当为真正的主路由器。

（3）RT A 发送一个新的 DD 报文,在这个新的报文中包含 LSDB 的摘要信息,序列号设置为 RT B 在步骤(2)里使用的序列号,因此 RT B 将邻居状态改变为 Exchange。

（4）邻居状态变为 Exchange 以后,RT B 发送一个新的 DD 报文,该报文中包含 LSDB

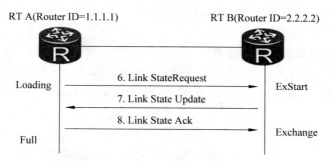

图 8-24 建立完全邻接关系

的描述信息,DD 序列号设为 $Y+1$(上次使用的序列号加 1)。

(5) 即使 RT A 不需要新的 DD 报文描述自己的 LSDB,但是作为从路由器,RT A 需要对主路由器 RT B 发送的每一个 DD 报文进行确认。所以,RT A 向 RT B 发送一个内容为空的 DD 报文,序列号为 $Y+1$。

发送完最后一个 DD 报文之后,RT A 将邻居状态改变为 Loading;RT B 收到最后一个 DD 报文之后,改变状态为 Full(假设 RT B 的 LSDB 是最新最全的,不需要向 RT A 请求更新)。

6. 建立完全邻接关系

(1) 邻居状态变为 Loading 之后,RT A 开始向 RT B 发送 LSR 报文,请求那些在 Exchange 状态下通过 DD 报文发现的,而且在本地 LSDB 中没有的链路状态信息。

(2) RT B 收到 LSR 报文之后,向 RT A 发送 LSU 报文,在 LSU 报文中包含了那些被请求的链路状态的详细信息。RT A 收到 LSU 报文之后,将邻居状态从 Loading 改变成 Full。

(3) RT A 向 RT B 发送 LSACK 报文,用于对已接收 LSA 的确认。

此时,RT A 和 RT B 之间的邻居状态变成 Full,表示达到完全邻接状态。

7. OSPF 支持的网络类型

OSPF 定义了点对点网络、广播型网络、非广播多路访问网络和点对多点网络 4 种网络类型。

(1) 点对点网络。点对点网络是指只把两台路由器直接相连的网络。一个运行 PPP 的 64kb/s 串行线路就是一个点对点网络的例子。

(2) 广播型网络。广播型网络是指支持两台以上路由器,并且具有广播能力的网络。一个含有 3 台路由器的以太网就是一个典型的广播型网络。

OSPF 可以在不支持广播的多路访问网络上运行,此类网络包括在 hub-spoke 拓扑上运行的帧中继(FR)和异步传输模式(ATM)网络,这些网络的通信依赖于虚电路。OSPF 定义了两种支持多路访问的网络类型:非广播多路访问网络和点对多点网络。

(3) 非广播多路访问(NBMA)网络。在 NBMA 网络上,OSPF 模拟在广播型网络上的操作,但是每个路由器的邻居需要手动配置。NBMA 方式要求网络中的路由器组成全连接。

(4) 点对多点(Point to Multi-Points,P2MP)网络。这种类型的网络是将整个网络看成一组点对点网络。对于不能组成全连接的网络应当使用点对多点方式,例如只使用 PVC 的不完全连接的帧中继网络。

8. 指定路由器和备份指定路由器

每一个含有至少两个路由器的广播型网络和 NBMA 网络都有一个指定路由器 (Designated Router,DR)和备份指定路由器(Backup Designated Router,BDR),如 图 8-25 所示。

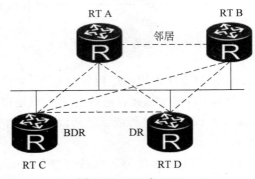

图 8-25　DR 和 BDR

DR 和 BDR 可以减少邻接关系的数量,从而减少链路状态信息以及路由信息的交换次 数,这样可以节省带宽,降低对路由器处理能力的压力。一个既不是 DR 也不是 BDR 的路 由器只与 DR 和 BDR 形成邻接关系并交换链路状态信息以及路由信息,这样大大减少了大 型广播型网络和 NBMA 网络中的邻接关系数量。在没有 DR 的广播网络上,邻接关系的数 量可以根据公式 $n(n-1)/2$ 计算出,n 代表参与 OSPF 的路由器接口的数量。在本例中, 所有路由器之间有 6 个邻接关系。当指定了 DR 后,所有的路由器都与 DR 建立起邻接关 系,DR 成为该广播网络上的中心点。

BDR 在 DR 发生故障时接管业务,一个广播网络上所有路由器都必须同 BDR 建立邻 接关系。本例中使用 DR 和 BDR 将邻接关系从 6 减少到了 5,RT A 和 RT B 都只需要同 DR 和 BDR 建立邻接关系,RT A 和 RT B 之间建立的是邻居关系。

此例中,邻接关系数量的减少效果并不明显,但是当网络上部署了大量路由器时,例如 100 台,那么情况就大不一样了。

9. DR 和 BDR 选举

在邻居发现完成之后,路由器会根据网段类型进行 DR 选举。在广播和 NBMA 网络 上,路由器会根据参与选举的每个接口的优先级进行 DR 选举。优先级取值范围为 0～ 255,值越高越优先。默认情况下,接口优先级为 1。如果一个接口优先级为 0,那么该接口 将不会参与 DR 或者 BDR 的选举。如果优先级相同,则比较 Router ID,值越大越优先被选 举为 DR,如图 8-26 所示。

为了给 DR 做备份,每个广播和 NBMA 网络上还要选举一个 BDR。BDR 也会与网络 上所有的路由器建立邻接关系。

为了维护网络上邻接关系的稳定性,如果网络中已经存在 DR 和 BDR,则新添加进该 网络的路由器不会成为 DR 和 BDR,不管该路由器的 Router Priority 是否最大。如果当前

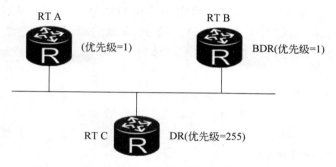

图 8-26　DR 和 BDR 选举

DR 发生故障,则当前 BDR 自动成为新的 DR,网络中重新选举 BDR;如果当前 BDR 发生故障,则 DR 不变,重新选举 BDR。这种选举机制的目的是为了保持邻接关系的稳定,使拓扑结构的改变对邻接关系的影响尽量小。

10. OSPF 区域

OSPF 支持将一组网段组合在一起,这样的一个组合称为一个区域(Area),如图 8-27 所示。

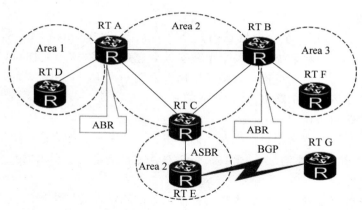

图 8-27　OSPF 区域

划分 OSPF 区域可以缩小路由器的 LSDB 规模,减少网络流量。区域内的详细拓扑信息不向其他区域发送,区域间传递的是抽象的路由信息,而不是详细的描述拓扑结构的链路状态信息。每个区域都有自己的 LSDB,不同区域的 LSDB 是不同的。路由器会为每一个自己所连接到的区域维护一个单独的 LSDB。由于详细链路状态信息不会被发布到区域以外,因此 LSDB 的规模大大缩小了。

Area 0 为主干区域,为了避免区域间路由环路,非主干区域之间不允许直接相互发布路由信息,因此每个区域都必须连接到骨干区域。

运行在区域之间的路由器称为区域边界路由器(Area Boundary Router,ABR),它包含所有相连区域的 LSDB。自治系统边界路由器(Autonomous System Boundary Router,ASBR)是指和其他 AS 中的路由器交换路由信息的路由器,这种路由器会向整个 AS 通告 AS 外部路由信息。

在规模较小的企业网络中,可以把所有的路由器划分到同一个区域中,同一个 OSPF 区域中的路由器中的 LSDB 是完全一致的。OSPF 区域号可以手动配置,为了便于将来的网络扩展,推荐将该区域号设置为 0,即主干区域。

11. OSPF 开销

OSPF 基于接口带宽计算开销,计算公式为

$$接口开销 = 带宽参考值 / 带宽$$

带宽参考值可配置,默认为 100Mb/s。因此,一个 64kb/s 串口的开销为 1562,一个 E 1 接口(2.048Mb/s)的开销为 48。

命令 bandwidth-reference 可以用来调整带宽参考值,从而可以改变接口开销,带宽参考值越大,开销越准确。在支持 10Gb/s 速率的情况下,推荐将带宽参考值提高到 10Gb/s 来分别为 10Gb/s、1Gb/s 和 100Mb/s 的链路提供 1、10 和 100 的开销。注意,配置带宽参考值时,需要在整个 OSPF 网络中统一进行调整。

另外,还可以通过 ospf cost 命令来手动为一个接口调整开销,开销值范围是 1~65 535,默认值为 1。

8.4.4　自治系统与边界网关协议

1. 自治系统

在一般情况下,可把一个企业网认为是一个自治系统(Autonomous System,AS)。根据 RFC1030 的定义,自治系统是由一个单一实体管辖的网络,这个实体可以是一个互联网服务提供商或一个大型组织机构。自治系统内部遵循一个单一且明确的路由策略。自治系统内部最初只考虑运行单个路由协议,然而随着网络的发展,一个自治系统内现在也可以支持同时运行多种路由协议。

现在对自治系统的定义则更加强调下面的事实:尽管一个自治系统使用了多种内部路由选择协议和度量,但重要的是,一个自治系统对其他自治系统表现出的是一个单一的和一致的路由选择策略。

一个自治系统就是处于一个管理机构控制之下的路由器和网络群组。它可以是一个路由器直接连接到一个局域网,同时也连到 Internet 上;它可以是一个由企业主干网互连的多个局域网。在一个自治系统中,所有路由器必须相互连接且运行相同的路由协议,同时分配同一个自治系统编号。自治系统之间的链接使用外部路由协议,例如 BGP。

2. 自治系统路由协议

自治系统路由协议可分为内部网关协议和外部网关协议路由协议。

(1) 内部网关协议(Interior Gateway Protocol,IGP)即在一个自治系统内部使用的路由选择协议。目前这类路由选择协议使用得最多,例如 RIP 和 OSPF。

(2) 外部网关协议(External Gateway Protocol,EGP)若源站和目的站处在不同的自治系统中,当数据报传到一个自治系统的边界时,就需要使用一种协议将路由选择信息传递到另一个自治系统中。这样的协议就是外部网关协议。在外部网关协议中目前使用最多的是 BGP-4。

3. 边界网关协议

边界网关协议(Border Gateway Protocol,BGP)是不同自治系统的路由器之间交换路

由信息的协议。该协议较新版本是 2006 年 1 月发表的 BGP-4(BGP 第 4 个版本),即 RFC 4271～RFC 4278。可以将 BGP-4 简写为 BGP。

BGP-4 提供了一套新的机制以支持无类域间路由。这些机制包括支持网络前缀的通告、取消 BGP 网络中"类"的概念。BGP-4 也引入机制支持路由聚合,包括自治系统路径的集合。这些改变为提议的超网方案提供了支持。BGP-4 采用了路由向量路由协议,在配置 BGP 时,每一个自治系统的管理员要选择至少一个路由器作为该自治系统的 BGP 发言人 (BGP Speaker)。

边界网关协议执行中使用打开(Open)、更新(Update)、存活(Keepalive)和通告 (Notification)4 种分组。

由于 Internet 的规模太大,使得自治系统之间路由选择非常困难。对于自治系统之间的路由选择,要寻找最佳路由是很不现实的。当一条路径通过几个不同自治系统时,要想对这样的路径计算出有意义的代价是不太可能的。比较合理的做法是在自治系统之间交换"可达性"信息。自治系统之间的路由选择必须考虑有关策略。因此,边界网关协议 BGP 只能是力求寻找一条能够到达目的网络且比较好的路由,而并非要寻找一条最佳路由。

4. BGP 发言人

每一个自治系统的管理员要选择至少一个路由器作为该自治系统的 BGP 发言人(BGP Speaker)。

一般说来,两个 BGP 发言人都是通过一个共享网络连接在一起的,而 BGP 发言人往往是 BGP 边界路由器,但也可以不是 BGP 边界路由器。

5. BGP 交换路由信息

一个 BGP 发言人与其他自治系统中的 BGP 发言人要交换路由信息,就要先建立 TCP 连接,然后在此连接上交换 BGP 报文以建立 BGP 会话(Session),利用 BGP 会话交换路由信息。

6. BGP 发言人和自治系统的关系

BGP 发言人和自治系统(AS)的关系如图 8-28 所示,使用 TCP 连接能提供可靠的服务,

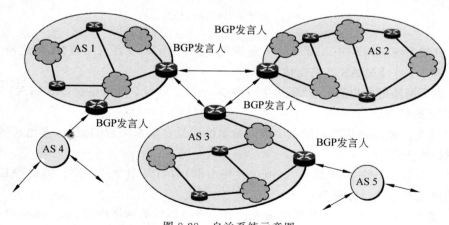

图 8-28　自治系统示意图

也简化了路由选择协议。使用 TCP 连接交换路由信息的两个 BGP 发言人,彼此成为对方

的邻站或对等站。

7. 自治系统的连通图举例

BGP 所交换的网络可达性信息就是到达某个网络所经过的一系列自治系统,如图 8-29 所示。

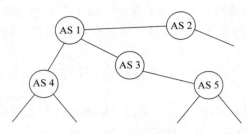

图 8-29　自治系统连通示意图

当 BGP 发言人互相交换了网络可达性信息后,各个 BGP 发言人就根据所采用的策略从收到的路由信息中找出到达各个自治系统的较好路由。

8. BGP 发言人交换路径向量

图 8-30 为自治系统的路由信息交换示意图,其中说明了 AS 1、AS 2、AS 3 之间的路由信息交换流程。

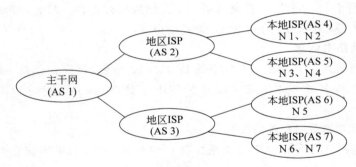

图 8-30　自治系统的路由信息交换

(1) 自治系统 AS 2 的 BGP 发言人通知主干网的 BGP 发言人发布"要到达网络 N 1、N 2、N 3 和 N4 可经过 AS 2"路由信息。

(2) 主干网还可发出通知:"要到达网络 N 5、N 6 和 N 7 可沿路径(AS 1,AS 3)。"

9. BGP 的特点

BGP 用于交换路由信息的结点个数的数量级就是自治系统数的量级,它比这些自治系统中的网络数少很多。

每个自治系统中的 BGP 发言人(或边界路由器)数目是很少的。这样就使得自治系统之间的路由选择不致过分复杂。

BGP 支持 CIDR,因此 BGP 的路由表也就应当包括目的网络前缀、下一跳路由器,以及到达该目的网络所要经过的各个自治系统序列。

在 BGP 刚刚运行时,BGP 的邻站是交换整个 BGP 路由表。但以后只需要在发生变化时更新有变化的部分。这样做对节省网络带宽和减少路由器的处理开销方面都有好处。

8.5　路由器的配置

通用路由平台(Versatile Routing Platform,VRP)是华为公司数据通信产品的通用操作系统平台,是华为公司具有完全自主知识产权的网络操作系统,可以运行在交换机、路由器、无线网络设备、防火墙、网络管理设备等多种硬件平台上。VRP拥有一致的网络界面、用户界面和管理界面,为用户提供了灵活丰富的应用解决方案。

VRP平台以TCP/IP协议族为核心,实现了数据链路层、网络层和应用层的多种协议,采用组件化的体系结构,在实现丰富功能特性的同时,还提供了基于应用的可裁剪和可扩展的功能。在操作系统中集成了路由交换技术、QoS技术、安全技术和IP语音技术等数据通信功能,并以IP转发引擎技术作为基础,使得路由器和交换机的运行效率大大增加,为网络设备提供了出色的数据转发能力。能对VRP熟练地进行配置和操作是对网络工程师的一种基本要求。

8.5.1　通用路由平台基本操作

1. 设备初始化

如果要访问在通用路由平台上运行的华为产品,首先要进入启动程序。开机界面信息提供了系统启动的运行程序和正在运行的VRP版本及其加载路径。启动完成以后,系统提示目前正在运行的是自动配置模式。可以选择使用自动配置模式还是进入手动配置的模式。如果选择手动配置模式,在提示符处输入Y。在没有特别要求的情况下,一般选择手动配置模式,如图8-31所示。

```
BIOS Creation Date : Jan  5 2013, 18:00:24
DDR DRAM init : OK
Start Memory Test ? ('t' or 'T' is test):skip
Copying Data : Done
Uncompressing : Done
......
Press Ctrl+B to break auto startup ... 1
Now boot from flash:/AR2220E-V200R007C00SPC600.cc,
......
<Huawei>
 Warning: Auto-Config is working. Before configuring the device,
stop Auto-Config. If you perform configurations when Auto-Config is
running, the DHCP, routing, DNS, and VTY configurations will be
lost. Do you want to stop Auto-Config? [y/n]:Y
```

图 8-31　路由器的初始化启动

2. 通用路由平台命令视图

在通用路由平台分层的命令结构中定义了很多命令行视图,每条命令只能在特定的视图中执行,如图8-32所示。本例介绍了常见的命令行视图。每个命令都注册在一个或多个命令视图下,用户只有先进入这个命令所在的视图才能运行相应的命令。进入到通用路由平台系统的配置界面后,通用路由平台上最先出现的视图是用户视图。在该视图下,用户可以查看设备的运行状态和统计信息。

若要修改系统参数,用户必须进入系统视图。用户还可以通过系统视图进入其他的功能配置视图,如接口视图和协议视图。

通过提示符可以判断当前所处的视图,例如:"＜ ＞"表示用户视图,"[ ]"表示除用户视图以外的其他视图。

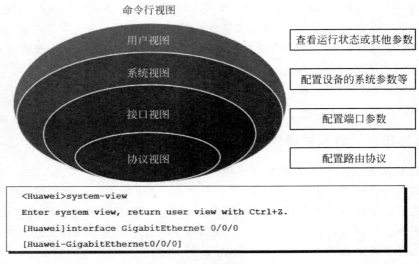

图 8-32　VRP命令视图

3. VRP 编辑

为了简化操作,系统提供了快捷键,使用户能够快速执行操作。以上表格中提供了系统定义的快捷键。其他的快捷键功能如下。

Ctrl＋B 键。将光标向左移动一个字符。

Ctrl＋D 键。删除当前光标所在位置的字符。

Ctrl＋E 键。将光标移动到当前行的末尾。

Ctrl＋F 键。将光标向右移动一个字符。

Ctrl＋H 键。删除光标左侧的一个字符。

Ctrl＋N 键。显示历史命令缓冲区中的后一条命令。

Ctrl＋P 键。显示历史命令缓冲区中的前一条命令。

Ctrl＋W 键。删除光标左侧的一个字符串。

Ctrl＋X 键。删除光标左侧所有的字符。

Ctrl＋Y 键。删除光标所在位置及其右侧所有的字符。

Esc＋B 键。将光标向左移动一个字符串。

Esc＋D 键。删除光标右侧的一个字符串。

Esc＋F 键。将光标向右移动一个字符串。

4. 命令行在线帮助

VRP 提供两种帮助功能,分别是部分帮助和完全帮助。

部分帮助指的是,当用户输入命令时,如果只记得此命令关键字的开头一个或几个字符,可以使用命令行的部分帮助获取以该字符串开头的所有关键字的提示,如图 8-33 中所示例子。

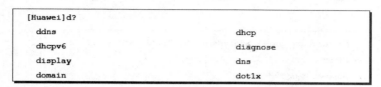

图 8-33　命令行在线帮助

完全帮助指的是,在任意一个命令视图下,用户可以输入"?"获取该命令视图下所有的命令及其简单描述;如果输入一条命令关键字,后接以空格分隔的"?",如果该位置为关键字,则列出全部关键字及其描述。

5. 路由器基本配置命令

表 8-3 列出了通用路由平台的一些基本命令。

表 8-3　通用路由平台基本命令

命　　令	功　　能
sysname	配置设备名称
clock timezone	设置所在时区
clock datetime	设置当前时间和日期
clock daylight-saving-time	设置采用夏时制
header login	配置在用户登录前显示的标题消息
header shell	配置在用户登录后显示的标题消息
idle-timeout	设置超时时间
screen-length	设置指定终端屏幕的临时显示行数
history-command max-size	设置历史命令缓冲区的大小
user privilege	配置指定用户界面下的用户级别
set authentication password	配置本地认证密码

8.5.2　路由器的端口设定

1. 配置端口 IP 地址

路由器是网络层设备,依据 TCP/IP 运行,要在端口运行 IP 服务,必须为其配置一个 IP 地址。一个端口一般只需要一个 IP 地址。在特殊情况下,也有可能为端口配置一个次要 IP 地址。例如,当路由器 AR2200E 连网时,该网络中的主机属于两个网段。为了让两个网段的主机都可以通过路由器 AR2200E 访问其他网络,可以配置一个主 IP 地址和一个次要 IP 地址。一个端口只能有一个主 IP 地址,如果端口配置了新的主 IP 地址,那么新的主 IP 地址就替代了原来的主 IP 地址,如图 8-34 所示。

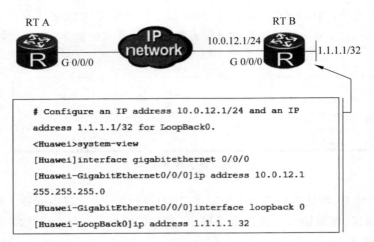

图 8-34　配置端口的 IP

为端口配置 IP 地址的命令格式如下：

```
ip address <ip-address> {mask|mask-length}
```

其中，mask 代表的是 32 位的子网掩码，如 255.255.255.0，mask-length 代表的是可替换的掩码长度值，如 24，这两者可以交换使用。

Loopback 端口是一个逻辑端口，可用来虚拟一个网络或者一个 IP 主机。在运行多种协议的时候，由于 Loopback 端口稳定可靠，所以也可以用来做管理端口。

在给物理设备配置 IP 地址时，需要关注其端口的物理状态。默认情况下，华为路由器和交换机的端口状态为 up；如果该端口曾被手动关闭，则在配置完 IP 地址后，应使用 undo shutdown 打开。

2. 其他端口命令

常用的端口配置命令如表 8-4 所示。

表 8-4　常用的端口配置

命　　令	功　　能
description	设置以太网端口描述
duplex	设置以太网端口工作方式是半双工或全双工模式默认情况下为半双工模式
loopback	允许或禁止以太网端口对内自环和对外回波
mtu	设置以太网端口最大传输单元
clear port	清除端口统计信息
shutdown	物理关闭或重新启动端口
display interface	显示端口当前运行状态和统计信息

8.5.3 路由器的路由设置

1. 配置 RIP 路由

如图 8-35 所示的网络拓扑,在 AR 1、AR 2、AR 3 路由器上使用 RIP 实现 PC 1、PC 2 通信。路由器 IP 地址分配如表 8-5 所示。

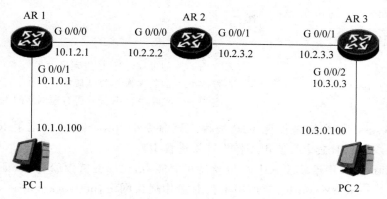

图 8-35　配置 RIP

表 8-5　地址分配列表

设　　备	端　　口	IP 地址	子 网 掩 码	默 认 网 关
AR 1	GE 0/0/0	10.1.2.1	255.255.255.0	N/A
	GE 0/0/1	10.1.0.1	255.255.255.0	N/A
	Loop0	10.1.1.1	255.255.255.255	N/A
AR 2	GE 0/0/0	10.1.2.2	255.255.255.0	N/A
	GE 0/0/1	10.2.3.2	255.255.255.0	N/A
	Loop0	10.2.2.2	255.255.255.255	N/A
AR 3	GE 0/0/1	10.2.3.3	255.255.255.0	N/A
	GE 0/0/2	10.3.0.3	255.255.255.0	N/A
	Loop0	10.3.3.3	255.255.255.255	N/A
PC 1	E 0/0/1	10.1.0.100	255.255.255.0	10.1.0.1
PC 2	E 0/0/1	10.3.0.100	255.255.255.0	10.3.0.3

AR 1、AR 2、AR 3 路由器配置过程基本相同,以 AR 1 路由器为例说明 RIP 的配置过程。

步骤 1,配置端口 IP。

基本配置以及 IP 编址。

```
<Huawei>system-view
Enter system view, return user view with Ctrl+Z.
[Huawei]sysname AR1
[AR1]interface GigabitEthernet 0/0/0
```

```
[AR1-GigabitEthernet0/0/0]ip address 10.1.12.1 24
[AR1-GigabitEthernet0/0/0]quit
[AR1]interface GigabitEthernet 0/0/1
[AR1-GigabitEthernet0/0/1]ip address 10.1.0.1 24
[AR1-GigabitEthernet0/0/1]quit
[AR1]interface LoopBack 0
[AR1-LoopBack0]ip address 10.1.1.1 24
```

步骤 2,配置 RIPv2。

```
[AR1]rip 1                        //启用 RIP 的进程,默认的进程号为 1
[AR1-rip-1]version 2              //修改 RIP 的版本为 2,默认版本号为 1
[AR1-rip-1]network 10.0.0.0       //宣告一个网段,RIP 只能宣告直连网络的主类网络号
```

rip [process-id]命令用来使能 RIP 进程。该命令中,process-id 指定了 RIP 进程 ID。如果未指定 process-id,命令将使用 1 作为默认进程 ID。

命令 version 2 可用于使能 RIPv2 以支持扩展能力,比如支持 VLSM、认证等。

network <network-address>可用于在 RIP 中通告网络,network-address 必须是一个自然网段的地址。只有处于此网络中的接口,才能进行 RIP 报文的接收和发送。

步骤 3,查看 RIP 信息。

在 AR1 上查看配置的 RIP 相关信息。

```
[AR1]display rip
Public VPN-instance
        RIP process: 1                //进程号为 1
        RIP version: 2                //RIP 版本号为 2
        Preference: 100               //RIP 默认优先级为 100
        Checkzero: Enabled
        Default-cost: 0
        Summary: Enabled              //自动汇总默认情况是开启的
        Host-route: Enabled
        Maximum number of balancedpaths: 8
        Update time: 30 secAgetime: 180 sec
        Garbage-collecttime: 120 sec
        Gracefulrestart: Disabled
        BFD: Disabled
        Silent-interfaces: None
        Default-route: Disabled
        Verify-source: Enabled
Networks:
        10.0.0.0                      //宣告了 10.0.0.0 网段
        Configured peers: None
        Number of routes indatabase: 6
        Number of interfacesenabled: 2
        Triggered updates sent: 0
        Number of route changes: 3
        Number of replies toqueries: 1
```

```
            Number of routes in ADV DB: 5
Total count for 1process:
            Number of routes indatabase: 6
            Number of interfacesenabled: 2
            Number of routes sendable in a periodicupdate: 12
            Number of routes sent in last periodicupdate: 2
```

步骤 4,查看路由表。

观察 AR 1 通过 RIP 学习到的路由。

```
[AR1]display ip routing-table protocol rip
Route Flags: R -relay, D -download to fib
------------------------------------------------------------
Public routingtable: RIP
Destinations: 4          Routes: 4
RIP routing table status: <Active>
Destinations: 4          Routes: 4
Destination/Mask  Proto  Pre  Cost  Flags NextHop      Interface
  10.2.2.2/32     RIP    100  1          D —10.1.2.2   GigabitEthernet0/0/0
  10.2.3.0/24     RIP    100  1          D  10.1.2.2   GigabitEthernet0/0/0
  10.3.0.0/24     RIP    100  2          D  10.1.2.2   GigabitEthernet0/0/0
  10.3.3.3/32     RIP    100  2          D  10.1.2.2   GigabitEthernet0/0/0
RIP routing table status: <Inactive>
Destinations: 0          Routes: 0
```

以上输出信息显示,AR1 已经正常学习到了所有路由。

2. 配置 OSPF 路由

如图 8-36 所示的网络拓扑,在 R 1、R 2、R 3 路由器上使用 OSPF,实现网络互联。路由器 IP 地址规划如表 8-6 所示。

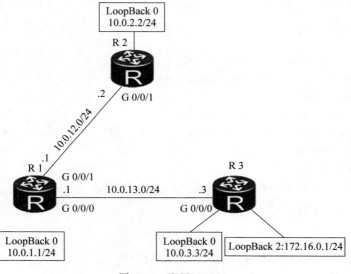

图 8-36　配置 OSPF

表 8-6 地址分配列表

设　备	端　口	IP 地址	子网掩码	默认网关
R 1	GE 0/0/0	10.0.13.1	255.255.255.0	N/A
	GE 0/0/1	10.0.12.1	255.255.255.0	N/A
	LoopBack 0	10.0.1.1	255.255.255.255	N/A
R 2	GE 0/0/1	10.0.12.2	255.255.255.0	N/A
	LoopBack 0	10.0.2.2	255.255.255.255	N/A
R 3	GE 0/0/0	10.0.13.3	255.255.255.0	N/A
	LoopBack 0	10.0.3.3	255.255.255.255	N/A
	LoopBack 2	172.16.0.1	255.255.255.255	N/A

步骤 1,实验环境准备。

基本配置以及 IP 编址。

(1) 路由器 R 1 配置。

```
<Huawei>system-view
Enter system view, return user view with Ctrl+Z
[Huawei]sysname R1
[R1]interface GigabitEthernet 0/0/1
[R1-GigabitEthernet0/0/1]ip address 10.0.12.1 24
[R1-GigabitEthernet0/0/1]quit
[R1]interface GigabitEthernet 0/0/0
[R1-GigabitEthernet0/0/0]ip address 10.0.13.1 24
[R1-GigabitEthernet0/0/0]quit
[R1]interface LoopBack 0
[R1-LoopBack0]ip address 10.0.1.1 24
```

(2) 路由器 R 2 配置。

```
<Huawei>system-view
Enter system view, return user view with Ctrl+Z
[Huawei]sysname R2
[R2]interface GigabitEthernet 0/0/1
[R2-GigabitEthernet0/0/1]ip address 10.0.12.2 24
[R2-GigabitEthernet0/0/1]quit
[R2]interface LoopBack 0
[R2-LoopBack0]ip address 10.0.2.2 24
```

(3) 路由器 R 3 配置。

```
<Huawei>system-view
Enter system view, return user view with Ctrl+Z
[Huawei]sysname R3
[R3]interface GigabitEthernet 0/0/0
```

```
[R3-GigabitEthernet0/0/0]ip address 10.0.13.3 24
[R3-GigabitEthernet0/0/0]quit
[R3]interface LoopBack 0
[R3-LoopBack0]ip address 10.0.3.3 24
[R3-LoopBack0]quit
[R3]interface LoopBack 2
[R3-LoopBack2]ip address 172.16.0.1 24
```

步骤 2,清除设备上原有的配置。

```
[R1]interface GigabitEthernet 0/0/1
[R1-GigabitEthernet0/0/1]undo shutdown
[R1-GigabitEthernet0/0/1]quit


[R2]interface GigabitEthernet 0/0/0
[R2-GigabitEthernet0/0/0]undo rip summary-address 172.16.0.0 255.255.0.0
[R2-GigabitEthernet0/0/0]shutdown


[R3]interface GigabitEthernet 0/0/0
[R3-GigabitEthernet0/0/0]undo shutdown
[R3-GigabitEthernet0/0/0]quit
[R3]interface GigabitEthernet 0/0/1
[R3-GigabitEthernet0/0/1]shutdown
[R3-GigabitEthernet0/0/1]quit
[R3]undo interface LoopBack 3
Info: This operation may take a few seconds. Please wait for a moment...succeeded
[R3]undo interface LoopBack 4
Info: This operation may take a few seconds. Please wait for a moment...succeeded
[R3]undo interface LoopBack 5
Info: This operation may take a few seconds. Please wait for a moment...succeeded
```

删除设备上的 RIP 认证配置和 RIP 进程 1。

```
[R1]interface GigabitEthernet 0/0/0
[R1-GigabitEthernet0/0/0]undo rip authentication-mode
[R1-GigabitEthernet0/0/0]quit
[R1]undo rip 1
Warning: The RIP process will be deleted. Continue? [Y/N]y


[R2]interface GigabitEthernet 0/0/0
[R2-GigabitEthernet0/0/0]undo rip authentication-mode
[R2-GigabitEthernet0/0/0]quit
[R2]interface GigabitEthernet 0/0/1
[R2-GigabitEthernet0/0/1]undo rip authentication-mode
[R2-GigabitEthernet0/0/1]quit
[R2]undo rip 1
Warning: The RIP process will be deleted. Continue? [Y/N]y
```

```
[R3]interface GigabitEthernet 0/0/1
[R3-GigabitEthernet0/0/1]undo rip authentication-mode
[R3-GigabitEthernet0/0/1]quit
[R3]undo rip 1
Warning: The RIP process will be deleted. Continue? [Y/N]y
```

步骤 3,配置 OSPF。

将 R 1 的 Router ID 配置为 10.0.1.1(逻辑接口 LoopBack 0 的地址),开启 OSPF 进程 1(默认进程),并将网段 10.0.1.0/24、10.0.12.0/24 和 10.0.13.0/24 发布到 OSPF 区域 0。

```
[R1]ospf 1 router-id 10.0.1.1
[R1-ospf-1]area 0
[R1-ospf-1-area-0.0.0.0]network 10.0.1.0 0.0.0.255
[R1-ospf-1-area-0.0.0.0]network 10.0.13.0 0.0.0.255
[R1-ospf-1-area-0.0.0.0]network 10.0.12.0 0.0.0.255
```

注意:同一个路由器可以开启多个 OSPF 进程,默认进程号为 1,由于进程号只具有本地意义,所以同一路由域的不同路由器可以使用相同或不同的 OSPF 进程号。另外,network 命令后面需使用反掩码。

将 R 2 的 Router ID 配置为 10.0.2.2,开启 OSPF 进程 1,并将网段 10.0.12.0/24 和 10.0.2.0/24 发布到 OSPF 区域 0。

```
[R2]ospf 1 router-id 10.0.2.2
[R2-ospf-1]area 0
[R2-ospf-1-area-0.0.0.0]network 10.0.2.0 0.0.0.255
[R2-ospf-1-area-0.0.0.0]network 10.0.12.0 0.0.0.255
...output omit...
Mar 30 2016 09:41:39+00:00 R2 %%01OSPF/4/NBR_CHANGE_E(l)[5]:Neighbor changes
event:
neighbor status changed. (ProcessId=1, NeighborAddress=10.0.12.1,
NeighborEvent=LoadingDone, NeighborPreviousState=Loading, NeighborCurrentState=
Full)
```

当回显信息中包含 NeighborCurrentState=Full 时,表明邻接关系已经建立。

将 R 3 的 Router ID 配置为 10.0.3.3,开启 OSPF 进程 1,并将网段 10.0.3.0/24 和 10.0.13.0/24 发布到 OSPF 区域 0。

```
[R3]ospf 1 router-id 10.0.3.3
[R3-ospf-1]area 0
[R3-ospf-1-area-0.0.0.0]network 10.0.3.0 0.0.0.255
[R3-ospf-1-area-0.0.0.0]network 10.0.13.0 0.0.0.255
...output omit...
Mar 30 2016 16:05:34+00:00 R3 %%01OSPF/4/NBR_CHANGE_E(l)[5]:Neighbor changes
event:
neighbor status changed. (ProcessId=1, NeighborAddress=10.0.13.1,
NeighborEvent=LoadingDone, NeighborPreviousState=Loading, NeighborCurrentState=
```

Full)

步骤 4,验证 OSPF 配置。

待 OSPF 收敛完成后,查看 R 1、R 2 和 R 3 上的路由表。

```
<R1>display ip routing-table
Route Flags: R - relay, D - download to fib
--------------------------------------------------------------
Routing Tables: Public
 Destinations : 15 Routes : 15
Destination/Mask Proto Pre Cost Flags NextHop Interface
 10.0.1.0/24 Direct 0 0 D 10.0.1.1 LoopBack0
 10.0.1.1/32 Direct 0 0 D 127.0.0.1 LoopBack0
 10.0.1.255/32 Direct 0 0 D 127.0.0.1 LoopBack0
 10.0.2.2/32 OSPF 10 1 D 10.0.12.2 GigabitEthernet0/0/1
 10.0.3.3/32 OSPF 10 1 D 10.0.13.3 GigabitEthernet0/0/0
 10.0.12.0/24 Direct 0 0 D 10.0.12.1 GigabitEthernet0/0/1
 10.0.12.1/32 Direct 0 0 D 127.0.0.1 GigabitEthernet0/0/1
 10.0.12.255/32 Direct 0 0 D 127.0.0.1 GigabitEthernet0/0/1
 10.0.13.0/24 Direct 0 0 D 10.0.13.1 GigabitEthernet0/0/0
 10.0.13.1/32 Direct 0 0 D 127.0.0.1 GigabitEthernet0/0/0
 10.0.13.255/32 Direct 0 0 D 127.0.0.1 GigabitEthernet0/0/0
 127.0.0.0/8 Direct 0 0 D 127.0.0.1 InLoopBack0
 127.0.0.1/32 Direct 0 0 D 127.0.0.1 InLoopBack0
 127.255.255.255/32 Direct 0 0 D 127.0.0.1 InLoopBack0
 255.255.255.255/32 Direct 0 0 D 127.0.0.1 InLoopBack0

<R2>display ip routing-table
Route Flags: R - relay, D - download to fib
--------------------------------------------------------------
Routing Tables: Public
 Destinations : 13 Routes : 13
Destination/Mask Proto Pre Cost Flags NextHop Interface
 10.0.1.1/32 OSPF 10 1 D 10.0.12.1 GigabitEthernet0/0/1
 10.0.2.0/24 Direct 0 0 D 10.0.2.2 LoopBack0
 10.0.2.2/32 Direct 0 0 D 127.0.0.1 LoopBack0
 10.0.2.255/32 Direct 0 0 D 127.0.0.1 LoopBack0
 10.0.3.3/32 OSPF 10 2 D 10.0.12.1 GigabitEthernet0/0/1
 10.0.12.0/24 Direct 0 0 D 10.0.12.2 GigabitEthernet0/0/1
 10.0.12.2/32 Direct 0 0 D 127.0.0.1 GigabitEthernet0/0/1
 10.0.12.255/32 Direct 0 0 D 127.0.0.1 GigabitEthernet0/0/1
 10.0.13.0/24 OSPF 10 2 D 10.0.12.1 GigabitEthernet0/0/1
 127.0.0.0/8 Direct 0 0 D 127.0.0.1 InLoopBack0
 127.0.0.1/32 Direct 0 0 D 127.0.0.1 InLoopBack0
 127.255.255.255/32 Direct 0 0 D 127.0.0.1 InLoopBack0
 255.255.255.255/32 Direct 0 0 D 127.0.0.1 InLoopBack0
```

```
<R3>display ip routing-table
Route Flags: R - relay, D - download to fib
-------------------------------------------------------------
Routing Tables: Public
Destinations : 16 Routes : 16
Destination/Mask Proto Pre Cost Flags NextHop Interface
10.0.1.1/32 OSPF 10 1 D 10.0.13.1 GigabitEthernet0/0/0
10.0.2.2/32 OSPF 10 2 D 10.0.13.1 GigabitEthernet0/0/0
10.0.3.0/24 Direct 0 0 D 10.0.3.3 LoopBack0
10.0.3.3/32 Direct 0 0 D 127.0.0.1 LoopBack0
10.0.3.255/32 Direct 0 0 D 127.0.0.1 LoopBack0
10.0.12.0/24 OSPF 10 2 D 10.0.13.1 GigabitEthernet0/0/0
10.0.13.0/24 Direct 0 0 D 10.0.13.3 GigabitEthernet0/0/0
10.0.13.3/32 Direct 0 0 D 127.0.0.1 GigabitEthernet0/0/0
10.0.13.255/32 Direct 0 0 D 127.0.0.1 GigabitEthernet0/0/0
127.0.0.0/8 Direct 0 0 D 127.0.0.1 InLoopBack0
127.0.0.1/32 Direct 0 0 D 127.0.0.1 InLoopBack0
127.255.255.255/32 Direct 0 0 D 127.0.0.1 InLoopBack0
172.16.0.0/24 Direct 0 0 D 172.16.0.1 LoopBack2
172.16.0.1/32 Direct 0 0 D 127.0.0.1 LoopBack2
172.16.0.255/32 Direct 0 0 D 127.0.0.1 LoopBack2
255.255.255.255/32 Direct 0 0 D 127.0.0.1 InLoopBack0
```

检测 R 2 和 R 1(10.0.1.1) 以及 R 2 和 R 3(10.0.3.3) 间的连通性。

```
<R2>ping 10.0.1.1
PING 10.0.1.1: 56 data bytes, press CTRL_C to break
Reply from 10.0.1.1: bytes=56 Sequence=1 ttl=255 time=37ms
Reply from 10.0.1.1: bytes=56 Sequence=2 ttl=255 time=42ms
Reply from 10.0.1.1: bytes=56 Sequence=3 ttl=255 time=42ms
Reply from 10.0.1.1: bytes=56 Sequence=4 ttl=255 time=45ms
Reply from 10.0.1.1: bytes=56 Sequence=5 ttl=255 time=42ms
---10.0.1.1 ping statistics ---
5 packet(s) transmitted
5 packet(s) received
0.00%packet loss
round-trip min/avg/max =37/41/45ms

<R2>ping 10.0.3.3
PING 10.0.3.3: 56 data bytes, press CTRL_C to break
Reply from 10.0.3.3: bytes=56 Sequence=1 ttl=254 time=37ms
Reply from 10.0.3.3: bytes=56 Sequence=2 ttl=254 time=42ms
Reply from 10.0.3.3: bytes=56 Sequence=3 ttl=254 time=42ms
Reply from 10.0.3.3: bytes=56 Sequence=4 ttl=254 time=42ms
Reply from 10.0.3.3: bytes=56 Sequence=5 ttl=254 time=42ms
```

```
---10.0.3.3 ping statistics ---
5 packet(s) transmitted
5 packet(s) received
0.00%packet loss
round-trip min/avg/max=37/41/42ms
```

以上输出信息显示,路由器 R 1、R 2 和 R 3 已经正常学习到了所有路由。

本 章 小 结

本章介绍路由器、路由协议和路由器配置等内容。路由器是网络互连的最重要的设备,没有路由器就没网络互连,因此人们把路由器连接互联网称为 Last Mile(最后一英里)(1 英里约为 1.61km),由此可见路由器的重要性。

通过本章学习,要重点掌握路由协议基础、静态路由协议原理、动态路由协议原理、动态路由协议、OSPF 原理和技术等。学会华为路由器配置操作,能够配置实现虚拟局域网之间的通信和单臂路由通信。重点掌握在华为路由器上配置使用 RIP、OSPF 的基本操作。

习 题 8

1. 在路由器上查看路由表的命令是什么?
2. 路由信息的来源有哪些?
3. 什么是直连路由、静态路由、默认路由?
4. 分析静态路由的优缺点。
5. 为什么要使用默认路由?
6. 比较分析静态路由和动态路由的差异、各自的应用场景。
7. 简述距离矢量路由协议的技术原理。
8. 结合 OSPF 分析链路状态路由协议的工作原理。
9. 简述在华为路由器上配置静态路由、RIP、OSPF 的方法。
10. 如何实现虚拟局域网之间的通信?

第9章 常用互联网协议

本章介绍了互联网应用时常用的 DHCP、FTP、HTTP 等协议,以及网络地址转换功能。通过学习,读者可以对相关协议的基础知识有一定的了解。

9.1 动态主机配置协议

动态主机配置协议(Dynamic Host Configuration Protocol,DHCP)是一个用于局域网的网络协议,它工作在应用层,协议的数据在传输层通过用户数据报协议传输。动态主机配置主要有两个用途:一个是用于网络自动分配 IP 地址,一个是用于内部网管理员对所有计算机进行集中管理的手段。

9.1.1 认识动态主机配置业务

1. 动态主机配置的主要功能

从应用的角度看,动态主机配置协议主要用在需要自动分配 IP 地址的网络环境中,使得网络内的主机可以自动获取 IP 地址、网关地址、DNS 地址等一系列访问网络所需的参数。

动态主机配置采用的是客户-服务器(Client/Server,C/S)模式,一台主机接入网络后,会发出地址请求,DHCP 服务器收到请求后,会根据服务器的配置要求,向客户端主机发出地址信息的动态配置。

DHCP 工作时,不会将重复的 IP 地址发送给客户端,以确保网络内没有 IP 地址冲突。如果网络内有客户端手动配置自己的 IP 地址,DHCP 服务器也允许这种地址存在。

2. 动态主机配置的报文

动态主机配置协议有 8 种报文,如表 9-1 所示。

表 9-1 动态主机配置报文

类　　型	发送方式	说　　明
DHCP Discover	广播	客户端在本地网络内广播寻找网络中的 DHCP 服务器
DHCP Offer	广播	服务器收到 Discover 报文后,在地址池中查找一个合适的 IP 地址,加上其他配置信息发送给客户端
	单播	
DHCP Request	广播	客户端可能会收到很多 Offer 报文(多个 DHCP 服务器),通常是向第一个 Offer 报文的服务器发送一个广播的 Request 报文,通告希望获得所分配的 IP 地址。客户端向服务器发送单播 Request 请求报文请求续延租约
	单播	
DHCP ACK	广播	服务器收到 Request 报文后,根据报文中携带的用户 MAC 地址来查找有没有相应的租约记录,如果有则发送 ACK 报文,通知用户可以使用分配的 IP 地址
	单播	

类　　型	发送方式	说　　明
DHCP NAK	广播	服务器收到 Request 报文后,没有发现有相应的租约记录或者由于某些原因无法正常分配 IP 地址,则向客户端发送 NAK 报文,通知用户无法分配合适的 IP 地址
	单播	
DHCP Release	单播	当客户端不再需要使用分配 IP 地址时,向服务器发送 Release 报文,告知服务器释放对应的 IP 地址
DHCP Decline	单播	客户端收到服务器 ACK 报文后,发现分配的地址冲突或者由于其他原因导致不能使用,则会向服务器发送 Decline 报文,通知服务器所分配的 IP 地址不可用,以期获得新的 IP 地址
DHCP Inform	单播	客户端如果需要从服务器端获取更为详细的配置信息的请求报文

3. DHCP 的工作原理

DHCP 工作时,客户端和服务器双方通过报文来传递信息。本节以新加入网络的客户端为例,介绍客户端从 DHCP 服务器获取 IP 地址的流程,如图 9-1 所示。

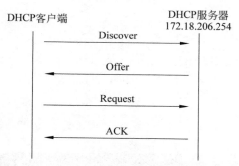

图 9-1　客户端从 DHCP 服务器获取 IP 地址的工作流程

（1）Discover：对客户端来说,刚加入网络时,DHCP 服务器地址是未知的,所以此报文会广播发出,网络内所有主机都会收到此报文,但是只有 DHCP 服务器才会响应。该报文的源 IP 地址为 0.0.0.0,目的 IP 地址为 255.255.255.255。

（2）Offer：在网络中接收到 DHCP Discover 发现信息的 DHCP 服务器都会做出响应,它从尚未出租的 IP 地址中挑选一个分配给 DHCP 客户端,向 DHCP 客户端发送一个包含出租的 IP 地址和其他设置的 DHCP Offer 信息。该报文的源 IP 地址为 172.18.206.254,目的 IP 地址为 255.255.255.255。

（3）Request：如果有多台服务器向客户端发来的 DHCP Offer 提供信息,客户端只接受第一个收到的 DHCP Offer 提供信息,然后以广播方式回答一个 DHCP Request 请求信息通知所有 DHCP 服务器,该信息中包含向它所选定的 DHCP 服务器请求 IP 地址的内容。该报文的源 IP 地址为 0.0.0.0,目的 IP 地址为 255.255.255.255,报文信息中确定选择服务器 172.18.206.254。

（4）ACK：服务器收到客户端回答的 Request 报文后,向客户端发送一个包含它所提供的 IP 地址和其他设置的 ACK 报文确认信息,通知客户端可以使用它所提供的 IP 地址。

客户端收到 ACK 报文后便将收到的地址与网卡绑定。该报文的源 IP 地址为 172.18.206.254，目的 IP 地址为分配的 IP 地址。

9.1.2 在路由器上进行动态主机配置

本书以华为 AR2220 路由器为例，介绍如何在路由器上配置基于全局地址池的 DHCP 服务。图 9-2 为环境拓扑和 PC1 的初始配置。初始时，AR1 上未配置 DHCP 服务，PC1 的 IPv4 配置为 DHCP 模式。图 9-3 为设备启动后，用 ipconfig 命令检查 PC1 的地址情况，可以看到，此时 PC1 没有设定 IP 地址。

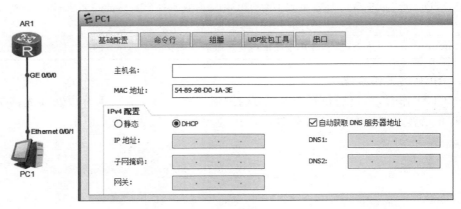

图 9-2 DHCP 配置拓扑图

图 9-3 初始设置时 PC1 的 IP 地址情况

1. 在 AR1 上启动 DHCP 功能

默认情况下，路由器的 DHCP 功能是关闭的，所以要先启用 DHCP 功能。

```
[AR1]dhcp enable
Info: The operation may take a few seconds. Please wait for a moment.done.
```

2. 创建地址池并配置这个地址池

（1）创建地址池 poolAR 后自动进入地址池视图。

```
[AR1]ip pool poolAR
Info: It's successful to create an IP address pool.
[AR1-ip-pool-poolAR]
```

（2）配置可动态分配的 IP 地址范围、网关地址、排除地址、租期。

```
[AR1-ip-pool-poolAR]network 192.168.1.0 mask 255.255.255.224
[AR1-ip-pool-poolAR]gateway-list 192.168.1.1
[AR1-ip-pool-poolAR]excluded-ip-address 192.168.1.25 192.168.1.29
[AR1-ip-pool-poolAR]lease day 30
[AR1-ip-pool-poolAR]quit
```

（3）在充当网关的路由器接口上配置网关地址并启用 DHCP 服务器功能。

```
[AR1]interface GigabitEthernet 0/0/0
[AR1-GigabitEthernet0/0/0]ip address 192.168.1.1 24
[AR1-GigabitEthernet0/0/0]dhcp select global
[AR1-GigabitEthernet0/0/0]quit
```

3. 查看地址池信息

配置完毕后，可以用 display 命令查看这个地址池的信息，并验证了刚才的配置都已生效。

```
[AR1]display ip pool name poolAR
    Pool-name       : poolAR
    Pool-No         : 0
    Lease           : 30 Days 0 Hours 0 Minutes
    Domain-name     : -
    DNS-server0     : -
    NBNS-server0    : -
    Netbios-type    : -
    Position        : Local          Status          : Unlocked
    Gateway-0       : 192.168.1.1
    Mask            : 255.255.255.224
    VPN instance    : --
---------------------------------------------------------------
     Start          EndTotal  Used  Idle(Expired)  Conflict  Disable
---------------------------------------------------------------
  192.168.1.1    192.168.1.30   29    0      24(0)        0        5
---------------------------------------------------------------
```

9.1.3 验证动态主机配置

配置完毕后，可以用抓包工具查看 PC1 在接入网络时，向 AR1 的 DHCP 服务器申请 IP 地址的报文顺序，如图 9-4 所示。

在 PC1 的命令行上用 ipconfig 命令检查 IP 地址时可以看到，已经被分配了一个 IP 地址 192.168.1.30，如图 9-5 所示，说明 DHCP 服务正常执行。

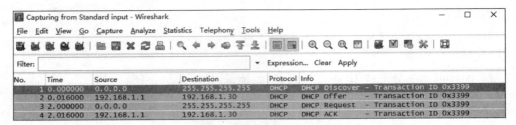

图 9-4　DHCP 报文执行顺序

图 9-5　获取的 IP 地址

9.2　文件传送协议

9.2.1　文件传送协议概述

1. 文件传送协议的基本功能

文件传送协议(File Transfer Protocol,FTP)是 Internet 和 IP 网络上传送文件的通用方法。FTP 工作在应用层,提供面向有连接的服务,在传输层使用 TCP 进行传送,而不是 UDP。

如图 9-6 所示,文件传送协议采用的是 C/S 模式,允许双方采用不同的操作系统,也不强制双方采用相同的文件系统。FTP 客户端与 FTP 服务器建立连接后,并不需要登录到服务器成为操作员用户,可以以远程操作的方式对服务器的文件进行增、删、改、查、传送等操作,实现客户端与服务器之间双向传送文件、目录管理等。

默认情况下,FTP 使用 TCP 的 21 端口。

2. FTP 服务器的账户

FTP 服务器工作时,客户端需要登录服务器。在登录时,需要输入账户信息。在配置 FTP 服务器的时候,需要根据用户的类型对用户进行归类。文件传送协议提供了三类用户供选择。

(1) Real 账户。这类用户在 FTP 服务上拥有账号。当这类用户登录 FTP 服务器的时候,虽然默认的主目录就是其账号命名的目录,但是也可以变更为系统的主目录等其他目录。

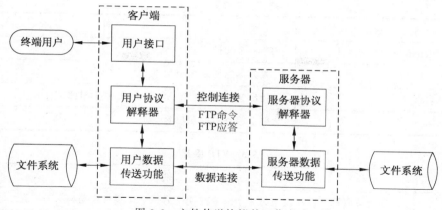

图 9-6 文件传送协议的工作方式

（2）Guest 用户。在 FTP 服务器中，人们往往会为不同的部门或者特定的用户设置账户。这些账户只能访问自己的主目录。服务器通过这种方式来保障 FTP 服务器上其他文件的安全。这类账户在 Vsftpd 软件中就称为 Guest 用户。拥有这类用户的账户，只能够访问其主目录下的目录，而不得访问主目录以外的文件。

（3）Anonymous 用户。这也是人们通常所说的匿名访问。这类用户是指在 FTP 服务器中没有指定账户，但是其仍然可以匿名访问某些公开的资源。

默认情况下，服务器会把建立的所有账户都归属为 Real 用户，但这不符合网络安全的需要。因为这类用户不仅可以访问自己的主目录，还可以访问其他用户的目录。这就给其他用户所在的空间带来一定的安全隐患，所以企业要根据实际情况，修改用户所在的类别。

9.2.2 FTP 命令与应答

FTP 需要通过控制连接在客户端和服务器的协议解释器间进行命令与应答操作以确定双方进行的操作。

FTP 命令由客户端发出，用于向服务器请求某个服务，FTP 应答是服务器在收到客户端发出的命令后给出的响应信息。

表 9-2 和表 9-3 给出了 FTP 命令和应答的内容和说明，FTP 的应答码是一个编码，可以有多种不同的组合，表 9-4 是常见的应答情况。

表 9-2 FTP 命令

命　　令	说　　明
ABOR	放弃之前的命令和数据传输
LIST filelist	列表显示文件火目录
PASS password	登录服务器的密码
PORT $n_1, n_2, n_3, n_4, n_5, n_6$	客户端 IP 地址（$n_1.n_2.n_3.n_4$）和端口（$256\,n_5 + n_6$）
QUIT	从服务器注销
RETR filename	取一个文件

命　　令	说　　明
STOR filename	存一个文件
SYST	服务器返回系统类型
TYPE type	指出文件类型：A-ASCII 码文件；I-图像文件
USER username	登录服务器的用户名

表 9-3　FTP 应答

应　答　码	说　　明
1yz	肯定预备应答。仅在发送另一个命令前期待另一个应答时启动
2yz	肯定完成应答。一个新命令可以发送
3yz	肯定中介应答。该命令已被接受，等待下一个命令
4yz	暂时性否定应答。请求的动作未发生，但差错状态是暂时的，可以重发命令
5yz	永久性否定应答。命令被拒绝，并不再重试
x0z	语法错误
x1z	信息
x2z	连接。应答指令控制或数据连接
x3z	鉴别和记录。应答用于注册或记录命令
x4z	未指明
x5z	文件系统状态

表 9-4　常见的应答

应　答　码	说　　明
125	数据连接已经打开；传输开始
200	就绪命令
214	帮助报文（面向用户）
331	用户名就绪，要求输入口令
425	不能打开数据连接
452	错写文件
500	语法错误（未认可的命令）
501	语法错误（无效参数）
502	未实现的 MODE（方式命令）类型
221	GoodBye,结束连接。可以是 QUIT 命令的应答

　　图 9-7 给出的是一个 FTP 客户端向服务器请求下载的文件实例,图中最左侧的图标中,上箭头为客户端发出的 FTP 命令,下箭头为服务器的应答,i 标识为 FTP 客户端给出的

命令解释提示。

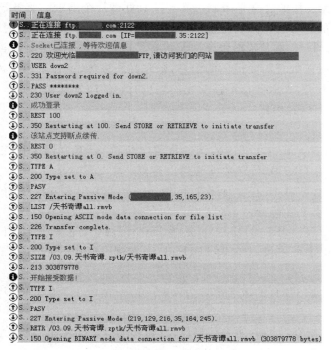

图 9-7　FTP 传送文件实例

9.3　超文本传送协议

9.3.1　超文本传送概述

1. 超文本传送协议的基本功能

超文本传送协议（HyperText Transfer Protocol，HTTP）是在 1990 年提出的，经过多年的使用与发展不断完善，已广泛应用于互联网。它属于应用层，传输层采用 TCP 进行传送。

由于其具有简捷、快速的优点，适用于分布式超媒体信息系统。HTTP 可传送 HTML 文件、图片文件、查询结果等信息，所有的 WWW（World Wide Web，万维网）文件传送都必须遵守这个标准。

浏览器作为 HTTP 客户端通过 URL 向 HTTP 服务端即 Web 服务器发送所有请求。Web 服务器根据接收到的请求向客户端发送响应信息。

2. HTTP 的主要特点

（1）简单快速。客户端向服务器请求服务时，只需传送请求方法和路径。请求方法常用的有 GET、HEAD、POST。每种方法规定了客户端与服务器联系的类型不同。由于 HTTP 简单，使得 HTTP 服务器的程序规模小，因而通信速度很快。

（2）灵活。HTTP 允许传送任意类型的数据对象。正在传送的类型由 Content-Type

加以标记。

（3）无连接。无连接的含义是限制每次连接只处理一个请求。服务器处理完客户端的请求并收到客户端的应答后，即断开连接。采用这种方式可以节省传输时间。

（4）无状态。HTTP 是无状态协议。无状态是指协议对于事务处理没有记忆能力。缺少状态意味着如果后续处理需要前面的信息，则它必须重传，这样可能导致每次连接传送的数据量增大。另一方面，在服务器不需要先前信息时它的应答就较快。

（5）支持 B/S 及 C/S 模式。

3. URL

URL（Uniform Resource Locator，统一资源定位符）是互联网上用来标识某一处资源的地址。HTTP 使用 URL 来传送数据和建立连接。

例如一个完整的 URL，http://www.domain.com:80/files/index.asp?fileID=3&page=1#filename 包括以下几部分。

（1）协议部分。该 URL 的协议部分为"http:"，这代表网页使用的是 HTTP。在 Internet 中可以使用多种协议，如 HTTP、FTP 等本例中使用的是 HTTP。在协议名后面的"//"为分隔符。

（2）域名部分。该 URL 的域名部分为 www.domain.com。在 URL 中，可以使用 IP 地址作为域名使用。

（3）端口部分。跟在域名后面的是端口，域名和端口之间使用":"作为分隔符。端口不是一个 URL 必须的部分，如果省略端口部分，将采用默认端口。

（4）虚拟目录部分。从域名后的第一个"/"开始到最后一个"/"为止，是虚拟目录部分。虚拟目录也不是一个 URL 必须的部分。本例中的虚拟目录是"/files/"。

（5）文件名部分。从域名后的最后一个"/"开始到"?"为止，是文件名部分，如果没有"?"，则是从域名后的最后一个"/"开始到"#"为止，是文件部分，如果没有"?"和"#"，那么从域名后的最后一个"/"开始到结束，都是文件名部分。本例中的文件名是 index.asp。文件名部分也不是一个 URL 必须的部分，如果省略该部分，则使用默认的文件名。

（6）参数部分。从"?"到"#"之间的部分为参数部分，又称搜索部分、查询部分。本例中的参数部分为 fileID=3&page=1。参数可以允许有多个参数，参数与参数之间用"&"作为分隔符。

（7）锚部分。从"#"开始到最后都是锚部分。本例中的锚部分是 filename。锚部分也不是一个 URL 必须的部分。

9.3.2　Web 服务器

Web 服务器也称为 WWW 服务器，主要功能是提供网上信息浏览服务。使用 HTTP 为客户提供服务，客户通过浏览器访问 Web 服务器。

Web 服务器不仅能够存储信息，还能够让用户通过浏览器在服务器提供信息的基础上运行脚本和程序；它可以驻留于各种类型操作系统的计算机上。

Web 服务器可以适应各种不同的开发需求、技巧和资源；支持多平台开发；对适当的服务可以进行编码访问；支持被普遍接受的开发模式。可以支持多个进程、多个线程以及多个进程与多个线程相混合的技术。

Web 服务器的工作原理比较简单,通常包含下面 4 个步骤。

(1) 连接。由客户端发起,在 Web 服务器和其浏览器之间建立一种连接。连接建立后,会生成一个 Socket 虚拟文件。

(2) 请求。客户端 Web 的浏览器运用 Socket 文件向其服务器提出各种请求。

(3) 应答。客户端使用 HTTP 把在请求过程中所提出来的请求传送到 Web 的服务器后,服务器进行处理,然后运用 HTTP 把任务处理的结果送回客户端 Web 的浏览器。

(4) 关闭连接。服务器应答完毕后,与浏览器之间连接断开。

目前使用比较最广泛的 Web 服务器有 Apache、Nginx、IIS、Tomcat 等,不同的操作系统应选择对应系统的服务器。在选择使用 Web 服务器时,应考虑的特性因素有性能、安全性、日志和统计、虚拟主机、代理服务器、缓冲服务和集成应用程序等。

9.4 网络地址转换业务

网络地址转换(Network Address Translation,NAT)技术实现了私有网络中的主机与公共网络中的资源之间的通信,提供了一定的安全功能,也会在网络迁移时成为管理员的首选方案。

在 IPv4 地址枯竭,IPv6 尚未全面部署的时期,网络地址转换技术为本地局域网访问广域网提供了一个较好的解决方案。通过私网地址转换为公网地址满足用户需求,同时又减少了公网 IP 的使用。

需要说明的是,网络地址转换提供的是单向访问发起服务,就是说,内网主机可以使用网络地址转换技术将私有 IP 地址转换为公网可路由的公有 IP 地址并向外发起访问请求,但是外网(公网)设备无法主动向内网主机发起访问。若需要外网主动向内网发起访问,需要配置一种特殊类型的网络地址转换。

9.4.1 网络地址转换的原理

常见的企业内网与外网连接的拓扑结构如图 9-8 所示,本节将在此拓扑下介绍网络地址转换的原理。图中各个设备接口的 IP 地址已经标明并配置完毕,内部网络不划分虚拟局域网,所以二层交换机 LSW1 无须配置。内部网络的 PC1 和 PC2 可以通过路由器 AR1 的网络地址转换功能进行 IP 地址转换,访问 Web 服务器。

本节以 PC1 访问 Web 服务器的需求说明基本网络地址转换的工作原理。

1. PC1 发出的数据包

(1) 路由器从接口 G 0/0/1 接收到 PC1 发来的去往 Internet 中某网站(122.65.24.56)的数据包,根据目的 IP 地址查询 IP 路由表,找到出站接口 G 0/0/0。

(2) 根据出站接口 G 0/0/0 上定义的网络地址转换规则,确定 PC1 的 IP 地址(192.168.1.100)符合需要转换的条件,并且应被转换为 122.65.2.211。

(3) 重新以源 IP 地址 122.65.2.211 封装去往 122.65.24.56 的数据包,并从 G 0/0/0 发送出去。

2. PC1 接收的数据包

(1) 外网返回给 PC1 的数据包到达路由器后,依据网络地址转换规则,将之前更换的源

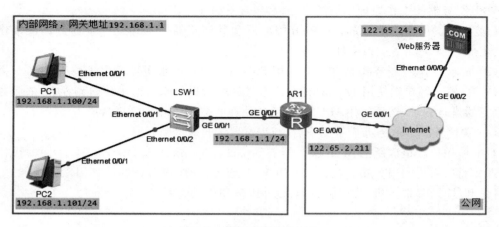

图 9-8　网络地址转换拓扑

IP 还原作为目的 IP。

（2）路由器再查找去往 PC1 的地址的路由表，从接口 G 0/0/1 发出。

（3）PC1 收到外网资源的回馈信息。

9.4.2　网络地址转换的类型

网络地址转换分为静态 NAT/NAPT、Easy IP、NAT 服务器 3 种。

1. 静态 NAT/NAPT

静态 NAT 是通过将内网的私网 IP 与公网 IP 做一对一的映射关系，所以没有起到节省公网 IP 的作用，实际中只有特殊的情况才会使用它。

NAPT 是通过"IP+端口二元组"的方式进行动态的创建映射，因此通过端口号的不同，一个公网 IP 可以同时向多个私网 IP 进行"IP+端口"的一对一映射，实际中常用到这种 NAT 方式。

2. Easy IP

在使用 Easy IP 时，路由器在拨号成功并获得公网 IP 地址后，会自动把这个公网 IP 地址应用为转换后的 IP 地址，无须管理员进行更多的操作。这种方式适合在小型局域网中进行部署，为小型办公室或中小型网吧小型局域网提供上网服务。这种环境的特点是内部主机的数量较少，出站接口需要通过拨号的方式获得 ISP 分配的临时公网 IP 地址，所有内网主机都需要使用这个临时公网 IP 地址来访问互联网。管理员可以在 Easy IP 的配置中应用 ACL（访问控制列表）指定能够进行 NAT 转换以访问互联网的私有 IP 地址范围。

3. NAT 服务器

由于 NAT 具有隐藏内部 IP 地址结构的功能，一般情况下外网主机无法主动访问内网主机。有时，企业会需要使用内网服务器对外网主机提供特定服务，这时管理员可以使用称为 NAT 服务器（NAT Server）的实现方法，使内网服务器不被屏蔽，以便外网用户能够随时主动访问内网服务器。

9.5　电子邮件协议

互联网诞生以来,电子邮件(E-mail)就是一项重要的应用,它用很快速度和很小的开销实现互联网上任意两台主机之间的信息传递。电子邮件的内容可以是文字、图像、声音等多种形式,还可以通过附件传递任意格式的文件。

收发电子邮件需要通过电子邮件协议与电子邮件服务器进行信息传递。

9.5.1　电子邮件简介

1. 电子邮件地址

电子邮件地址的标准格式为"用户标识符+@+域名",例如 abc123@mymail.com。

在这个例子中,mymail.com 是电子邮件域名,也就是邮件服务器的域名;abc123 是用户标识符,是用户在电子邮件服务器上的邮箱地址;符号"@"读作"at"。

2. 电子邮件系统

电子邮件服务器是电子邮件服务提供商提供并运行了电子邮箱服务系统的服务器。

各大互联网服务提供商都有自己的电子邮件服务,有的可能不止一个邮件服务域名,例如腾讯的电子邮件服务使用 @qq.com,谷歌使用 @gmail.com,网易使用 @163.com、@126.com 等。

不同的服务提供商在服务器上使用的电子邮件系统也不尽相同,目前常见的电子邮件系统有以下几类。

(1) Sendmail 邮件系统(支持 SMTP)和 Dovecot 邮件系统(支持 POP3)。Sendmail 可以说是邮件的鼻祖,运行在 UNIX 或 Linux 平台上。

(2) 基于 Postfix/Qmail 的邮件系统。Postfix 和 Qmail 技术是在 Sendmail 技术上发展起来的,运行在 UNIX 或 Linux 平台上,性能高、安全性好,软件是开源免费的。例如网易邮箱,MTA 是基于 Postfix 的,Yahoo! 邮箱是基于 Qmail 系统的。

(3) 微软的 Exchange 邮件系统。Exchange 是基于 Windows 平台的,它便于管理,是在企业中使用数量最多的邮件系统。

3. 电子邮件的使用

客户在电子邮件服务提供商申请了电子邮件地址后,就可以使用电子邮件服务。在进行收发邮件时,通常有两种方式。

(1) Web 方式。电子邮件服务商会提供专门的 Web 网站让用户访问。用户在登录到自己的邮箱后,使用 Web 网站提供的服务来进行电子邮件的收、发、管理等操作。

(2) 客户端方式。用户可以在本地计算机上使用 Outlook Express、Foxmail 等客户端软件来访问电子邮件服务器。

9.5.2　电子邮件协议的类型

电子邮件协议是用户进行邮件收发时使用的协议,在发送邮件和接收邮件时,需要使用不同的协议。

1. 发送电子邮件的协议

简单邮件传送协议(Simple Mail Transfer Protocol,SMTP)使用 TCP 在传输层传输数据,所用端口为 25。SMTP 的客户端和服务器端都是通过命令和响应的形式进行交互的,即 SMTP 客户通过命令向 SMTP 服务器发送操作请求,而服务器对响应的请求作出响应。

2. 接收电子邮件的协议

(1) POP。POP(Post Office Protocol,邮局协议)负责从邮件服务器中检索电子邮件。它要求邮件服务器完成下面几种任务:从邮件服务器中检索邮件并删除;从邮件服务器中检索邮件但不删除;不检索邮件,只询问是否有新邮件到达。POP 支持多用户互联网邮件扩展,后者允许用户在电子邮件上附带文字处理文件和电子表格文件等二进制文件,实际上,这样就可以传输包括图片和声音文件等任何格式的文件。在用户阅读邮件时,POP 命令是将所有的邮件信息立即下载到用户的计算机上而不在服务器上进行保留。POP3 是邮局协议的第 3 个版本,是 Internet 电子邮件的第一个离线协议标准。

(2) IMAP。IMAP(Internet Mail Access Protocal,互联网邮件访问协议)是一种优于 POP 的协议。和 POP 一样,IMAP 也能下载邮件,从服务器中删除邮件或询问是否有新邮件。IMAP 克服了 POP 的一些缺点,例如,可以决定客户端请求邮件服务器提交所收到邮件的方式,请求邮件服务器只下载所选中的邮件而不是全部邮件。客户端可先阅读邮件信息的标题和发送者的名字再决定是否下载这个邮件。通过用户的客户端电子邮件程序,IMAP 可让用户在服务器上创建并管理邮件文件夹或邮箱、删除邮件、查询某封信的一部分或全部内容,完成所有这些工作时都不需要把邮件从服务器下载到用户的计算机上。

9.5.3　电子邮件协议的应用

图 9-9 向读者展示了电子邮件协议的工作过程。

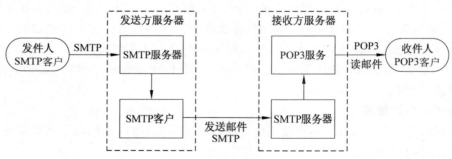

图 9-9　电子邮件发送过程

(1) 发件人调用 PC 中的用户代理编辑要发送的邮件,发送代理可以是客户端软件,也可以是访问邮件服务 Web 网站的浏览器。

(2) 发件人单击代理的"发送邮件"按钮,把发送邮件的工作全部交给用户代理来完成。用户代理通过 SMTP 将邮件发送给发送方的邮件服务器(在这个过程中,用户代理充当 SMTP 客户,而发送方的邮件服务器则充当 SMTP 服务器)。

(3) 发送方的邮件服务器收到用户代理发来的邮件后,就把收到的邮件临时存放在邮件缓存队列中,等待时间成熟的时候再发送到接收方的邮件服务器(等待时间的长短取决于邮件服务器的处理能力和队列中待发送的信件的数量）。

（4）若时机成熟，发送方的邮件服务器会向接收方的邮件服务器发送邮件缓存中的邮件。在发送邮件之前，发送方邮件服务器的 SMTP 客户与接收方邮件服务器的 SMTP 服务器需要事先建立 TCP 连接，之后再将队列中的邮件进行传送。

（5）接收邮件服务器中的 SMTP 服务器进程在收到邮件后，把邮件放入收件人的用户邮箱，等待收件人进行读取。

（6）收件人在打算收信时，就运行计算机中的用户代理，使用 POP3（或 IMAP）读取发送给自己的邮件。

本 章 小 结

本章介绍了 DHCP 的业务、功能、原理，并介绍了一个路由器的 DHCP 配置实例；介绍了 FTP 的基本功能和应用示例；介绍了 HTTP 的基本概念和应用、URL 的概念；介绍了电子邮件协议的概念；介绍了 NAT 业务。上述协议是互联网中各种实际应用的基础，读者在学习本章后应对互联网常用协议有初步的了解。

习 题 9

1. 什么是 DHCP？DHCP 工作在哪个层次？

2. DHCP 的主要作用是什么？

3. 解释 DHCP 的工作原理。

4. 什么是 FTP？FTP 的基本功能是什么？

5. FTP 的账户类型有几种？简要解释一下。

6. FTP 的主要工作过程是什么？

7. 说明 HTTP 的基本功能。

8. HTTP 的主要特点是什么？

9. 什么是 URL？解释 URL 各部分的组成。

10. 简要说明 Web 服务器的主要功能。

11. Web 服务器的作用是什么？

12. 说明 Web 服务器的工作原理。

13. 说明 NAT 的作用。

14. 说明基本 NAT 的工作原理。

15. 简要解释 NAT 的 3 种类型。

16. 试述电子邮件系统的基本组成。

17. 电子邮件的主要协议有哪些？

18. 解释电子邮件协议的工作过程。

第 10 章　IPv6 基础

本章介绍 IPv6 涉及的相关概念和原理,包括 IPv6 产生的背景、地址格式、数据报格式、地址解析方式以及地址的配置。通过本章的学习,读者可以对 IPv6 的基础知识有一定的了解。

10.1　IPv6 的产生背景

IPv4 以其协议简单、易于实现、互操作性好的优势在 Internet 发展初期得到了快速的发展和广泛的应用。IPv4 地址的长度为 32 位,理论上可以提供大约 43 亿个地址。但是由于地址使用规则所限,不能将全部地址都分配成网络主机地址,所以实际可以使用的网络地址还达不到这个数量。

随着 Internet 迅猛发展,网络主机的数量不断增加,IPv4 所提供的地址数量已经远远达不到主机数量的要求,从而导致 IPv4 地址枯竭的问题。

为了解决这个问题,曾先后出现过几种解决方案,例如 VLSM(Variable Length Subnet Mask,可变长子网掩码)、CIDR(Classless Inter-Domain Routing,无类别域间路由选择)和 NAT(Network Address Translation,网络地址转换)等。这些技术的应用,在某些程度上缓解了 IPv4 地址短缺的情况,尤其是 NAT 技术,可以让一个机器群公用一个 IP 地址,几乎让用户忘记了 IPv4 地址枯竭的问题。

但是 VLSM、CIDR 和 NAT 都有各自的弊端和不能解决的问题,在 Internet 飞速发展的背景下,QoS、安全性、配置方便性等问题显得越来越紧迫,确实需要新一代的协议来解决地址问题,以满足日益增长的需求。

IETF(The Internet Engineering Task Force,因特网工程任务组)在 1992 年开始启动解决下一代 IP 地址问题的工作研究,从 1996 年开始发布了一系列定义 IPv6 的 RFC(Request For Comments,请求评论)。IPv6 支持几乎无限的地址空间。IPv6 使用了全新的地址配置方式,使得配置更加简单。IPv6 还采用了全新的数据报格式,提高了数据报处理的效率、安全性,也能更好地支持 QoS。

从 2011 年开始,主要用在个人计算机和服务器系统上的操作系统都支持高质量 IPv6 配置产品。Microsoft Windows 系列、Mac OS X Panther(10.3)、Linux 2.6、FreeBSD 和 Solaris 等系统均支持 IPv6 的成熟产品。

2012 年 6 月 6 日,国际互联网协会举行了世界 IPv6 启动纪念日。这一天,全球 IPv6 网络正式启动。Google、Facebook 和 Yahoo! 等多家知名 IT 企业,于当天全球标准时间 0 点(北京时间 8 点)开始永久性支持 IPv6 访问。

2017 年 11 月 26 日,中共中央办公厅、国务院办公厅印发《推进互联网协议第六版(IPv6)规模部署行动计划》。

2018 年 6 月,中国三大运营商联合阿里云宣布,将全面对外提供 IPv6 服务,并计划在

2025 年前助推中国互联网真正实现 IPv6 Only。2018 年 7 月,百度云制定了中国的 IPv6 改造方案。2018 年 8 月 3 日,工业和信息化部信息通信发展司在北京召开 IPv6 规模部署及专项督查工作全国电视电话会议,中国将分阶段有序推进规模建设 IPv6 网络,实现下一代互联网在经济社会各领域深度融合。

2019 年,工业和信息化部发布《关于开展 2019 年 IPv6 网络就绪专项行动的通知》,并计划完成 13 个互联网主干直连点 IPv6 的改造。

10.2 IPv6 的地址

10.2.1 IPv6 的地址格式

IPv6 是 IETF 设计的一套规范,它是 IP 层协议的第二代标准地址协议,也是 IPv4 的升级版本。IPv6 与 IPv4 的最显著区别是,IPv4 地址采用 32 位标识,而 IPv6 地址采用 128 位标识。128 位的 IPv6 地址可以划分更多地址层级、拥有更广阔的地址分配空间,并支持地址自动配置。

从表 10-1 中可以看出,IPv6 的地址数量几乎是无穷尽的,甚至“可以给地球上每一粒沙子分配一个 IP 地址”。

表 10-1　IPv4 与 IPv6 的地址数量

版　　本	长度/位	数　　　　量
IPv4	32	4 294 967 296
IPv6	128	340 282 366 920 938 463 374 607 431 768 211 456

IPv6 的地址长度为 128 位,是 IPv4 地址长度的 4 倍。于是 IPv4 点分十进制格式不再适用,采用十六进制表示。IPv6 有 3 种表示方法。

1. 冒分十六进制

IPv6 地址通常写作 xxxx:xxxx:xxxx:xxxx:xxxx:xxxx:xxxx:xxxx 的格式,其中 xxxx 是 4 个十六进制数,等同于一个 16 位二进制数;8 组 xxxx 共同组成了一个 128 位的 IPv6 地址。一个 IPv6 地址由 IPv6 地址前缀和接口 ID 组成,IPv6 地址前缀用来标识 IPv6 网络,接口 ID 用来标识接口。

下面,以地址 2001:0DB8:0000:0000:0000:0000:0346:8D58 为例进行说明,如图 10-1 所示。

图 10-1　IPv6 地址示例

图 10-1 中,最前面的十六进制“2001”,转化成二进制就是 16 位的“0010 0000 0000 0001”。

这个地址的"2001:0DB8"就是标识网络的前缀,后面的是接口 ID。

2. 压缩表示法

从上面的地址中可以看到,地址中有很多"0",这对于地址长度为 128 位的 IPv6 地址来说,书写时会非常不方便,而这种情况是经常出现的。为了应对这种情况,IPv6 提供了压缩表示法来简化地址的书写,并明确了两条压缩规则。

(1)每 16 位组中的前导 0 可以省略。

(2)地址中包含的连续两个或多个均为 0 的组,可以用双冒号"::"来代替。需要注意的是,在一个 IPv6 地址中只能使用一次双冒号"::",否则,设备将压缩后的地址恢复成 128 位时,无法确定每段中 0 的个数。

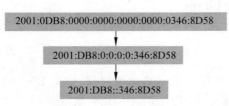

图 10-2 压缩表示 IPv6 地址

图 10-2 描述了压缩的过程。

按照第(1)条压缩规则,将地址中的前导 0 省略;按照第(2)条压缩规则,将连续为 0 的地址用双冒号表示。

3. 内嵌 IPv4 地址表示法

为了实现 IPv4 与 IPv6 互通,IPv4 地址会嵌入 IPv6 地址中,此时地址常表示为 x:x:x: x:x:x:d.d.d.d,前 96 位采用冒分十六进制表示,而最后 32 位地址则使用 IPv4 的点分十进制表示。例如,::192.168.0.1 与::FFFF:192.168.0.1 就是两个典型的例子。注意在前 96 位中,压缩 0 位的方法依旧适用。

10.2.2 IPv6 的地址分类

目前,IPv6 地址空间中还有很多地址尚未分配。这一方面是因为 IPv6 有着巨大的地址空间,足够在未来很多年使用,另一方面是因为寻址方案还有待发展,同时关于地址类型的适用范围也多有值得商榷的地方。表 10-2 给出了分类方法。

表 10-2　IPv6 地址分类

地址类型	地址前缀		说　明
	二进制表示	IPv6 表示	
单播地址	00…00(128 位全为 0)	::/128	未指定地址
	00…01(前 127 位为 0 末位为 1)	::1/128	环回地址
	1111 1110 10	FE80::/10	链路本地地址
	1111 110	FC00::/7	唯一本地地址
	001	2000::/3	全球单播地址
	0010 0000 0000 0001 0000 1101 1011 1000	2001:0DB8::/32	保留地址
多播地址	1111 1111	FF00::/8	
任播地址	从单播地址空间中进行分配,使用单播地址的格式		

目前,有一小部分全球单播地址已经由 IANA(Internet Assigned Numbers Authority,

因特网编号分配机构,ICANN 的一个分支)分配给用户。单播地址的格式是 2000::/3,代表公共 IP 网络上任意可及的地址。IANA 负责将该段地址范围内的地址分配给多个区域互联网注册管理机构(RIR)。RIR 负责全球 5 个区域的地址分配。以下几个地址范围已经分配:2400::/12(APNIC)、2600::/12(ARIN)、2800::/12(LACNIC)、2A00::/12(RIPE NCC)和 2C00::/12(AfriNIC),它们使用单一地址前缀标识特定区域中的所有地址。2000::/3 地址范围中还为文档示例预留了地址空间,例如 2001:0DB8::/32。

链路本地地址只能在连接到同一本地链路的结点之间使用。可以在自动地址分配、邻居发现和链路上没有路由器的情况下使用链路本地地址。以链路本地地址为源地址或目的地址的 IPv6 报文不会被路由器转发到其他链路。链路本地地址的前缀是 FE80::/10。

多播地址的前缀是 FF00::/8。多播地址范围内的大部分地址都是为特定多组保留的。与 IPv4 一样,IPv6 多播地址还支持路由协议。IPv6 中没有广播地址。多播地址替代广播地址可以确保报文只发送给特定的组而不是 IPv6 网络中的任意终端。

IPv6 还包括一些特殊地址,比如未指定地址::/128。如果没有给一个接口分配 IP 地址,该接口的地址则为::/128。需要注意的是,不能将未指定地址与默认 IP 地址::/0 相混淆。默认 IP 地址::/0 与 IPv4 中的默认地址 0.0.0.0/0 类似。

IPv4 的环回地址 127.0.0.1 在 IPv6 中被定义为保留地址::1/128。

1. 单播地址

单播(Unicast)地址主要包含全球单播地址和链路本地地址。全球单播地址(例如 2000::/3)带有固定的地址前缀,即前 3 位为固定值 001。其地址结构是一个三层结构,依次为全球路由前缀、子网 ID 和接口 ID。全球路由前缀由 RIR 和因特网服务提供方(ISP)组成,RIR 为 ISP 分配 IP 地址前缀。子网标识定义了网络的管理子网。

链路本地单播地址的前缀为 FE80::/10,表示地址最高 10 位值为 1111111010。前缀后面紧跟的 64 位是接口标识,这 64 位已足够主机接口使用,因而链路本地单播地址的剩余 54 位为 0。

图 10-3 展示了全球单播地址,图 10-4 展示了链路本地地址。

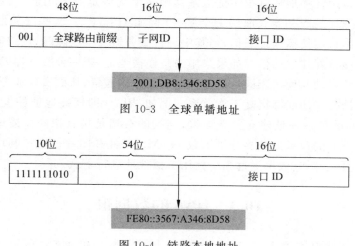

图 10-3 全球单播地址

图 10-4 链路本地地址

2. 多播地址

IPv6 的多播（Multicast，又称组播）与 IPv4 相同，用来标识一组接口，一般这些接口属于不同的结点。一个结点可能属于多个组，也可以不属于任何组。目的地址为多播地址的报文会被与该多播地址标识一致的所有接口接收。

如图 10-5 所示，一个 IPv6 多播地址由前缀（Prefix）、标志（Flag）、范围（Scope）以及组 ID（Group ID）4 部分组成。

图 10-5　多播地址

（1）前缀：IPv6 多播地址的前缀是 FF00::/8（1111 1111）。

（2）标志：长度 4 位，目前只使用了最后一位（前三位必须置"0"），当该位值为"0"时，表示当前的多播地址是由 IANA 所分配的一个永久分配地址；当该值为"1"时，表示当前的组播地址是一个临时多播地址（非永久分配地址）。

（3）范围：长度 4 位，用来限制多播数据流在网络中发送的范围。

（4）组 ID：长度 112 位，用以标识组。目前，RFC2373 并没有将所有的 112 位都定义成组标识，而是建议仅使用该 112 位的最低 32 位作为组 ID，将剩余的 80 位都置"0"，这样，每个多播组 ID 都可以映射到一个唯一的以太网多播 MAC 地址（RFC2464）。

3. 任播地址

任播（Anycast）地址用于标识一组网络接口（通常属于不同的结点）。目标地址是任播地址的数据包将发送给其中路由意义上最近的一个网络接口。任播过程涉及一个任播报文发起方和一个或多个响应方。任播报文的发起方通常为请求某一服务（DNS 查找）的主机或请求返还特定数据（例如 HTTP 网页信息）的主机。任播地址与单播地址在格式上无任何差异，唯一的区别是一台设备可以给多台具有相同地址的设备发送报文。

企业网络中运用任播地址有很多优势。其中一个优势是业务冗余。例如，用户可以通过多台使用相同地址的服务器获取同一个服务（例如 HTTP）。这些服务器都是任播报文的响应方。如果不采用任播地址通信，当其中一台服务器发生故障时，用户需要获取另一台服务器的地址才能重新建立通信。如果采用的是任播地址，当一台服务器发生故障时，任播报文的发起方能够自动与使用相同地址的另一台服务器通信，从而实现业务冗余。

使用多服务器接入还能够提高工作效率。例如，用户（即任播地址的发起方）在浏览公司网页时，与相同的单播地址建立一条连接，连接的对端是具有相同任播地址的多个服务器。用户可以从不同的镜像服务器分别下载 HTML 文件和图片。用户利用多个服务器的带宽同时下载网页文件，其效率远远高于使用单播地址进行下载。

10.3　IPv6 的数据报

IPv6 的数据报由基本报头、扩展报头以及上层协议数据单元 3 部分组成。

与 IPv4 相比，IPv6 的数据报中不再有"选项"字段，而是通过 Next Header（下一报头）

字段配合 IPv6 的扩展报头来实现选项的功能。使用扩展报头时,将在 IPv6 报文"下一报头"字段表明首个扩展报头的类型,再根据该类型对扩展报头进行读取与处理。每个扩展报头同样包含"下一报头"字段,若接下来有其他扩展报头,即在该字段中继续标明接下来的扩展报头的类型,从而达到添加连续多个扩展报头的目的。在最后一个扩展报头的"下一报头"字段中,应标明该报文上层协议的类型,用以读取上层协议数据。

10.3.1 IPv6 的基本报头

如图 10-6 所示,IPv6 的基本报头包含了 8 个部分,与 IPv4 相比,IPv6 对报头进行了简化,并优化了头部封装字段。尽管 IPv6 的基本报头比 IPv4 长了很多,但是 IPv6 报头的复杂度要远远小于 IPv4。

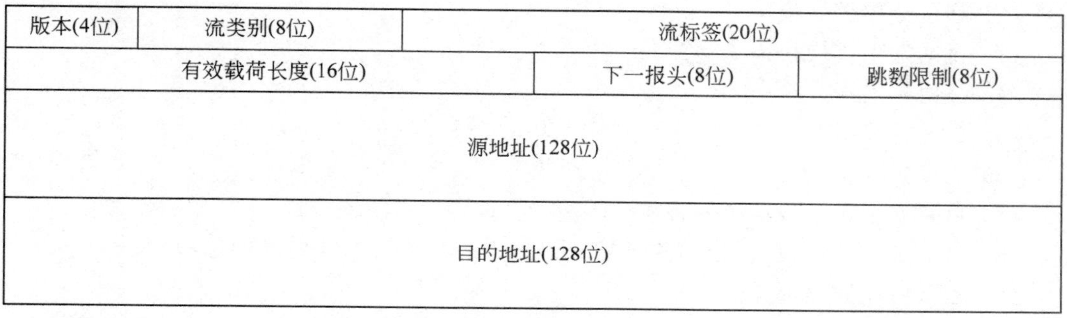

版本(4位)	流类别(8位)	流标签(20位)		
有效载荷长度(16位)		下一报头(8位)		跳数限制(8位)
源地址(128位)				
目的地址(128位)				

图 10-6 IPv6 基本报头格式

IPv6 的基本报头中,各字段的含义如下。

(1) 版本(Version)。长度为 4 位。对于 IPv6,该值为 6。

(2) 流类别(Traffic Class)。长度为 8 位,它等同于 IPv4 报头中的 TOS 字段,表示 IPv6 数据报的类或优先级,主要应用于 QoS。

(3) 流标签(Flow Label)。长度为 20 位,它用于区分实时流量。流可以理解为特定应用或进程的来自某一源地址发往一个或多个目的地址的连续单播、组播或任播报文。IPv6 中的流标签字段、源地址字段和目的地址字段一起为特定数据流指定了网络中的转发路径。这样,报文在 IP 网络中传输时会保持原有的顺序,提高了处理效率。随着三网合一的发展趋势,IP 网络不仅要求能够传输传统的数据报文,还需要能够传输语音、视频等报文。这种情况下,流标签字段的作用就显得更加重要。

(4) 有效载荷长度(Payload Length)。长度为 16 位,它是指紧跟 IPv6 报头的数据报的其他部分。

(5) 下一报头(Next Header)。长度为 8 位。该字段定义了紧跟在 IPv6 报头后面的第一个扩展报头(如果存在)的类型。

(6) 跳数限制(Hop Limit)。长度为 8 位,该字段类似于 IPv4 报头中的 Time to Live 字段,它定义了 IP 数据报所能经过的最大跳数。每经过一个路由器,该数值减去 1;当该字段的值为 0 时,数据报将被丢弃。

(7) 源地址(Source Address)。长度为 128 位,表示发送方的地址。

(8) 目的地址(Destination Address)。长度为 128 位,表示接收方的地址。

与 IPv4 相比，IPv6 报头去除了 IHL、Identifier、Flags、Fragment Offset、Header Checksum、Options、Padding 域，只增了"流标签"域，因此 IPv6 报文头的处理较 IPv4 大大简化，提高了处理效率。另外，IPv6 为了更好支持各种选项处理，提出了扩展头的概念。

10.3.2　IPv6 的扩展报头

IPv6 增加了扩展报头，使得 IPv6 报头更加简化。一个 IPv6 报文可以包含 0 个、1 个或多个扩展报头，仅当需要路由器或目的结点做某些特殊处理时，才由发送方添加一个或多个扩展头。IPv6 支持多个扩展报头，各扩展报头中都含有一个下一个报头字段，用于指明下一个扩展报头的类型。这些报头必须按照以下顺序出现。

（1）IPv6 的基本报头。

（2）逐跳选项扩展报头。

（3）目的选项扩展报头。

（4）路由扩展报头。

（5）分片扩展报头。

（6）认证扩展报头。

（7）封装安全有效载荷扩展报头。

（8）目的选项扩展报头（指那些将被分组报文的最终目的地处理的选项）。

（9）上层协议数据报文。

除了目的选项扩展报头外，每个扩展报头在一个报文中最多只能出现一次。目的选项扩展报头在一个报文中最多也只能出现两次，一次是在路由扩展报头之前，另一次是在上层协议扩展报头之前。

10.3.3　IPv6 的数据报示例

1. 没有扩展头部的数据报

这个类型的数据报，在 IPv6 的基本报头之后，直接跟数据，在 Next Header 字段为数据报封装数据的协议号。图 10-7 为该类型的数据报格式，封装了 TCP 的数据。

基本报头 Next Header=TCP	TCP头	数据

图 10-7　没有扩展头部的数据报

2. 使用一个扩展头部的数据报

图 10-8 使用一个扩展头部的数据报，在这个示例中，基本报头的 Next Header 字段指明下一个报头不是传输层协议报头，是路由扩展报头，路由扩展报头指明下一个报头是 TCP 报告，之后就是包含 TCP 报头和数据了。

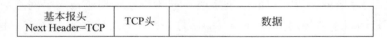

基本报头 Next Header=路由	路由扩展头 Next Header=TCP	TCP头	数据

图 10-8　使用一个扩展头部的数据报

3. 使用多个扩展头部的数据报

图 10-9 使用了多个扩展头部的数据报,在这个示例中,IPv6 的数据报不仅需要指明路由,还需要指明数据报分片,所以按照扩展报头的封装顺序,每个报头指明下一个报头的方式组成 IPv6 的数据报。

基本报头 Next Header=路由	路由扩展头 Next Header=分片	分片扩展头 Next Header=TCP	TCP头	数据

图 10-9 使用多个扩展头部的数据报

10.4 地 址 解 析

10.4.1 邻居发现协议概述

邻居发现协议(Neighbor Discovery Protocol,NDP)在 IPv6 体系中相当于 IPv4 中的 ARP、ICMP 的功能,并在此基础上帮助 IPv6 设备发现本地网络中使用的 IPv6 地址前缀等参数,并帮助 IPv6 设备进行地址自动配置。

NDP 定义了 5 种消息类型,所有这 5 种消息在 IPv6 头部的跳数限制封装的数值都是 255。如果接收方发现自己接收到的一个 IPv6 数据包中封装的是 NDP 消息而它的跳数限制字段的值又不是 255,那么接收方 IPv6 设备就会将这个 NDP 消息丢弃。在 ICMPv6 封装这 5 种 NDP 消息时,它们的编码字段值皆会被设置为“0”,不同消息类型是通过类型值来标识的,这 5 种消息如下所示。

(1) RS(Router Solicitation,路由器请求)消息。ICMPv6 头部中的类型字段取 133。

(2) RA(Router Advertisement,路由器通告)消息。ICMPv6 头部中的类型字段取 134。

(3) NS(Neighbor Solicitation,邻居请求)消息。ICMPv6 头部中的类型字段取 135。

(4) NA(Neighbor Advertisement,邻居通告)消息。ICMPv6 头部中的类型字段取 136。

(5) 重定向消息。重定向(Redirect)消息。ICMPv6 头部中的类型字段取 137。

从此可以看出,不同类型的 NDP 消息,封装也不会相同。图 10-10 给出了路由器请求消息的封装示例。示例中,IPv6 基本报头的 NextHeader 字段值为 58,即下一个数据报为

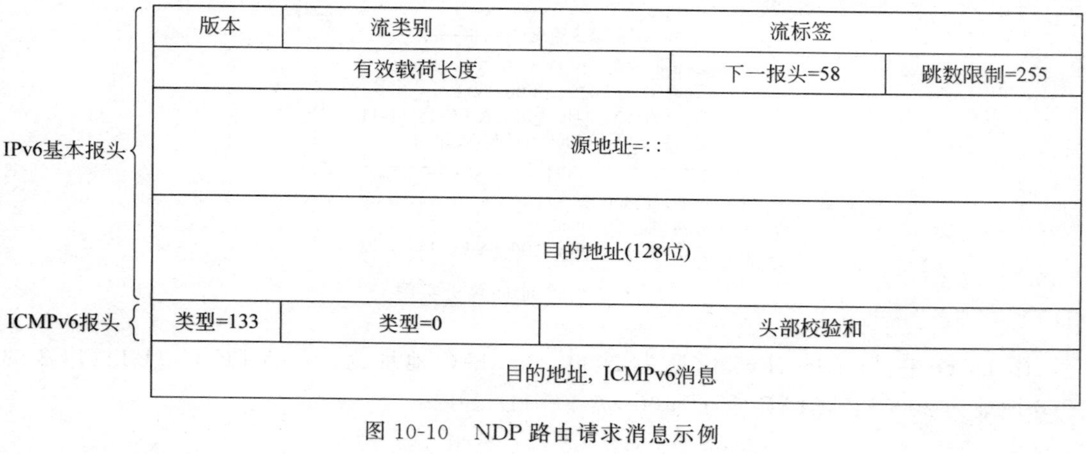

图 10-10 NDP 路由请求消息示例

ICMPv6 数据报,ICMPv6 的报头中,类型值为 133,表示这是一个路由器请求消息。

10.4.2　地址解析

为了能够解决查询数据传输目的设备的链路层地址,使用 IPv6 的设备就需要通过邻居发现协议(NDP)来操作,以得到 IPv4 中类似于地址解析协议(ARP)的效果。

在实际使用过程中,IPv6 设备通过 NDP 邻居请求(NS)消息和 NDP 邻居通告(NA)消息来查询和响应/通告设备之间链路层地址。

在使用 IPv4 时,以太网的设备是通过地址解析协议来查询目标设备的链路层地址的,但是地址解析协议无法应用到 IPv6 中,因为 IPv6 没有广播地址。在 IPv6 中是用多播的方式来实现类似于 IPv4 的广播功能。

但是邻居发现并没有将链路本地所有结点的多播地址(FF02::1)作为邻居请求的目的地址,如果使用这个多播地址,将会占用网络内其他设备更多的资源,所以邻居发现协议使用目的设备请求结点多播地址作为邻居请求的 IPv6 目的地址。

请求结点多播地址的前 104 位固定为 FF02::1:FF,后 24 位则直接套用被请求结点单播 IPv6 地址接口 ID 的后 24 位。后 24 位接口 ID 其实就是后 24 位 MAC 地址,理论上是唯一的。

每当一个网络适配器接口获得了一个单播或任播 IPv6 地址时,它就会同时监听发送给这个单播 IPv6 地址对应的请求结点多播地址,而这个单播 IPv6 地址对应的请求结点多播地址是把这个单播 IPv6 地址接口 ID 部分的后 24 位填充到 FF02::1:FF/104 这个前缀后面来获得的。

图 10-11 给出了一个 IPv6 设备进行地址解析的示例。

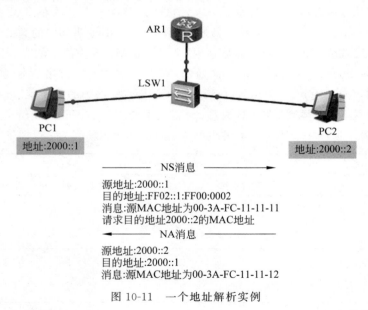

图 10-11　一个地址解析实例

图 10-11 中,PC1 的 IPv6 地址为 2000::1,MAC 地址为 00-3A-FC-11-11-11;PC2 的 IPv6 地址为 2000::2,MAC 地址为 00-3A-FC-11-11-12。

PC1 并不知道 PC2 的 MAC 地址,所以向多播地址 FF02::1:FF00:0002 发出一个 NS (NDP 邻居请求)消息,子网内所有的主机都会收到这个 NDP 消息,但是在比对 IPv6 地址后,与自己地址不符的主机会丢弃这个消息。PC2 在收到这个消息后,发现是在请求自己的 MAC 地址,就向邻居请求的请求方发送一个 NA(NDP 路由通告)消息,通知自己的 MAC 给 PC1,同时也记录了 PC1 的 MAC 地址。这样就可在将来 PC1 和 PC2 进行数据通信时直接发送带 MAC 地址的链路层数据帧。

10.5 IPv6 的地址配置

1. 有状态化地址自动配置

与 IPv4 相似,可以使用 DHCPv6 给 IPv6 设备自动分配地址,这种方式被称为有状态地址自动配置(Stateful Address AutoConfiguration)。

这种地址配置方式与 DHCP 给 IPv4 设备分配地址的工作方式基本一致,需要有一台运行 DHCPv6 服务的设备,IPv6 设备向 DHCPv6 服务器请求地址。

2. 无状态地址自动配置

SLAAC(StateLess Address AutoConfiguration,无状态地址自动配置)是一个不需要独立服务器也不需要管理员参与操作的自动地址配置方式。

IPv6 支持无状态地址自动配置,无须使用 DHCP 等辅助协议,主机即可获取 IPv6 前缀并自动生成接口 ID。路由器发现功能是 IPv6 地址自动配置功能的基础,主要通过以下两种报文实现。

(1) RA 消息。每台路由器为了让二层网络上的主机和其他路由器知道自己的存在,定期以多播方式发送携带网络配置参数的 RA 数据报。RA 数据报的 Type 字段值为 134。

(2) RS 消息。主机接入网络后可以主动发送 RS 数据报。RA 数据报是由路由器定期发送的,但是如果主机希望能够尽快收到 RA 数据报,它可以立刻主动发送 RS 数据报给路由器。网络上的路由器收到该 RS 数据报后会立即向相应的主机单播回应 RA 数据报,告知主机该网段的默认路由器和相关配置参数。RS 数据报的 Type 字段值为 133。

图 10-12 所示为一台刚接入网络的 IPv6 设备进行无状态地址配置的消息顺序。

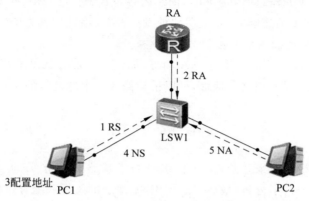

图 10-12 无状态地址配置消息顺序

1. PC1 请求获取路由器信息

本消息的目的是请求获取路由器信息。消息的 ICMPv6 类型为 133,目的地址为 FF02::2,就是在请求所有的路由器。

2. 路由器向网络内主机组播路由器信息

RA 消息是在收到 RS 消息后的响应。实际上,即便路由没收到 RS 消息,也会定时发出 RA 消息,以通知网内其他主机和路由器知道自己的存在。消息的 ICMPv6 类型为 134,目的地址为 FF02::1,也就是所有的主机。

在 RA 消息中,会有专门的字段来通告请求方该采用哪种方式来配置自己的 IPv6 地址。

RA 消息中的这个字段实际上是一位,称为 M 位。

如果 RA 消息中的 M 位置位,表示路由器指示本地链路中的设备通过 DHCPv6 协议动态配置 IPv6 地址;如果 RA 消息中的 M 位不置"1",则表示路由器指示本地链路中的设备通过 SLAAC 来配置 IPv6 地址。在 M 位不置"1"的情况下,RA 消息会同时向链路本地的网络适配器接口提供这个本地链路的 64 位前缀。

本节例子中,RA 消息指示链路本地主机采用 SLAAC 的方式配置 IPv6 地址,并且在配置时以 2000::/64 作为前缀。

3. 配置地址

PC1 在收到这个 RA 消息后,就会根据 RA 消息的内容来配置自己的 IPv6 地址。

在配置时可以通过下面两种方式补全 IPv6 地址的后 64 位,并自动配置自己的 IPv6 地址:一种方式是采用链路本地地址的最后 64 位进行配置,即反转适配器接口的 MAC 地址 EUI-64 标识符的第 7 位;另一种方式是由操作系统随机生成最后 64 位。

在 SLAAC 的实际运用中,系统随机生成最后 64 位的做法更为常见。在本节例子中,PC1 生成了 IPv6 地址 2000::1。

4. PC1 发 NS 消息确认地址是否重复

PC1 在按要求配置好地址以后,会发出一个 NS 消息,消息的目的地址是多播地址。这个地址由单播或任播地址的后 24 位加上地址前缀 FF02::1:FF00::/104 组成,所以 PC1 发出的多播地址为 FF02::1:FF00:0001;消息内容包含了自己的 IPv6 地址 2000::1。

如果没有收到 NA 消息响应,就说明地址没有冲突,地址配置完毕。

5. 发现地址冲突后的 NA 消息

如果 PC1 发出 NS 消息后得到了 NA 消息,那么这个消息就是来自于已经使用那个地址的主机,PC1 就不能再使用这个地址,可以手动修改一个地址。但是这种情况很少见。

本 章 小 结

本章从 IPv6 产生的背景开始,介绍了 IPv6 技术基础,介绍了 IPv6 的地址格式和分类,然后对 IPv6 的报头进行了分析,最后讲解了 IPv6 地址的解析和配置过程。

目前,IPv6 还没有开始全面部署,但这已经是一个趋势,读者可以在了解 IPv6 基本技术的基础上,参考相应资料,为全面应用做技术准备。

习　题　10

1. 简述 IPv6 的 3 种表示方法。
2. IPv6 地址有几种基本类型？
3. IPv6 数据报的组成是什么？
4. 使用 IPv6 如何解决查询数据传输目的设备的链路层地址？
5. NDP 定义的消息类型有哪些？

第11章　网络空间安全概论

本章将介绍网络空间安全涉及的相关概念,包括网络空间面临的安全问题、网络空间安全定义、网络空间安全的主要内容、网络空间安全技术和网络空间的未来发展。使读者能对网络空间安全有一个初步的认识和了解。

11.1　网络空间安全基础

11.1.1　网络空间安全的重要意义

人类社会在经历了机械化、电气化之后,进入了信息化时代,信息产业已成为第一大产业。信息就像水、电、石油一样,与所有行业和个人息息相关,是一种基础资源。信息和信息技术改变着人们的生活和工作方式。离开计算机、电视和手机等电子信息设备,人们将无法正常生活和工作。可以说,在信息时代,人们生存在物理世界、人类社会和信息空间组成的"三维世界"中。与此同时,网络空间安全变得前所未有地重要。

进入信息社会,信息已经成为一种非常重要的资源,它的安全与否已经影响到个人、企业甚至国家的根本利益。网络空间信息安全是一个涉及网络技术、通信技术、密码技术、信息安全技术、计算机科学、应用数学、信息论等多种学科的边缘性综合学科。

网络空间信息安全是国家安全的重要基础,网络信息在国民经济建设、社会发展、国防和科学研究等领域的作用日益重要。实际上,网络的快速普及与发展、客户端软件多媒体化、协同计算、资源共享、开放、远程管理化、电子商务、金融电子化等已成为网络时代必不可少的产物。确保网络空间信息安全至关重要,没有网络空间信息的安全就谈不上网络信息的应用。

网络空间信息安全问题已威胁到国家的政治、经济和国防等领域。对互联网的非法侵入或故意破坏,将会轻而易举地改变互联网上的应用系统甚至导致网络瘫痪,从而使国家在政治、经济、军事上造成无法弥补的巨大损失。因此,很早就有人提出了"信息战"的概念并将信息武器列为继原子武器、生物武器和化学武器之后的第四大武器。

非法访问、传播计算机病毒等对网络信息安全已构成重大威胁。如果这些问题不解决,国家安全会受到威胁,电子政务、电子商务、网络银行、网络科研、远程教育、远程医疗等都将无法正常开展,个人的隐私信息也得不到保障。

没有网络空间安全,就没有信息化和现代化,因此必须确保我国的网络空间安全。

11.1.2　网络空间安全的定义

网络空间(Cyberspace)一词是为了刻画人类生存的信息环境或信息空间而创造的,是由移居加拿大的美国科幻作家威廉·吉布森(William Gibson)于1982年在短篇科幻小说《燃烧的铬》中创造的,意指由计算机创建的虚拟信息空间,Cyber在这里强调计算机爱好者在游戏机前体验到交感幻觉,体现了 Cyberspace 不仅是信息的聚合体,也包含了信息对人类思想认知的影响。

随着信息技术的快速发展和互联网的广泛应用,Cyberspace 的概念不断丰富和演化。2008 年,美国第 54 号总统令对 Cyberspace 进行了定义:Cyberspace 是信息环境中的一个整体域,它由独立且互相依存的信息基础设施和网络组成,包括互联网、电信网、计算机系统、嵌入式处理器和控制器系统。除了美国之外,还有许多国家也对 Cyberspace 进行了定义和解释,但与美国的说法大同小异。

由于网络空间安全的内容丰富、涉及领域广且这些领域技术正在飞速发展中,因此对于网络空间安全尚无权威、准确的定义。下面关于网络空间安全的论述,仅供参考。

网络空间是一个虚拟的空间,用规则管理起来,称之为"网络空间"。虚拟空间包含了 3 个基本要素:

第一个是载体,即通信信息系统;

第二个是主体,即网民、用户;

第三个是构造一个集合,用规则管理起来,称之为"网络空间"。

网络空间是人类运用信息通信系统进行交互的空间,其中信息技术通信系统包括各类互联网、电信网、广电网、物联网、在线社交网络、计算系统、通信系统、控制系统、电子或数字信息处理设施等。人间交互指信息通信技术活动。

网络空间安全涉及网络空间中的电子设备、电子信息系统、运行数据、系统应用中存在的安全问题,分别对应设备、系统、数据、应用 4 个层面。

网络空间信息安全包括两部分:一是防止、保护、处置包括互联网、电信网、广电网、物联网、工控网、在线社交网络、计算系统、通信系统、控制系统在内的各种通信系统及其承载的数据不受损害,防止对这些信息通信技术系统的滥用所引发的政治安全、经济安全、文化安全、国防安全;二是保护系统本身,防止利用信息系统带来其他的安全问题。所以针对这些风险,要采取法律、管理、技术、自律等综合手段来应对,而不能像过去一样信息安全主要依靠技术手段。

11.1.3 日常生活中的网络安全事件

一提到网络安全,很多人就会想到"黑客",觉得网络安全很神秘,甚至离现实很遥远。但实际上,网络安全与人们的生活关系密切,网络安全问题屡有发生。例如,现实生活中经常听到类似下面的安全事件。

1. QQ 账号密码被盗

不法分子通常在网络上购买病毒软件或者木马程序,再通过网络上各种信息搜集合成工具,获得大量 QQ 用户的邮箱信息,然后向这些邮箱群发送经过伪装且带有病毒或者木马的邮件,如果用户无意中打开这些邮件,轻则会被不法分子盗取 QQ 密码,重则会被窃取隐私信息,从而造成损失。

2. 微信、支付宝等账号被盗

用微信、支付宝等进行支付,方便、快捷。犯罪分子通过各种方式获得用户的微信、支付宝账户信息,导致存款被转走。

3. 网银账号被盗

网银支付的确方便,但犯罪分子会用木马病毒侵入受害人手机或计算机盗取网银账号、密码并进行转账或消费。

4. 银行卡被盗刷

有时人们会收到陌生电话号码发来的短信,其中含有诱人的图片或网络链接,如果打开了短信中的图片或链接,就有可能被盗取银行卡信息。犯罪分子会复制银行卡并在 ATM 机上转账和取款。

5. 网络诈骗

网络诈骗通常是指为达到某种目的,以各种形式在网络上向他人行骗的手段。犯罪的主要行为和环节均发生在互联网上,用虚构的事实或者隐瞒真相的方法骗取的公私财物数额较大、手段繁多,其共同特征就是以高额的回报或小礼品为诱饵,实施诈骗。例如中奖诈骗、网络购物诈骗、盗取 QQ 实施诈骗、网络游戏诈骗、网上征婚交友诈骗、网上购票、网上代考诈骗等。

6. 网络系统信息泄露

近年来,网络系统信息泄露事件不断发生,有上升态势。例如前程无忧网站 195 万条个人求职简历泄露、Facebook 公司 8700 万用户的数据泄露、顺丰速运 3 亿条用户信息数据被出售等。

从上述事件可见,网络安全问题随时可能在人们的日常生活中发生。今后还会发生各种形形色色的网络安全事件。之所以出现这些网络安全问题,一方面是因为公众对网络安全问题的警惕性不高,另一方面是缺乏抵御网络安全威胁的知识。

11.1.4 威胁网络安全的行为

网络安全面临的威胁可以来自很多方面,并且随着时间的变化而不断变化。威胁网络安全的常见行为有如下几类。

1. 窃听

在广播式网络系统中,可以通过搭线窃听、安装通信监视器等方式读取网上的信息。网络体系结构允许监视器接收网上传输的所有数据帧而不考虑帧的传输目标地址,这种特性使得偷听网上的数据或非授权的访问很容易且不易被发现。

2. 假冒

一个实体假扮成另一个实体进行网络活动就是假冒。

3. 重放

重放就是重复一份报文或报文的一部分,以便产生一个授权的效果。

4. 流量分析

通过观察和分析网上的信息流有无传输、传输的数量、方向和频率等特点,就可以推断出网上传输的有用信息,由于报文信息不能加密,所以即使数据进行了加密处理,也可以进行有效的流量分析。

5. 数据完整性破坏

有意或无意地修改、破坏信息系统,或者在非授权和不能监视的方式下对数据进行修改就可对数据的完整性进行破坏。

6. 拒绝服务

当一个授权的实体不能获得对网络资源的合法访问或紧急操作被延迟时,就会发生拒绝服务。

7. 资源的非授权使用

资源的非授权使用就是与所定义的安全策略不一致的使用。

8. 陷阱和特洛伊木马

陷阱和特洛伊木马就是通过替换系统的合法程序或者在合法程序中插入恶意的代码,启动非授权进程,以达到某种特定的非法目的。

9. 病毒

随着人们对计算机系统和网络依赖程度的增加,计算机病毒已经对网络安全构成严重威胁。

10. 诽谤

诽谤就是利用计算机信息系统的广泛互连性、匿名性散布错误消息,达到诋毁某个对象的形象和知名度的目的。

11.2 网络空间面临的安全

网络空间面临的安全主要包括 Internet 的安全、电子邮件的安全、域名系统的安全、IP 地址的安全、Web 站点的安全、文件传输的安全、用户行为的安全。

11.2.1 Internet 的安全

Internet 是全球最大的信息网络,它的发展促进了国家的政治、军事、文化和人们生活水平的提升,改变了人们的生活、学习和工作方式。Internet 是一个开放系统。窃密与破坏已经从个人、集团的行为上升到国家的信息战行为。目前,Internet 的安全问题日显突出,据 CERT/CC 统计,在历年的 Internet 网络安全案件中,主要安全威胁来自黑客攻击和计算机病毒。Internet 的安全问题的根源来自内因和外因。

(1) 站点主机数量的增加,使得 Internet 的安全性能无法估计。网络系统很难动态适应站点主机数量的突增,系统网络管理的功能升级困难也难以保证主机的安全性。

(2) 主机系统的访问控制配置和软件十分复杂,因此在各种环境下进行测试变得不太可能,又由于 UNIX 系统从 BSD 获得了部分网络代码。而 BSD 源代码可轻易获取,因此导致攻击者易侵入网络系统。

(3) 分布式管理难于预防侵袭,一些数据库用口令文件进行分布式管理,又允许系统共享数据和共享文件,这就带来了不安全因素。

(4) 验证环节虚弱。Internet 中的许多安全事故源于虚弱的静态口令易被破译或易于解密或通过监视信道窃取。TCP/IP 和 UDP 服务也只能对主机地址进行验证,而不能对指定的用户进行验证。

(5) Internet 和 FTP 中用户名及口令的 IP 包易被监视与窃取。使用 Internet 或 FTP 连接远程主机的账户时,传输的口令没有经过加密,攻击者可通过获取的用户名和口令的 IP 包登录到系统。

（6）攻击者的主机易冒充成可信任的主机。可信主机的 IP 地址是被 TCP 和 UDP 信任的，攻击者用客户 IP 地址取代自己的 IP 地址或构造一条攻击的服务器与其主机的直接路径，客户误将数据包传送给攻击者的主机，此时的可信主机便失去了安全。一般情况下，Internet 服务安全内容包括 E-mail 安全、文件传输服务安全、远程上机（Telnet）安全、Web 浏览服务安全和 DNS 域名安全、设备的物理安全以及社会工程学的安全问题。

11.2.2　电子邮件的安全

电子邮件（E-mail）是一种用电子手段提供信息交换的通信方式，也是全球网上最普及的服务方式，数秒内就可传遍全球。它加速了信息交流。E-mail 除传递信件之外，还可以以附件形式传送文件、声音、图形等内容。

E-mail 不是端到端的实时服务，而是存储转发式服务，是非实时通信。发送者可随时随地发送邮件，将邮件存入对方电子邮箱，并不要求接收者实时收发邮件，其优点是不受时间、空间约束。E-mail 邮件系统的传输过程包括邮件用户代理（Mail User Agent，MUA）、邮件传输代理（Mail Transfer Agent，MTA）和邮件分发代理（Mail Delivery Agent，MDA）三部分。

用户代理是一个用户端发信和收发的程序，负责将信件按一定的标准发送到邮件服务器。传输代理负责信件的交换和传输，将信件传送到邮件主机，再交给接收代理。接收代理根据简单邮件传输协议按收信人的地址将信件传递到目的地，一般采用 Sendmail 程序来完成此工作。接收代理的网络邮局协议（Post Office Protocol，POP）或网络中转协议能使用户在自己的主机上读取这份邮件。E-mail 服务器是向全体开放的，故有一个"路由表"，列出了其他 E-mail 服务器的目的地址。当服务器读取信头时，如果不是发给自己的，会自动转发到目标服务器。E-mail 的正常服务靠的是 E-mail 服务协议。

1. E-mail 的相关协议

（1）SMTP。SMTP（Simple Mail Transfer Protocol，简单邮件传送协议）是邮件传输协议。经过它以明文的形式进行电子邮件的传递，这种明文传输方式很容易被中途窃取、复制或篡改。

（2）ESMTP。ESMTP（Extended SMTP，扩展型 SMTP）具有不易被中途截取、复制或篡改的特点。

（3）POP3。POP3（Post Office Protocol Version 3，邮局协议第 3 版）允许邮件保留在邮件服务器上并被用户从邮件服务器收发。POP3 是以用户当前存在邮件服务器上的全部邮件为对象进行操作的，允许一次性将它们下载到用户端计算机中。此时，用户不需要的邮件也会进行下载。

（4）IMAP4。IMAP4（Internet Message Access Protocol 4，互联网消息访问协议第 4 版）允许用户有选择地从邮件服务器接收邮件。IMAP4 在用户登录到邮件服务器后允许采取多段处理方式查询邮件，用户可只读取电子信箱中的邮件信头，然后下载指定的邮件。

（5）MIME 协议。MIME（Multipurpose Internet Mail Extensions，多用途互联网邮件扩展）协议的功能是将计算机程序、声音和视频等二进制格式的信息先转换成 ASCII 文本，然后利用 SMTP 传输这些非文本格式的电子邮件，也可随文本电子邮件一起发出。

2. E-mail 存在的安全漏洞

（1）窃取 E-mail。通过浏览器在 Internet 上发送 E-mail 时，要经过许多网络设备，故入侵者可在路径上窃取或伪造 E-mail。

（2）Morris 系统内有一种会破坏 Sentmail 的指令。这种指令可使其执行黑客发出的命令，故 Web 上的浏览器更容易受到侵袭。

（3）E-mail 轰炸、E-mail Spamming 和 E-mail 炸弹。E-mail 炸弹（End Bomb 和 KaBoom）能把攻击目标加到近百个 E-mail 列表中。Up Yours 是最流行的炸弹程序，它使用很少的资源，隐藏攻击者的源头进行攻击。E-mail 轰炸使同一收件人不停地接到大量同一内容的 E-mail，使电子信箱装满而停止工作。E-mail Spamming 可使一条信息传送给成千上万的用户，如果一个人用久了 E-mail Spamming，那么所有用户都会收到这封信。E-mail 服务器如果收到很多邮件，就会脱网，导致系统崩溃而停止服务。

（4）E-mail 欺骗。E-mail 欺骗是向用户邮箱发送邮件，伪称来自网络系统管理员，并威胁用户将口令改变为攻击者的指定的字符串，如果不按此处理，将关闭用户的账户。

（5）虚构某人名义发出 E-mail。由于任何人都可以与 SMTP 的端口连接，故攻击者可以虚构某人名义利用与 SMTP 连接的端口发出 E-mail。

（6）电子邮件病毒。电子邮件病毒是利用 Outlook 存在的安全隐患，通过编制一定的代码使病毒自动执行。病毒多以 E-mail 附件形式传给用户，一旦用户打开该附件，计算机就会中毒。因此不要打开来历不明的邮件，在打开附件前，应先用防毒软件扫描，以确保附件无病毒。

3. E-mail 的安全措施

（1）在邮件系统中安装过滤器。在接收任何 E-mail 之前，先检查发件人的资料，删去可疑邮件，不让它进入邮件系统。

（2）防止 E-mail 服务器超载。超载会降低传递速度或不能收发 E-mail。

（3）如有 E-mail 轰炸或 E-mail Spamming，就要通过防火墙或路由器过滤来自这个地址的 E-mail 炸弹邮包。

（4）防止 E-mail 炸弹是指删除文件或在路由的层次上限制网络的传输。另一种方法是写一个 Script 程序，当 E-mail 连接到自己的邮件服务器时，它就会捕捉到 E-mail 炸弹的地址，并使邮件炸弹的每一次连接都自动终止，然后回复声明指出其触犯法律。

（5）谨慎打开 E-mail 附件中的可执行文件（.EXE、.COM）、Word 或 Excel 文档，因为这些大多是带有"特洛伊木马"病毒的文件。

11.2.3　域名系统的安全

域名系统（Domain Name System，DNS）是一种用于 TCP/IP 应用程序的分布式数据库，它的作用是提供主机名称和地址的转换信息。网络用户通过 UDP 与 DNS 域名服务器进行通信，而服务器在 53 端口监听并返回用户所需要的信息，这是正向域名解析的过程。反向域名解析则是一个查询 DNS 的过程，当用户向一台服务器请求服务时，服务器会根据用户的 IP 地址反向解析出对应的域名。域名系统的安全威胁有以下几种。

（1）DNS 会查漏内部的网络拓扑结构，故 DNS 存在安全隐患。整个网络架构中的主机名、主机 IP 列表、路由器名、路由器 IP 列表、计算机所在位置等可以被轻易窃取。

（2）攻击者控制了 DNS 服务器后，就会篡改 DNS 的记录信息，利用被篡改的记录信息达到入侵整个网络的目的，使到达原目的地的数据包落入攻击者控制的主机。

（3）DNS 服务器有其特殊性，在 UNIX 中，DNS 需要 UDP 53 和 TCP 53 端口，它们需要使用 root 执行权限，这样防火墙很难控制对这些端口的访问，最终导致入侵者可窃取 DNS 服务器的管理员权限。

（4）DNS ID 欺骗行为。这种欺骗行为是由黑客伪装的 DNS 服务器提前向客户端发送响应数据包，使客户端的 DNS 缓存里域名所对应的 IP 变成黑客自定义的 IP，于是客户端被带到黑客设定的网站。域名系统的威胁解除办法是，遇到 DNS 欺骗，先禁止本地连接，然后启用本地连接即可消除 DNS 缓存。这是因为，如果在 IE 浏览器中使用代理服务器，DNS 欺骗就不能进行，因为这时客户端并不会在本地进行域名请求。如果访问的不是网站主页而是相关子目录的文件，则在自定义的网站上不会找到相关的文件，所以通过禁用本地连接，再启用本地连接的方法就可以清除 DNS 欺骗。

11.2.4　IP 地址的安全

IP 地址的安全威胁有以下几种。

（1）盗用本网段的 IP 地址，并记录下物理地址。在路由器上设置静态 ARP 表，可以防止在本网段盗用 IP。路由器会根据静态 ARP 表检查数据，如果不能对应，则不进行处理。

（2）IP 电子欺骗。IP 欺骗是通过 RAW Socket 编程，发送带有伪造的源 IP 地址的 IP 数据包，让一台计算机扮演另一台计算机，以获得对主机的未授权访问。即使设置了防火墙，如果没有对本地区域中资源 IP 包地址进行有效过滤，这种 IP 欺骗仍然奏效。当黑客进入系统后，会绕过口令及身份验证，专门等候合法用户连接登录远程站点，一旦合法用户完成其身份验证，黑客就可控制该连接。这样，就可破坏远程站点的安全。

IP 欺骗攻击的防备有以下几种办法。

（1）通过对包的监控来检查 IP 欺骗。可用 netlog 或类似的包监控工具来检查外接口上包的情况，如果发现包的源地址和目的地址都是本地域内的地址，就意味着有人试图攻击系统。

（2）安装过滤路由器来限制对外部接口的访问，禁止带有内部网资源地址包的通过。当然也应禁止带有不同的内部资源地址内部包通过路由器到达其他网络中，这就可以防止内部的用户对其他站点进行 IP 欺骗。

（3）将 Web 服务器放在防火墙外面。这样做有时更安全，如果路由器支持内部子网的两个接口，则易引发 IP 欺骗。

（4）在局部网络的对外路由器上加限制条件，不允许声称来自内部网络包通过，也能防止 IP 欺骗。

11.2.5　Web 站点的安全

Web 服务器有以下安全漏洞。

（1）安全威胁类来源有以下几种。

① 外部接口。

② 网络外部非授权访问。

③ 网络内部的非授权访问。

④ 商业或工业间谍。

⑤ 移动数据。

（2）入侵者会重点针对某个数据库、表或目录进行攻击，以达到破坏和攻击数据的目的。

（3）进行地址欺骗、IP 欺骗或协议欺骗。

（4）非法偷袭 Web 数据，例如电子商务或金融信息数据。

（5）伪装成 Web 站点管理员攻击 Web 站点或控制 Web 站点主机。

（6）服务器误认闯入者是合法用户而允许其访问。

（7）伪装域名，使 Web 服务器向入侵者发送信息，而客户无法获得授权访问的信息。

常用的 Web 站点安全措施有以下几种。

（1）将 Web 服务器当作无权限的用户运行很不安全，因此要设置管理权限。

（2）将敏感文件放在基本系统中，再设置二级系统，所有敏感文件数据都不向 Internet 开放。

（3）检查 HTTP 服务器使用的 Applet 和脚本，尤其是与客户交互的 CGI 脚本，以防止外部用户执行内部指令。

（4）建议在 Windows NT 以上的系统运行 Web 服务器并检查驱动器和共享的权限，将系统设为只读状态。

（5）采用 Macintosh Web 服务器更为安全，尽管缺少 Windows 系统的一些设置特性。

（6）要修复 daemons 系统的软件安全漏洞。daemons 会执行不希望执行的功能，如控制服务、网络服务、与时间有关的活动及打印服务。

（7）为防止入侵者用电话号码作为口令进入 Web 站点，要配备能阻止和覆盖口令的收取机制及安全策略。

（8）不断更新、重建和改变 Web 站点的连接信息，一般 Web 站点只允许单一种类的文本作为连接资源。

（9）假设 Web 服务器放置在防火墙的后面，就可将 Wusage 统计软件安装在 Web 服务器内，以控制通过代理服务器的信息状况，这种统计工具能列出站点上往返最频繁的用户名单。

（10）安装在公共场所的浏览器，应防备入侵者改变浏览器的配置，获得站点机要信息、IP 地址、DNS 入口号等，故要做防御措施。

11.2.6 文件传送的安全

文件传送协议（File Transfer Protocol，FTP）是在 Internet 上主机之间收发文件所用的协议，使用的是客户-服务器模式。当使用客户端程序时，用户的命令 FTP 服务器传送一个特定的文件，服务器会响应发送命令并将这个文件存入用户机指定的目录中。

FTP 传送条件是用户拥有 FTP 服务器的权限。FTP 可通过 CERN 代理服务器直接访问该服务器。目前，FTP 的安全问题是 FTP 自身的安全问题及协议的安全功能如何扩展。即便使用了安全防火墙，黑客仍有可能访问 FTP 服务器，故 FTP 存在安全问题。FTP 的安全漏洞有以下几种。

（1）代理 FTP 中的跳转攻击。代理 FTP 是 FTP 规范 PR85 提供的一种允许客户端建立的控制连接，是在两台 FTP 服务器间传送文件的机制。它可以不经过中间设备直接传送给客户端，再由客户端传送给另一个服务器，这就减少了网络流量，但攻击者可以发出一个 FTP PORT 命令给目标 FTP 服务器，其中包括该被攻击主机的网络地址和与命令及服务相对应的端口号。这样，客户端就能命令 FTP 服务器发送数据给被攻击的服务器。由于是通过第三方连接的，使跟踪攻击者的难度变大。其防范措施如下。

① 禁止使用 PORT 命令，而通过 PASV 命令来实现传送，缺点是损失了使用代理 FTP 的能力。

② 服务器不打开数据连接到小于 1024 的 TCP 端口号，因为 PR85 规定 TCP 端口 0～1023 是留给用户服务器的端口号，而 1024 以上的服务才是由用户自定义的服务。

（2）FTP 软件允许用户访问所有系统中的文件且 FTP 文件系统存在可写区域被攻击者用于删改文件。

（3）地址被盗用。基于网络地址的访问会使 FTP 服务器的地址易被盗用，攻击者冒用组织内的机器地址将文件下载到组织外未授权的计算机上。防范措施是加上安全鉴别机制。

（4）用户名和密码被猜测。为了防止用户名和密码被猜测，FTP 服务器要限制大于 5 次的查询尝试，停止设备的 5 次以上尝试的控制连接。此时，应给用户一个响应返回码 421，表示服务器不可用，即将关闭控制连接。

（5）端口盗用。因为用户要获得一个 TCP 端口号才能连接 FTP 服务器，故端口号易被盗用。黑客可盗取合法用户的文件或从授权用户发出的数据流中伪造文件。为防止端口盗用，可以采取随机性分配端口号。

FTP 的安全措施有以下几种。

（1）未经授权的用户禁止进行 FTP 操作，FTP 使用的账号必须在 password 文件中有记载，并且它的口令不能为空。凡是被 FTP 服务器拒绝访问的账号和口令都记录在 FTP 的保护进程 FTP 的 /ete/FTPuser 文件中，凡在此文件出现的用户将拒绝访问。

（2）保护 FTP 使用的文件和目录。

① FTP\bin 目录的所有者设为 root，此目录主要放置系统文件，设为用户不可访问的文件。

② FTP\exe 目录的所有者设为 root，此目录存放 group 文件和 password 文件，设为只读属性，并将文件 password 中用户加密过的口令删除，但不删除文件中已加密的口令。

③ FTP\pub 目录的所有者设为 FTP，设为所有用户均可读和可写，以保证 FTP 合法用户的正常访问。

④ FTP 的主目录的所有者设为 FTP，主目录设为所有用户均不可写，以防止用户删除主目录文件。

11.2.7　用户行为的安全

网络信息保护的技术实施和最终的安全系统操作都是由人完成的。从网络信息安全对安全策略的依赖性可知，保护的信息对象和所要达到的保护目标是由人通过安全策略确定的。因此，在网络信息安全的系统设计、实施和验证中也不能离开人，人在网络信息安全管理中占据着中心地位。网络内部的客户通过技术手段可以轻而易举地跳过技术控制。例如,计算机系统一般是通过口令来识别用户的。如果用户提供正确的口令,则系统自动认为该用户是授权用户。假设一个授权用户把其用户名和口令告诉了其他人,那么非授权用户就可以假冒这个授权用户进行操作而无法被系统发现。

非授权用户攻击一个机构的计算机网络系统是十分危险的,而一个授权的网络内部用户攻击一个机构的计算机网络系统将更加危险,这是因为内部人员不但对机构的计算机网络系统结构、操作员的操作规程非常清楚,而且知道足够的口令跨越安全控制。这些安全控制通常是应对外部攻击的。可见,内部用户的越权使用是一个非常难以应对的问题。如果系统管理员在系统安全的相关配置上出现错误或未能及时查看安全日志或用户未正确采用安全机制保护信息,都将会使机构的信息系统防御能力大大降低。没有培训的员工通常会给机构的信息安全带来另一种风险,例如在文件数据备份之前没有做验证,当系统遭到攻击后,才发现备份文件无法读出。这种数据的丢失是由错误的流程造成的。由此可见,对使用者的技术培训和安全意识教育是非常重要的。网络信息安全一般不会带来直接的经济效益,虽然能限制损失,但是建设初期是需要经费的。有人认为在安全上投资是一种浪费,而且为系统添加安全特色通常会使原先简单的操作变得复杂,使处理效率降低,这种情况通常会在安全问题带来的损失后才会改变。

只有建立起责任和权力基础,网络信息安全才能与其他工作一样正常展开。然而,在开展网络信息安全建设的初期可能会面临一系列问题。例如,首先是缺乏专业人才或仅有的人才不是专职工作的;其次,网络信息安全建设需要资金支持,需要进行安全需求论证、设计和实施,需要培训运行人员,需要建立规章制度等。

在一个组织机构中,对任职人员的行为进行适当的记录是一项保障网络信息安全行之有效的方法。因为网络信息安全不仅要求内部人员有安全技术知识、安全意识和领导层对安全的重视,还必须制定一整套明确的责任,明确审批权限的安全管理制度,以及专门的安全管理机构,从根本上保证所有任职人员的规范化使用和操作。

此外,法律会限制网络信息安全保护中可用的技术以及技术的使用范围,因此决定安全策略或选用安全机制的时候需要考虑法律或条例的规定。例如,中华人民共和国国家密码管理委员会 1999 年颁布的《商用密码管理条例》规定,在中国,商用密码属于国家密码,国家对商用密码的科研、生产、销售和使用实行专控经营。也就是说,使用未经国家批准的密码算法或使用国家批准的算法但未得到国家授权认可的产品都属于违法行为。因此,当采用密码算法保护本单位的商用信息时,需要采用国家授权的产品。

在现代社会里,人们的行为习惯和社会道德都会对网络空间信息安全产生影响。一些技术方法或管理办法在一个国家或区域可能不会有问题,但在另一个地方可能会受到抵制。例如,密钥托管在一些国家实施起来可能不会很艰难,但有些国家曾因为密钥托管技术的使用被认为侵犯了人权而被起诉。信息安全的实施与所处的社会环境有紧密的联系,不能盲目照搬他人的经验。

11.3　网络空间安全的主要内容

随着信息化进程的深入和计算机网络的飞速发展,我国现在已建设了大量的信息化系统,这些国家关键基础设施支持着电子政务、电子商务、电子金融、电子投票、网络通信、网络合作研究、网络教育、网络医疗和社会保障等方方面面。网络化、信息化、数字化的特点使这些系统均与保密或敏感网络信息有关，运作方式有别于传统模式，因此这些设施的安全维护显得格外重要。要保证网络电子信息的安全性和有效性，除了需要根据知识经济的发展制定出相适应的政策、法规和管理规范外，还需要通过网络空间安全技术提供安全保障。网络空间安全是构建整个社会网络化、信息化、数字化的根本保证。

网络技术的广泛应用大大提高了人类活动的质量和效率。如同许多新技术的应用一样，网络技术也是人类为自己锻造的一把双刃剑，善意的应用将造福于人类，恶意的应用则将给社会带来危害。所以，在考虑网络空间安全的保障总体规划上，不仅要在网络空间安全技术上统筹计划，还要强调网络信息保障研究跨学科的性质。更重要的是，要加强网络空间安全教育与管理，强调其系统规划和责任，重视对网络信息系统使用的法律与道德规范问题，将法律、法规和各种规章制度融入网络空间安全解决方案中。总之，网络空间安全保障和网络空间安全的本质在于主动防御而不是被动保护。网络空间安全保障涉及管理、制度、人员、法律和技术等方面。因此，解决网络空间安全的基本策略是综合治理。网络空间安全研究所涉及的内容相当广泛，包括网络设施的安全性、信息传送的完整性（防止信息被未经授权的篡改、插入、删除或重传）、信息自身的保密性（保证信息不泄露给未经授权的人）、信息的可控性（对网络信息和网络信息系统实施安全监控管理，防止非法用户利用网络信息和网络信息系统）、网络信息的不可否认性（保证发送和接收网络信息的双方不能事后否认他们自己所做的操作行为）、网络信息的可用性（保证网络信息和网络信息系统确实能为授权者所用，防止由于计算机病毒或其他入侵行为造成系统的拒绝服务）、网络信息人员的安全性和网络信息管理的安全性等。

11.3.1　计算机病毒的防治技术

随着计算机的应用与推广，计算机技术已经渗透到社会的各个领域，伴随而来的计算机病毒传播问题也引起人们的关注。网络计算机病毒可以渗透到信息社会的各个领域，对信息社会造成严重威胁。20 世纪 70 年代中期，计算机病毒的概念开始出现在美国的一些科幻小说中，使生活在信息社会中的人们颇感新奇。而现在，这个人们臆想中的"幽灵"已经悄悄地潜伏在世界各地的计算机系统中，对信息系统的安全构成了严重的威胁。世界上第一个计算机病毒，准确地说应该是第一个"病毒"雏形，源于 20 世纪 60 年代初美国贝尔实验室。当时，3 名年轻的程序员编写了一个名为《磁芯大战》的游戏，游戏通过复制自身来摆脱对方的控制。

1983 年 11 月，在国际计算机安全学术研讨会上，美国计算机专家首次将病毒程序在 VAX/750 计算机上进行了实验，世界上第一个计算机病毒就这样诞生在实验室中。20 世纪 80 年代后期，巴基斯坦有一对程序员兄弟为了打击盗版软件的使用者，设计出了一个名为"巴基斯坦"的病毒，这就是世界上第一个真正流行的病毒。

计算机病毒的发展经历了以下 5 个阶段。

第 1 个阶段为原始病毒阶段（1986—1989 年）。由于当时计算机的应用软件少，而且大多单机运行，因此病毒没有大量流行，种类也很有限，病毒的清除工作相对来说较容易。

第 2 个阶段为混合型病毒阶段（1989—1991 年）。该阶段是计算机病毒由简单发展到复杂的阶段。计算机局域网开始应用与普及，给计算机病毒带来了第一次流行高峰。

第 3 个阶段为多态性病毒阶段。防病毒软件查杀此类病毒非常困难。这个阶段病毒技术开始向多维化方向发展。

第 4 个阶段为网络病毒阶段。从 20 世纪 90 年代中后期开始,随着国际互联网的发展壮大,依赖互联网传播的邮件病毒和宏病毒等大量涌现,病毒传播速度快、隐蔽性强、破坏性大。

第 5 个阶段为主动攻击型病毒。这类病毒利用操作系统的漏洞进行进攻型扩散,并不需要任何媒介或操作,用户只要接入互联网就有可能被感染,此类病毒的危害性更大。

迄今为止,世界上已发现的计算机病毒有数万种,给全球经济造成的损失每年高达数十亿美元。可以预见,随着计算机、网络运用的不断普及和深入,防范计算机病毒将越来越受到人们的重视。

计算机病毒是指编制或者在计算机程序中插入的破坏计算机功能或者数据,影响计算机使用并能自我复制的一组计算机指令或者程序代码。由此可见,计算机病毒是一种人为的用计算机语言写成的可存储、可执行的计算机非法程序。因为这种非法程序隐蔽在计算机系统可存储的信息资源中,像微生物学所称的病毒一样,利用计算机信息资源进行生存、繁殖和传播,影响和破坏计算机系统的正常运行,所以人们形象地把这种非法程序称为"计算机病毒"。计算机病毒是一种特殊程序,因此病毒程序的结构决定了病毒的传染能力和破坏能力。

从程序结构看,计算机病毒通常由 3 个部分组成。

(1) 引导模块。该模块将病毒从外存引入内存,激活传染模块和表现模块。

(2) 传染模块。该模块负责病毒的传染和扩散,将病毒传染到其他对象上。

(3) 表现模块。该模块是计算机病毒中最关键的部分,用于实现删除文件、格式化硬盘、显示或发声等破坏。

计算机病毒有以下特点:一是攻击隐蔽性强,病毒可以无声无息地感染计算机系统而不被察觉,待发现时,往往已造成严重后果;二是繁殖能力强,计算机一旦染毒,可以很快复制许多病毒文件,目前的三维病毒还会产生很多变种;三是传染途径广,可通过软盘、有线和无线网络、硬件设备等多渠道自动侵入计算机中,并不断蔓延;四是潜伏期长,病毒可以长期潜伏在计算机系统中而不发作,待满足一定的条件后,就激发破坏;五是破坏力大,计算机病毒一旦发作,轻则干扰系统的正常运行,重则破坏磁盘数据、删除文件,导致整个计算机系统的瘫痪;六是针对性强,计算机病毒的效能可以准确地加以设计,满足不同环境和时机的要求。

计算机病毒的广泛传播,推动了反病毒技术的发展,新的反病毒技术的出现,又迫使计算机病毒更新其技术。两者相互激励,螺旋式上升,不断提高各自的水平,在此过程中涌现出许多计算机病毒新技术,采用这些技术的目的是使计算机病毒广泛传播。计算机病毒的发展呈现以下趋势。

(1) 病毒传播方式不再以存储介质为主要的传播载体,取而代之的是计算机网络。目前,使用计算机网络逐渐成为计算机病毒发作条件的共同点。

(2) 传统病毒日益减少,计算机病毒变形(变种)的速度极快并向混合型、多样化发展,网络蠕虫成为最主要和破坏力最大的病毒类型。

(3) 运行方式和传播方式将更加多样化,更具有隐蔽性。

（4）尽管目前 Windows 10 比其他版本的 Windows 系统安全性显著提高，但随着其日益流行，它将成为黑客的主要攻击目标。

（5）针对 Mac OS 和 UNIX 等其他系统的病毒数量明显增加。

（6）跨操作系统的病毒将会越来越多。

（7）计算机病毒技术与黑客技术将日益融合，出现带有明显病毒特征的木马或者木马特征的病毒。

（8）物质利益将成为推动计算机病毒发展的最大动力。

长期以来，人们设计计算机的主要目的是增强信息处理功能，降低生产成本，因此对于安全问题重视不够。计算机系统的各个组成部分、接口界面、各个层次的数据转换都存在着薄弱环节；由万维网（WWW）连接的"地球村"为计算机病毒创造了实施的空间；新的计算机技术在电子系统中不断应用，为计算机病毒的实现提供了客观条件。国外专家认为，分布式数字处理、可重编程嵌入计算机、网络化通信、计算机标准化、软件标准化、标准的信息格式、标准的数据链路等都使计算机病毒侵入成为可能。

现代信息技术的巨大进步已使空间距离不再遥远，这为计算机病毒的传播提供了"高速公路"。计算机病毒可以附着在正常文件中通过网络进入一个又一个系统。目前，国内计算机感染"进口"病毒已不再是什么大惊小怪的事情了。在信息国际化的同时，计算机病毒也在国际化。因此，计算机病毒防范的对策和方法根据计算机病毒的组成、特点和传播途径，可分为以下措施。

（1）给计算机安装防病毒软件，各种防病毒软件对防止病毒的入侵有较好的预防作用。

（2）写保护所有系统盘，不要把用户数据或程序写到系统盘上，对系统的一些重要信息做备份。一般至少做出 CMOS、硬盘分区表和引导区记录等参数的备份（可用 Debug 或 Norton Utilities Disk Tool 等），有些病毒很猖獗，一旦感染，可能使所有硬盘参数丢失，如果没有这些参数备份，计算机则可能完全崩溃。

（3）尽量使用硬盘引导系统并且在系统启动时即安装病毒预防或疫苗软件。例如，在系统启动时，在 Windows 的启动栏中装入 Vsafe.com、Norton、Scan 或 LANDesk Virus Protect。

（4）对公用软件和共享软件的使用要谨慎，禁止在办公计算机上运行任何游戏盘，因为游戏盘携带病毒的概率很高。禁止将移动盘带出或借出使用，必须要借出的移动盘归还后一定要进行检测，无毒后才能使用。

（5）对来历不明的软件不要未经检查就上机运行。要尽可能使用多种最新查毒、杀毒软件来检查外来的软件。同时，应经常用查毒软件检查系统、硬盘上有无病毒。

（6）使用套装正版软件，不使用或接收未经许可的软件。

（7）使用规范的公告牌和网络，不要从非正规的公告牌中卸载可执行程序。

（8）对已联网的计算机，注意访问控制，不允许对计算机进行未授权访问。

（9）计算机网络上使用的软件要严格检查，加强管理。

（10）不忽视任何病毒征兆，定期用杀毒软件对计算机进行检测。

总之，对于计算机病毒要以预防为主，尽量远离病毒感染源，只有这样才能给计算机一个洁净而安全的系统环境。

11.3.2　远程控制与黑客入侵

一般认为,计算机系统的安全威胁主要来自黑客的攻击,现代黑客从以系统为主的攻击转变为以网络为主的攻击。随着攻击工具的完善,攻击者不需要专业的知识就可以完成复杂的攻击过程。攻击的第一步是远程控制,它是通过计算机网络来操纵计算机的一种手段,只要运用得当,操纵远程的计算机也就如同操纵眼前正在使用的计算机一样。远程控制在网络管理、远程协作、远程办公等计算机领域有着广泛的应用,它进一步克服了由于地域性差异而带来的操作中的不便性,使网络的效率得到了更大的发挥。其实,远程控制的具体操作过程并不复杂,关键是要选好适合远程控制的软件工具,远程控制就是一把双刃剑,若利用不当,会造成很大的安全隐患。

计算机中的远程控制技术开始于磁盘操作系统时代,只是那个时代由于计算机性能和技术比较低,网络不发达,市场没有更高的要求,所以远程控制技术没有引起更多人的注意。随着网络的高度发展,出于计算机的管理及技术支持的需要,远程操作及控制技术越来越引起人们的关注。远程控制一般支持 LAN、WAN、拨号方式和互联网方式。此外,有的远程控制软件还支持通过串行接口、并行接口、红外行接口对远程机的控制。传统的远程控制软件一般使用 NetBEUI、NetBIOS、IPX/SPX、TCP/IP 等协议来实现远程控制。随着网络技术的快速发展与普及,很多远程控制软件可通过 Web 页面以 Java 技术来控制远程网络计算机的服务。

黑客源于英语动词 hack,意为"劈,砍",引申为"干了一件非常漂亮的工作"。在美国麻省理工学院早期的校园俚语中,"黑客"则有"恶作剧"之意,尤指手法巧妙、技术高明的恶作剧。在日本《新黑客词典》中,对黑客的定义是"喜欢探索软件程序奥秘,并从中增长了其个人才干的人。他们不像绝大多数计算机使用者那样,只规规矩矩地了解别人指定了解的狭小部分知识。"由这些定义中,还看不出贬义的意味。

20 世纪的六七十年代,黑客也曾经专用来形容那些有独立思考意识的计算机迷,如果他们在软件设计上做了一件非常漂亮的工作或者解决了一个程序难题,同事们经常高呼"hacker"。

黑客通常具有硬件和软件的高级知识并有能力通过创新的方法剖析系统。黑客能使更多的网络趋于完善和安全。由于黑客以保护网络为目的,而以不正当侵入为手段找出网络漏洞,因此黑客就被定义为"技术娴熟的具有编制操作系统级软件水平的人"。

许多处于 UNIX 时代的早期黑客集中在美国的麻省理工学院和斯坦福大学。正是这样一群人建成了今天的"硅谷"。后来某些具有黑客水平的人物利用通信软件或者通过网络非法进入他人系统,截获或篡改计算机数据,危害信息安全。于是黑客开始有了"计算机入侵者"或"计算机捣乱分子"的恶名。入侵者是那些利用网络漏洞破坏网络的人。他们往往做一些重复的工作(如用暴力法破解口令),也具备广泛的计算机知识,但与黑客不同的是他们以破坏为目的。这些群体称为"骇客"。当然,有一种人介于黑客与入侵者之间。

20 世纪的八九十年代,计算机越来越普及,大型数据库也越来越多,同时,信息越来越集中在少数人的手里。这样一场新时期的"圈地运动"引起了黑客们的极大反感。黑客认为,信息应共享而不应被少数人垄断,于是将注意力转移到涉及各种机密的信息数据库上。这时,计算机化空间已私有化,成为个人拥有的财产,社会也利用法律等手段不对黑客行为进行控制。

　　典型的黑客会使用如下技术隐藏其真实的 IP 地址：利用被侵入的主机作为跳板；在安装 Windows 的计算机内利用 WinGate 软件作为跳板；利用配置不当的 Proxy 作为跳板。黑客总是寻找那些被信任的主机。这些主机可能是管理员使用的计算机，或者一台被认为很安全的服务器。黑客会检查所有运行 nfsd 或 mountd 的主机的 NFS 输出。这些主机的一些关键目录（如/usr/bin、/etc 和/home）往往可以被那台被信任的主机侵入。

　　Finger Daemon 也可以被用来寻找被信任的主机和用户，因为用户经常从某台特定的主机上登录。黑客还会检查其他方式的信任关系。例如，可以利用 CGI 的漏洞读取/etc/hosts.allow 文件等。黑客会选择一台被信任的外部主机进行尝试。一旦成功侵入，黑客将从这里出发，设法进入内部的网络。但这种方法是否成功要看内部主机和外部主机间的过滤策略。攻击外部主机时，黑客一般会运行某个程序，利用外部主机上运行的有漏洞的daemon 窃取控制权。有漏洞的 daemon 包括 Sendmail、IMAP、POP3 各个漏洞的版本，以及 RPC 服务中的 statd、mountd、PCNFSD 等。有时，攻击程序必须在与被攻击主机相同的平台上进行编译。

　　一旦计算机被黑客入侵，那么被入侵的计算机将没有任何秘密可言，因此要加强网络安全防范意识，学习并掌握一些基本的安全防范措施，尽量使其免受黑客的攻击。

11.3.3　网络信息密码技术

　　网络信息密码技术是研究计算机信息加密、解密及其变换的科学，是数学和计算机科学交叉的一门新兴学科。随着计算机网络和计算机通信技术的发展，网络信息密码技术得到了前所未有的重视并迅速地发展和普及起来。密码作为运用于军事和政治斗争的一种技术，历史悠久，无论是在古希腊时代还是在现代都发挥了非常重要的作用。现代密码学不仅用于解决信息的保密性，还用于解决信息的完整性、可用性、可控性和不可抵赖性等。可以说，密码是保护网络信息安全的最有效的手段，密码技术也是保护网络信息安全的关键技术。过去密码的研制、生产、使用和管理都是在封闭的环境下进行的。

　　自 20 世纪 70 年代以来，随着经济、社会和信息技术的发展，密码应用范围日益扩大，社会对密码的需求愈加迫切，密码研究领域不断拓宽，密码研究也从专门机构扩展到社会和民间，密码技术得到了空前发展。

　　密码技术是保障信息安全的最基本、最核心的技术措施和理论基础。密码技术不仅在保护国家秘密信息中具有不可代替的重要作用，同时也广泛应用于电子邮件、电子政务、招生录取、网上购物、网络银行、网络电视、远程教育、远程合作诊断等领域。密码通信模型由明文空间、密文空间、密钥空间、加密算法、解密算法 5 个模块组成，安全密码体制根据应用性能对网络信息提供秘密性、鉴别性、完整性、不可否认性等功能。

　　常见密码的破解方法有唯密文攻击法、已知明文攻击法、选择文攻击法。到目前为止，已经公开发表的各种加密算法已有数百种。若以密钥为分类标准，可将密码系统分为对称密码（又称为单钥密码或私钥密码）和非对称密码（又称为双钥密码或公钥密码）。若以密码算法对明文的处理方式为标准，则可将密码系统分为序列密码和分组密码系统。在私钥密码体制中，发送方和接收方使用同一个秘密密钥，即加密密钥和解密密钥是相同或等价的。除了以代换密码和转轮密码为代表的古典密码之外，比较著名的私钥密码系统有美国的

DES 及其各种变形,例如 Triple DES、GDES、NewDES,欧洲的 IDEA,日本的 FEAL-N、LOKI-91、Skipjack、RC4、RC5 等。其中数据加密标准(Data Encryption Standard,DES)为美国国家标准局(现美国国家标准与技术研究所)公布的商用数据加密标准,几十年来得到了广泛的应用。

对称密码体系中主要有三大密码标准:数据加密标准、高级加密标准和序列加密算法。数据加密标准是 20 世纪 70 年代由 IBM 公司设计和修改的、经美国国家标准局(NBS)审阅的一种分组加密算法,即对一定大小的明文或密文进行加密或解密工作,其工作模式分为电子密码本、密码分组链和密码反馈,并可以通过多次使用 DES 或要求多于 56 位的密钥增强安全性。高级加密标准是用于替代 DES 的,并要求新算法必须允许 128、192、256 位密钥长度,不仅能够在 128 位输入分组上工作,还能在各种不同硬件上工作,速度和密码强度同样也要被重视。在加密算法上,AES 算法密钥长度限制为 128 位,算法过程由 10 轮循环组成,每一轮循环都有一个来自初始密钥的循环密钥,由字节转换、移动行变换、混合列变换和加循环密钥 4 个基本步骤组成,而解密算法则是加密的逆过程。

在公钥密码体制中,接收方和发送方使用的密钥互不相同,即加密密钥和解密密钥不相同,加密密钥公开而解密密钥保密,而且几乎不可能由加密密钥推导出解密密钥。比较著名的公钥密码系统有 RSA 密码系统、椭圆曲线密码系统、背包密码系统、McEliece 密码系统、Diffie-Hellman 密码系统、零知识证明的密码体制和 ElGamal 密码等。理论上,最为成熟完善的公钥密码体制是 RSA 算法,以及 Diffie-Hellman、ElGamal 和 Merkle-Hellman 公钥体制。最有影响的公钥密码体制是 RSA 和 ECC,它们能够抵抗到目前为止已知的所有密码攻击。RSA 密码体制的安全性基于大整数素因子分解的困难性。ECC 密码系统的安全性基于求解椭圆曲线离散对数问题的困难性。ECC 被认为是下一代最有前途的密码系统。密码管理主要研究的是密码的生成、空间、发送、验证、更新、存储密钥的管理机制,其中密码的生成是算法安全性的基础;非线性密钥空间可假设能将选择的算法加入到防篡改模块中,要求有特殊保密形式的密钥,从而使偶然碰到正确密钥的可能性降低;在密钥发送时需要分成许多不同的部分,然后用不同的信道发送,即使截获者能收集到密钥,仍可保证密钥安全性;密钥验证需要根据信道类型判断是发送者传送还是伪装发送者传送;密钥更新可采用从旧密钥中产生新密钥的方法改变加密数据链路的密钥。

11.3.4 数字签名与验证技术

随着 Internet 的发展与普及,除了需要保护用户通信的私密性,使非法用户不能获取、读懂通信双方的私有信息和秘密信息之外,还需要在许多应用中保证通信双方的不可抵赖性和信息在公共信道上传输的完整性。数字签名(Digital Signature)、身份验证和信息验证等技术便应运而生。

数字签名的概念是由 Whitfield Diffie 和 Martin Hellman 于 1976 年最早提出的。其目的是使签名者对电子文件也可以进行签名并且无法否认,验证者无法篡改文件。简单地说,所谓数字签名就是附加在数据单元上的一些数据,或者对数据单元所做的密码变换。这种数据或变换允许数据单元的接收者用以确认数据单元的来源和数据单元的完整性并保护数据,防止被人(如接收者)伪造。它是对电子形式的消息进行签名的一种方法,一个签名消息能在一个通信网络中传输。

各种数字签名方案先后有很多种。Rivest、Shamir 和 Adleman 于 1978 年提出了基于 RSA 公钥密码算法的数字签名方案,Shamir 于 1985 年提出了一种基于身份识别的数字签名方案,ElGamal 于 1985 年提出了一种基于离散对数的公钥密码算法和数字签名方案。Schnorr 于 1990 年提出了适合智能卡应用的有效数字签名方案,Agnew 于 1990 年提出了一种改进的基于离散对数的数字签名方案,NIST 于 1991 年提出了数字签名标准,Scott Vanstone 于 1992 年提出椭圆曲线数字签名算法。1993 年以来,针对实际应用中大量特殊场合的签名需要,数字签名领域转向对特殊签名和多重数字签名的广泛研究阶段。

基于公钥密码体制和私钥密码体制都可以获得数字签名,目前主要是基于公钥密码体制的数字签名。其包括普通数字签名和特殊数字签名。普通数字签名算法有 RSA、ElGamal、Fiat-Shamir、Guillou-Quisquarter、Schnorr、Ong-Schnorr-Shamir、DES/DSA、椭圆曲线数字签名算法和有限自动机数字签名算法等。特殊数字签名有盲签名、代理签名、群签名、不可否认签名、公平盲签名、门限签名、具有消息恢复功能的签名等,它与具体应用环境密切相关。显然,数字签名的应用涉及法律问题,美国基于有限域上的离散对数问题制定了自己的数字签名标准。数字签名技术是不对称加密算法的典型应用。

数字签名的应用过程如下:数据源发送方使用自己的私钥对数据校验和其他与数据内容有关的变量进行加密处理,完成对数据的合法“签名”,数据接收方则利用对方的公钥来解读收到的“数字签名”,并将解读结果用于对数据完整性的检验,以确认签名的合法性。数字签名技术是在网络系统虚拟环境中确认身份的重要技术,完全可以代替现实过程中的“亲笔签字”,在技术和法律上有保证。

在公钥与私钥管理方面,数字签名应用与加密邮件 PGP 技术正好相反。在数字签名应用中,发送者的公钥可以很方便地得到,但其私钥需要严格保密。数字签名主要的功能是保证信息传输的完整性、发送者的身份验证、防止交易中的抵赖发生。数字签名通过一套标准化、规范化的软硬结合的系统,使持章者可以在电子文件上完成签字、盖章,与传统的手写签名、盖章具有完全相同的功能。其主要解决电子文件的签字盖章问题,用于辨识电子文件签署者的身份,保证文件的完整性,确保文件的真实性、可靠性和不可抵赖性。同时,依据《中华人民共和国电子签名法》使用户所签署文档具有法律效力,大大提高了用户在电子商务、电子政务中的办事效率和安全性,同时也为实现无纸化办公扫除了障碍,大大节省了办公耗材等。

在现代生活中,当人们在住宿、求职、银行存款时,通常要出示自己的身份证来证明自己的身份。正常情况下,如果警察要求出示身份证进行身份证明时,警察必须按照规定首先出示自己的证件来证明身份。前者是一方向另一方证明身份,而后者则是对等双方相互证明自己的身份。网络信息验证技术是网络信息安全技术的一个重要方面,它用于保证通信双方的不可抵赖性和信息的完整性。在 Internet 深入发展和普遍应用的时代,网络信息验证显得十分重要。例如,在网络银行、电子商务等应用中,对于所发生的业务或交易,人们可能并不需要保密交易的具体内容,但是交易双方应当能够确认是对方发送(接收)了这些信息,同时接收方还能确认接收的信息是完整的,即在通信过程中没有被修改或替换。

一般情况下,网络身份验证可分为用户与主机间的验证和主机与主机之间的验证。用户与主机之间的验证可以基于如下一个或几个因素来完成。

(1)用户所知道的东西,例如口令、密码等。基于口令的验证方式是一种最常见的技术,但是存在严重的安全问题。它是一种单因素的验证,安全性依赖于口令,口令一旦泄露,用户即可被冒充。

(2)用户拥有的东西,例如印章、智能卡(如信用卡等)。基于智能卡的验证方式。智能卡具有硬盘加密功能,有较高的安全性。每个用户持有一张智能卡,智能卡存储用户个性化的秘密信息,同时在验证服务器中也存放该秘密信息。进行验证时,用户输入 PIN(个人身份识别码),智能卡验证 PIN,成功后,即可读出秘密信息,进而利用该信息与主机之间进行验证。基于智能卡的验证方式是一种双因素的验证方式(PIN＋智能卡),即使 PIN 或智能卡被窃取,用户仍不会被冒充。

(3)用户所具有的生物特征,例如指纹、声音、虹膜、签字、笔迹等。下面对这些方法的优劣进行比较。基于生物特征的验证方式以人体可靠的、稳定的特定生物特征(如指纹、虹膜、脸部、掌纹等)为依据,采用计算机的强大功能和网络技术进行图像处理和模式识别。该技术具有很好的安全性、可靠性和有效性。与传统的身份确认手段相比,这无疑是质的飞跃。当然,身份验证的工具应该具有不可复制及防伪等功能,使用者应依照自身的安全程度需求选择一种或多种工具进行。但目前这种技术并不成熟,而且需要用户增加成本,以使生物特征测定所需要的设备和计算机网络中的身份识别系统集成起来,同时,这种技术在身份验证的速度、方便性等方面还有很多实际问题需要解决。另外,这种技术也并非能够解决所有问题,攻击者依然可能设法破坏或者绕过计算机网络中的身份识别机制从而获得权限,因此其他方面的安全措施依然十分重要。

11.3.5　网络安全协议

网络协议是网络上所有设备(网络服务器、计算机及交换机、路由器、防火墙等)之间通信规则的集合,它定义了通信时信息必须采用的格式和这些格式的意义。大多数网络采用分层的体系结构,每一层都建立在它的下层之上,向它的上一层提供一定的服务,而把如何实现这一服务的细节对上一层加以屏蔽。一台设备上的第 n 层与另一台设备上的第 n 层进行通信的规则就是第 n 层协议。在网络的各层中存在着许多协议,接收方和发送方同层的协议必须一致,否则一方将无法识别另一方发出的信息。网络协议使网络上各种设备能够相互交换信息。网络安全协议就是在协议中采用了若干的密码算法协议—加密技术、验证技术、保证信息安全交换的网络协议。它运行在计算机通信网或分布式系统中,为安全需求的各方提供了一系列步骤。

一般的,网络安全协议具有以下 3 个特点。

(1)保密性。通信的内容不向他人泄露。为了维护人们的个人权利,必须确定通信内容发给所指定的人,同时必须防止某些怀有特殊目的的人进行"窃听"。

(2)完整性。把通信的内容按照某种算法加密,生成密码文件进行传输。在接收端对通信内容进行破译,必须保证破译后的内容与发出前的内容完全一致。

(3)验证性。防止非法的通信者进入。进行通信时,必须先确认通信双方的真实身份。甲、乙双方进行通信,必须确认甲、乙是真正的通信人,防止除甲、乙以外的人冒充甲或乙的身份进行通信。为了保证计算机网络环境中信息传递的安全性,促进网络交易的繁荣和发展,各种信息安全标准应运而生。SSL、SET、IPSec 等都是常用的安全协议,为网络信息交换提供了强大的安全保护。

常用的安全协议有 SSH（Secure Shell Protocol，安全外壳协议）、PKI（Public Key Infrastructure，公钥基础结构）、SSL（Secure Sockets Layer，安全套接字层协议）、SET（Secure Electronic Transaction，安全电子交易）、IPSec（IP Security，网络协议安全）等。

（1）SSH 是由 Network Working Group 所制定的协议。通过它可以加密所有传输的数据，攻击者想通过 DNS 欺骗和 IP 欺骗的方法是无法入侵系统的。SSH 可以将要传输的数据在传输之前进行压缩，从而加快传输的速度。

（2）PKI 是提供公钥加密和数字签名服务的系统或平台，目的是管理密钥和证书。一个机构通过采用 PKI 框架管理密钥和证书可以建立一个安全的网络环境。PKI 是一种新的安全技术，它由公开密钥密码技术、数字证书、证书发放机构和关于公开密钥的安全策略等基本成分共同组成。

PKI 是利用公钥技术实现电子商务安全的一种体系，是一种基础设施，网络通信、网上交易是利用它来保证安全的。从某种意义上讲，PKI 包含了安全验证系统，即 CA/RA 系统是 PKI 不可缺少的组成部分。

PKI 的主要目的是通过自动管理密钥和证书的方式为用户建立一个安全的网络运行环境，使用户可以在多种应用环境下方便地使用加密和数字签名技术，保证网上数据的机密性、完整性、有效性。数据的机密性是指数据在传输过程中，不能被非授权者偷看。数据的完整性是指数据在传输过程中不能被非法篡改。数据的有效性是指数据不能被否认。一个有效的 PKI 系统必须是安全、透明的，用户在获得加密和数字签名服务时，不需要详细地了解 PKI 是怎样管理证书和密钥的。

（3）SSL 是一种安全协议，它为网络通信提供私密性。SSL 使应用程序在通信时不用担心被窃听和篡改。SSL 实际上是共同工作的两个协议：SSL 记录协议（SSL Record Protocol）和 SSL 握手协议（SSL Handshake Protocol）。

SSL 是网景（Netscape）公司提出的基于 Web 应用的安全协议，它包括服务器验证、客户验证（可选）、SSL 链路上的数据完整性和 SSL 链路上的数据保密性。对于电子商务应用来说，使用 SSL 可保证信息的真实性、完整性和保密性。由于 SSL 不对应用层的消息进行数字签名，因此不能提供交易的不可否认性，这是 SSL 在电子商务中使用的最大不足。鉴于此，网景公司在从 Communicator 4.04 开始的所有浏览器中引入了一种被称作"表单签名"的功能，在电子商务中，可利用这个功能来对包含购买者的订购信息和付款指令的表单进行数字签名，以保证交易信息的不可否认性。综上所述，在电子商务中采用单一的 SSL 协议来保证交易的安全是不够的，但采用"SSL＋表单签名"模式能够为电子商务提供较好的安全性保证。

（4）SET 是由美国 VISA 和 MasterCard 两大信用卡组织提出的应用于 Internet 上的以信用卡为基础的电子支付系统协议。它采用了公钥密码体制和 x.509 数字证书标准，主要在 B to C 模式中保障支付信息的安全性。SET 协议本身比较复杂，设计严格，安全性高，可保证信息传送的机密性、真实性、完整性和不可认性。SET 协议是 PKI 框架下的一个典型实现，正在不断升级和完善。

由于 SET 提供了消费者、商家和银行之间的验证，确保了交易数据的安全性、完整可靠性和不可否认性，特别是保证不将消费者银行卡号暴露给商家等，因此它成为了目前公认的信用卡或借记卡的网上交易的国际安全标准。

（5）IPSec 是为了加强 Internet 的安全性，Internet 安全协议工程任务组研究制定的一套用于保护 IP 层通信的安全协议。由于 Internet 是全球最大的、开放的计算机网络，TCP/IP 协议族是实现网络连接和互操作性的关键，但在最初设计 IP 时并没有充分考虑其安全性。

11.3.6　无线网络安全机制

从 20 世纪 90 年代以来，移动通信和 Internet 是信息产业发展最快的两个领域，它们直接影响了亿万人的生活，大大改变了人类的生活方式。移动通信使人们可以在任何时间、任何地点和任何人进行通信，Internet 使人们可以获得丰富多彩的信息。无线网络的出现解决了把移动通信和 Internet 结合起来，使任何人、任何地方都能联网的问题。

无线网络，就是利用电磁波作为信息传输的媒介构成的无线局域网（Wireless LAN，WLAN），与有线网络的用途十分类似，最大的不同在于传输媒介的不同，利用电磁波技术取代网线，可以和有线网络互为备份。

目前，无线网络可分为以下几类。

（1）无线个人网。主要用于个人用户工作空间，典型距离覆盖几米，可以与计算机同步传输文件，访问本地外围设备，如打印机等。目前，主要包括蓝牙（Bluetooth）和红外（IrDA）技术。

（2）无线局域网。主要用于宽带家庭、大楼内部及园区内部，典型距离覆盖几十米至上百米。目前，其主要技术为 IEEE 802.11 系列。

（3）无线 LAN-to-LAN 网桥。主要用于大楼之间的联网通信，典型距离为几千米，许多无线网桥采用 IEEE 802.11b 技术。

（4）无线城域网和广域网。覆盖城域和广域环境，主要用于 Internet 访问，但提供的带宽比无线网络技术要低很多。

在无线网络领域，常见的是 IEEE 802.11 标准。IEEE 802.11 是 IEEE 最初制定的一个无线网络标准，主要用于解决办公室局域网和校园网、用户与用户终端的无线接入。

IEEE 802.11 是由 IEEE 最初制定的无线局域网标准系列。1999 年 9 月，IEEE 802.11b 出台，其通信速率为 11Mb/s，工作在 2.4GHz 的无线频段；随后推出的 IEEE 802.11a 的工作频段为 5.4GHz，通信速率提高到 54Mb/s；2001 年底 IEEE 802.11g 的推出又旨在解决 IEEE 802.11a 和 IEEE 802.11b 在工作频段上不兼容而不易过渡的问题。无论是在国外还是在国内，IEEE 802.11 无线局域网技术都可以称得上是 IT 业界发展最快的一种技术。常见的无线网络标准有以下 3 种。

（1）IEEE 802.11a。使用 5GHz 频段，传输速率 54Mb/s，与 IEEE 802.11b 不兼容。

（2）IEEE 802.11b。使用 2.4GHz 频段，传输速率 11Mb/s。

（3）IEEE 802.11g。使用 2.4GHz 频段，传输速率 54Mb/s，可向下兼容 IEEE 802.11b，目前 IEEE 802.11b 最常用，但 IEEE 802.11g 更具下一代标准的实力。

对不同的无线网络技术，有着不同的安全级别要求。一般的，安全级别可分为 4 级。第 1 级，扩频、跳频无线传输技术本身使盗听者难以捕捉到有用的数据。第 2 级，采取网络隔离及网络验证措施。第 3 级，设置严密的用户口令及验证措施，防止非法用户入侵。第 4

级,设置附加的第三方数据加密方案,即使信号被盗听也难以理解其中的内容。

针对无线网络的安全问题,采取的常见措施如下。

(1) 运用服务区标识符(SSID)。

(2) 运用扩展服务集标识号(ESSID)。

(3) 物理地址过滤。

(4) 连线对等保密(WEP)。

(5) 使用虚拟专用网络(VPN)。

(6) 端口访问控制技术(IEEE 802.1x)。

计算机无线联网方式是有线联网方式的一种补充,它是在有线网的基础上发展起来的,使联网的计算机可以自由移动,能快速、方便地解决以有线方式不易实现的信道连接问题。然而,由于无线网络采用空间传播的电磁波作为信息的载体,因此与有线网络不同,辅以专业设备,任何人都有条件窃听或干扰信息,因此在无线网络中,网络安全是至关重要的。

各种无线网络的运用必将越来越进步与普遍,所以只要有资料信号在无线中传送,安全的保护机制将是首先要面对的问题,唯有确保万无一失的数据传输,才能满足人们在一定的区域内实现不间断移动办公的要求,为用户创造了一个安全自由的空间,这也将为服务商带来无限的商机。

11.3.7　访问控制与防火墙技术

信息安全的门户是访问控制与防火墙技术。访问控制技术过去主要用于单机系统。如今,该项技术也随着网络技术的发展得到了长足的进步,其中的防火墙技术则是用于网络安全的关键技术之一。只要网络世界存在着利益之争,那么就必须要"自立门户",即拥有自己的网络防火墙。

访问控制是通过一个参考监视器来进行的。每次用户对系统内目标进行访问时,都由它来进行调节。用户对系统进行访问时,参考监视器查看授权数据库,以确定准备进行操作的用户是否确实得到了可进行此项操作的许可。而数据库的授权则是由一个安全管理器负责管理和维护的,管理器以组织的安全策略为基准来设置这些授权。访问控制策略包括自由访问控制策略、强制性策略、角色策略。强制性和自由访问控制策略都很有用,但它们并不能满足许多实际需要。角色访问策略成功地替代了严格的传统的强制性控制并提供了自由控制中的一些灵活性。有效地分散式授权行政管理还可以使用改进的一些技术。

将计算机和网络安全更紧密地统一起来,发展信息安全是非常必要的。访问控制策略尽管在这方面已取得了很大进步,却还在发展之中。为此,必须引入防火墙技术。一般而言,安全防范体系具体实施的第一项内容就是在内网和外网之间构筑一道防线,以抵御来自外部的绝大多数攻击,完成这项任务的网络边防产品就是防火墙。下面来看看防火墙的发展现状和发展趋势。

自从 1986 年美国 Digital 公司在 Internet 上安装了全球第一个商用防火墙系统以来,防火墙的概念就被提出了,此后,防火墙技术得到了飞速的发展。第二代防火墙也称为代理服务器。它用来提供网络服务级的控制,起到外部网络向被保护的内部网络申请服务时中间转接的作用。这种方法可以有效地防止对内部网络的直接攻击,安全性较高。第三代防火墙有效地提高了防火墙的安全性,称为状态监控功能防火墙。它可以对每一层的数据包进行检测和监控。随着网络攻击手段和信息安全技术的发展,功能更强大、安全性更强的新一代防火墙已经问世,这个阶段的防火墙超出了原来传统意义上防火墙的范畴,已经演变成一个全方位的安全技术集成系统,被称之为第四代防火墙。它可以抵御目前 IP 地址欺骗、特洛伊木马攻击、Internet 蠕虫、口令探寻攻击、邮件攻击等常见的网络攻击手段。

在目前采用的网络安全防范体系中,防火墙占据着举足轻重的地位,因此市场对防火墙的设备和技术需求都在不断提升。防火墙的发展趋势如下。

(1) 高速化。目前防火墙一个很大的局限性是速度不够。应用 ASIC、FPGA 和网络处理器是实现高速防火墙的主要方法,其中以采用网络处理器最优。实现高速防火墙,算法也是一个关键,因为网络处理器中集成了很多硬件协处理单元,因此比较容易实现高速。对于采用纯 CPU 的防火墙,就必须有 ACL 算法等算法支撑。

(2) 多功能化。多功能也是防火墙的发展方向之一。鉴于目前路由器和防火墙价格都比较高,组网环境也越来越复杂,一般用户总希望防火墙可以支持更多的功能,以满足组网和节省投资的需要。

(3) 更安全化。未来防火墙的操作系统会更安全。随着算法和芯片技术的发展,防火墙会更多地参与应用层分析,为应用提供更安全的保障。

11.3.8　入侵检测技术

随着网络应用范围的不断扩大,对网络的各类攻击与侵害也与日俱增。无论政府、商务,还是金融、媒体的网站都在不同的程度上受到了入侵与侵害。网络安全已成为国家与国防安全的重要组成部分和国家网络经济发展的关键。据统计,信息窃贼在过去 5 年以 250% 的速度增长,99% 的大公司发生过较大的入侵事件。世界著名的商业网站,如 Yahoo!、Buy、eBay、Amazon、CNN 都曾被黑客入侵,造成巨大的经济损失,甚至连专门从事网络安全的 RSA 网站也受到了黑客的攻击。

入侵是指任何企图危及资源的完整性、机密性和可用性的活动。入侵检测(Intrusion Detection)就是对入侵行为的发觉,它通过对计算机网络或计算机系统中的若干关键点收集信息并对收集到的信息进行分析,从中发现网络或系统中是否有违反安全策略的行为和被攻击的迹象。入侵检测系统所采用的技术可分为特征检测与异常检测两种。

特征检测(Feature Detection)又称为滥用检测(Misuse Detection),这种检测假设入侵者活动可以用一种模式来表示,系统的目标是检测主体活动是否符合这些模式。它可以将已有的入侵方法检查出来,但对新的入侵方法无能为力。其难点在于如何设计模式既能够表达入侵现象又不会将正常的活动包含进来。

异常检测(Anomaly Detection)是假设入侵者活动不符合主体的正常活动。根据这个理念建立主体正常活动的"活动简档",将当前主体的活动状况与"活动简档"比较,当违反其统计规律时,认为该活动可能是入侵行为。异常检测的难题在于如何建立"活动简档"以及如何设计统计算法,从而不把正常的操作作为入侵或忽略真正的入侵行为。入侵检测系统常用的检测方法有特征检测、统计检测与用专家系统检测。特征检测是对已知的攻击或入侵的方式做出确定性的描述,形成相应的事件模式。统计模型常用异常检测,在统计模型中常用的测量参数包括审计事件的数量、间隔时间、资源消耗情况等。用专家系统对入侵进行检测,经常是针对有特征的入侵行为。据公安部计算机信息系统安全产品质量监督检验中心的报告,国内送检的入侵检测产品中 95% 属于使用入侵模板进行模式匹配的特征检测产品,其他是采用概率统计的统计检测产品与基于日志的专家知识库系统产品。

经过多年的发展,入侵检测产品开始步入快速的成长期。一个入侵检测产品通常由传感器与控制台两部分组成。传感器负责采集数据(网络包、系统日志等)、分析数据并生成安全事件;控制台主要起到中央管理的作用,商品化的产品通常提供图形界面的控制台,这些控制台都支持 Windows NT 及以上操作系统。从技术上看,这些产品基本上分为以下几类。

(1) 基于网络的产品和基于主机的产品。

(2) 混合的入侵检测系统。这种产品可以弥补基于网络与基于主机的片面性缺陷。此外,文件的完整性检查工具也可看作一类入侵检测产品。

随着科学技术的发展,入侵的手段与技术也有了飞速的发展,如入侵的综合化、分布化和主体间接化,入侵攻击的规模夸大、攻击对象的转移等都对入侵检测技术提出了更高的要求。今后,入侵检测技术要朝智能化、分布化等方向发展。

① 入侵检测技术的智能化。所谓的智能化就是利用现阶段常用的人工神经网络、模糊技术、遗传算法等方法加强入侵检测的辨识能力。例如现有的专家系统,特别是具有自学习能力的专家系统,实现了知识库的不断更新与扩展,使设计的入侵检测系统的防范能力不断增强,具有更广泛的应用前景。应用智能体的概念来进行入侵检测的尝试也已有报道。较为一致的解决方案应为高效常规意义下的入侵检测系统与具有智能检测功能的检测软件或模块结合使用。

② 分布式入侵检测技术。它是针对分布式网络攻击的检测方法,通过收集、合并来自多个主机的审计数据和检查网络通信,能够检测出多个主机发起的协同攻击。

③ 全面的安全防御方案。使用安全工程风险管理的思想与方法来处理网络安全问题,将网络安全作为一个整体工程来处理。从管理、网络结构、加密通道、防火墙、病毒防护、入侵检测多方位地对所关注的网络做全面的评估,然后提出可行的全面解决方案。

11.3.9 网络数据库安全与备份技术

网络数据库是一个十分重要的计算机应用领域。数据库系统由数据库和数据库管理系统两部分组成。安全数据库的基本要求可归纳为数据库的完整性(物理上的完整性、逻辑上的完整性和库中元素的完整性)、数据库的保密性(用户身份识别、访问控制和可审计性)、数据库的可用性(用户界面友好,在授权范围内用户可以简便地访问数据)。当前,实现数据库安全的方案有用户身份验证、访问控制机制和数据库加密等。在大多数数据库系统中,第一层安全部件就是用户身份验证。每个需要访问数据库的用户都必须创建一个用户账号。用户账号管理是整个数据库安全的基础,它由数据库管理员(Database Administrator,DBA)创建和维护。在创建账号时,DBA 指定新用户以何种方式进行身份验证以及用户能够使用哪些系统资源。当用户需要连接数据库时,其必须向服务器验证身份,服务器用预先指定的验证方法验证用户的身份。当前的主流商品化数据库管理系统(Oracle、Sybase 等)都支持多种验证方案。其主要有基于密码的验证、基于主机的验证、基于公钥基础设施的验证以及其他基于第三方组件的验证方案(例如,基于 Kerberos、Distributed Computing Environment 和智能卡的验证方案等)。

访问控制策略是所有数据库管理系统实现的主要安全机制,它基于特权的概念。一个主体(例如,一个用户或一个应用)只有在被赋予了相应数据库对象访问权限的时候才能访问该对象。访问控制是许多安全方案实现的基础,可以通过创建特殊视图以及存储过程来限制对数据库表内容的访问。目前,数据库管理系统访问控制具体分为以下 4 类。

(1) 任意访问控制模型。它主要采用的身份验证方案有消极验证、基于角色和任务的验证以及基于时间域的验证。

(2) 强制访问控制模型。它基于信息分类方法,通过使用复杂的安全方案确保数据库免受非法入侵。

(3) 基于高级数据库管理系统的验证模型。面向对象的数据库管理系统和对象关系数据库管理系统都属于此类模型。对象数据模型包括继承、组合对象、版本和方法等概念。因此,基于关系数据库管理系统的自由和强制访问控制模型要经过适当扩展才能处理这类新增加的概念。

(4) 基于高级数据库管理系统及应用(如万维网和数字图书馆)的访问控制模型。万维网是一个动态更新、高度分布的巨型网络。基于万维网的访问控制模型带来了用户验证证书、安全数据浏览、匿名访问、分布式授权和验证管理等新的问题。基于数字图书馆的访问控制模型不仅需要解决通信保密问题,还要解决基于数据内容的验证和保证数据完整性问题。此外,也必须实现分布式授权访问、验证以及密钥管理。

目前,数据库管理系统提供了对有限的数据库加密的支持。数据库加密、解密的最主要问题是密钥管理。基于密钥管理方案的不同,主要有下列 4 种数据库加密方案。

(1) 基于口令的加密。所有的关系数据库管理系统都能根据口令机制来验证用户。口令机制的一个缺点是当用户改变其口令时,所有使用旧口令加密的数据都需要解密并用新口令来重新加密,这显然是一个很大的计算开销。

(2) 基于公钥的加密。公钥密码和 PKI 机制可以提供更健壮、更有效的安全方案。PKI 是有效使用公钥技术的基础。基于公钥的加密方案保证安全的基础是用户必须保证个人私钥的绝对安全,并且不能保存在传统的数据库中。

(3) 基于用户提供密钥的加密。这是一种最灵活的加密方法,数据库加密的密钥由用户动态提供。这种方法通常是非常安全的,排除了其他人窃取其密钥的可能性。这种加密方案将密钥的管理寄托在用户自己身上,因此加重了用户的负担。

(4) 群加密。它是为满足分布式环境下多个用户共享访问加密数据而使用的方案。群加密方案基于多重公钥加密技术,其安全性依赖于公钥加密技术的安全性。

11.3.10 信息隐藏与数字水印技术

多媒体数据的数字化为多媒体信息的存取提供了极大的便利,同时也极大地提高了信息表达的效率和准确性。随着互联网的日益普及,多媒体信息的交流已达到了前所未有的深度和广度,其发布形式也愈加丰富了。人们如今也可以通过互联网发布自己的作品、重要信息和进行网络贸易等,但是随之出现的问题也十分严重,如作品侵权更加容易,篡改也更加方便。因此,如何充分地利用互联网的便利,有效地保护知识产权,已引起人们的高度重视。这标志着信息隐藏(Information Hiding)技术的正式诞生。如今信息隐藏作为隐蔽通信和知识产权保护等的主要手段,正得到广泛的研究与应用。

信息隐藏的研究开始于 20 世纪 90 年代，虽然是一个新的领域，但其核心思想——隐写术却由来已久。记录信息隐藏的最早文献可以追溯到 Herodotus（前 480—前 425 年）编写的《历史》一书。此书中描述了大约在公元前 440 年，Histaieus 为了鼓动奴隶们起来反抗波斯人，奴隶主将其最信任的仆人头发剃光并把消息刺在仆人头皮上，等到仆人的头发长出来后，再把仆人送到朋友那里，他的朋友将仆人的头发剃光就获得了秘密信息。20 世纪初，一些德国间谍仍然使用这种最原始的方法。近代人们也用不可见墨水来书写达到隐藏消息的目的。这种墨水是由诸如牛奶等有机物制成的，书写在纸上不留任何可见痕迹，只有通过加热或在该纸上涂上某种化学药品来显影。

随着现代科技的发展，"万用显影剂"的出现迫使印刷品安全领域开发出了更加先进的墨水，例如在银行支票（如旅行支票）上使用的特殊紫外线荧光墨水。在历史上，隐写术与密码学有着同样重要的作用，只是一段时间后（第一次世界大战后）密码学才迅速发展起来，将隐写术远远地甩在了后面。

信息隐藏不同于传统的密码学技术。密码技术主要是研究如何对机密信息进行特殊的编码，以形成不可识别的密码形式（密文）进行传递。而信息隐藏则主要研究如何将某个机密信息秘密隐藏于另一个公开的信息中，然后通过公开信息的传输来传递机密信息。对加密通信而言，可能的监测者或非法拦截者可通过截取密文并进行破译或破坏后再将其发送，从而影响机密信息的安全。但对信息隐藏而言，可能的监测者或非法拦截者难以从公开信息中判断机密信息是否存在，从而能保证机密信息的安全。多媒体技术的广泛应用，为信息隐藏技术的发展提供了更加广阔的领域。

过去几千年的历史已经证明，密码是保护信息机密性的一种最有效的手段。通过使用密码技术，人们将明文加密成敌人看不懂的密文，从而阻止了信息的泄露。但是，在如今开放的网络上，谁也看不懂的密文无疑成了"此地无银三百两"的标签。"黑客"完全可以通过跟踪密文来"稳、准、狠"地破坏合法通信。为了对付这类"黑客"，人们采用以柔克刚的思路重新启用了古老的信息隐藏技术，并对这种技术进行了现代化的改进，从而达到了迷惑"黑客"的目的。

网络和多媒体技术的发展，为信息的传输和获取创造了十分方便的条件。然而，多媒体信息版权保护问题也变得更加突出。当数据隐藏技术用于版权保护时常被称为数字水印（Digital Watermarking）技术，称嵌入的信息为水印。当数字产品的版权归属发生疑问时，仲裁人（法院等）可以通过检测水印判定版权归属。数字水印作为一种新兴的防止盗版的技术，日益受到人们的关注。

数字水印是将数字签名、商标等信息作为水印嵌入到图像中，要求在不引起原始图像质量的明显下降的同时，还要对于常见的图像处理操作应具有稳健的特性。嵌入的水印信息可以由计算机执行预定的算法提取出来。数字水印技术作为其在多媒体领域的重要应用，已受到人们越来越多的重视，是多媒体信息安全研究领域的一个热点，也是信息隐藏技术研究领域的重要分支。

与纸币上的"水印"不同，这里要研究的"水印"是在虚拟世界中的对应物——数字水印。数字水印就是永久镶嵌在其他数据（宿主数据）中具有可鉴别性的数字信号或模式，而且并不影响宿主数据的可用性。它可为计算机网络上的多媒体数据（产品）版权保护等问题提供一个潜在的有效解决方法。如果对稳健性没有要求，数字水印与信息隐藏从本质上来说是完全一致的。一般认为数字水印具有如下特点。

（1）安全性。数字水印中的信息应该是安全的，难以被篡改或伪造，同时要有较低的虚警概率。

（2）可证明性。水印应能为受到版权保护的信息产品的归属提供完全和可靠的证据。水印算法识别被嵌入到保护对象中的所有者的有关信息（如注册的用户号码、产品标志或有意义的文字等）应能在需要的时候提取出来。水印可以用来判别对象是否受到保护，并能够监视被保护数据的传播、真伪鉴别以及非法复制控制等。

（3）不可感知性。不可感知包含两方面的意思，一方面指视觉上的不可见性，即因嵌入水印导致图像的变化对观察者的视觉系统来讲应该是不可察觉的，数字水印的存在不应明显干扰被保护的数据，不影响被保护数据的正常使用。最理想的情况是水印图像与原始图像在视觉上一模一样，至少是人眼无法区别的，这是绝大多数水印算法所应达到的要求。另一方面，水印用统计方法也是不能恢复的，如对大量的用同样方法和水印处理过的信息产品即使用统计方法也无法提取水印或确定水印的存在。

（4）稳健性。数字水印必须难以被清除。当然，从理论上讲，只要具有足够的知识，任何水印都可以去掉。但是如果只能得到部分信息，如水印在图像中的精确位置未知，那么破坏水印将导致图像质量的严重下降。特别的，一个实用的水印算法应该对信号进行处理、通常的几何变形（图像或视频数据），以及恶意攻击具有稳健性。

1. 数字水印技术的应用

数字水印技术的研究与数字媒体的版权保护紧密相关，其研究成果主要应用于版权保护、图像验证、篡改提示和使用控制等方面。

（1）版权保护。数字作品的所有者可用密钥产生一个水印，并将其嵌入原始数据，然后公开发布其水印版本作品。当该作品被盗版或出现版权纠纷时，所有者即可从盗版作品或水印版作品中获取水印信号作为依据，从而保护所有者的权益。

（2）图像验证。验证的目的是检测对图像数据的修改。可用脆弱性水印来实现图像的验证，图像微小的变动即可使水印不复存在，从而保证图像不被篡改，保证图像的完整性。

（3）篡改提示。当数字作品被用于法庭、医学、新闻及商业时，常需确定它们的内容是否被修改、伪造或特殊处理过。为了实现该目的，通常可将原始图像分成多个独立块，再将每个块加入不同的水印。同时可通过检测每个数据块中的水印信号来确定作品的完整性。与其他水印不同的是，这类水印必须是脆弱的，并且检测水印信号时，不需要原始数据。

（4）使用控制。这种应用的一个典型的例子是 DVD 防复制系统，即将水印信息加入 DVD 数据中，这样 DVD 播放机即可通过检测 DVD 数据中的水印信息而判断其合法性和可复制性，从而保护制造商的商业利益。

2. 数字水印的分类

数字水印的分类方法很多，下面简单介绍几种。

（1）按水印脆弱性分类。

① 鲁棒性水印。水印不会因宿主变动而被轻易破坏，通常用于版权保护。

② 脆弱水印。对宿主信息的修改敏感，用于判断宿主信息是否完整。

（2）按水印的检测过程分类。

① 盲水印。在水印检测过程中不需要原宿主信息的参与，只用密钥信息即可。

② 明文水印。明文水印的水印信息检测必须有原宿主信息的参与。

（3）按照嵌入位置分类。

① 空间域水印。直接对宿主信息变换嵌入信息,如最低有效位方法(用于图像、音频信息),文档结构微调(文本水印)。

② 变换域水印。基于常用的图像变化(离散余弦本换、小波变换)等。例如,对整个图像或图像的某些分块做离散余弦变换,然后对离散余弦变换系数做改变。

（4）按照可视性可以分为可见水印和非可见水印。

（5）按宿主信息类型可以分为图像水印、音频水印、视频水印和文本水印。

3. 算法研究存在的主要问题

目前,数字水印算法研究存在的主要问题如下。

（1）大多数算法尚未能很充分地利用人类视觉系统(Human Visual System,HVS)的特性。由于被隐藏图像的最终观测者是人,所以结合 HVS 的特性进行处理是值得长期深入研究的。

（2）现在还没有统一的数字水印算法评价标准,因而无法公正地评价和比较当前提出的各种水印算法的性能。尽管已有 StirMark 等测试水印鲁棒性的软件,但要科学地比较算法的优劣还需要做非常深入的研究。为了衡量算法的性能,有必要建立一种与视觉特性相匹配的客观标准。

（3）从理论的角度来讲,目前数字水印算法还缺少非常成功的理论指导,基本理论和基本框架都还处于探讨阶段。对于鲁棒性数字水印算法的研究,尽管现在比较公认是基于通信的思路,然而这些思路仍然有很多不完善的地方。

（4）数字水印软件的通用性不高。虽然已有商业化的水印系统出现,但目前针对各种各样的应用的研究还远未成熟,许多问题如适应多种编码格式等方面仍然需要比较完美的解决方案。

（5）更多的比数字水印算法提出速度还要快的攻击方法的出现,抑制了数字水印技术的实际应用。从目前的研究来讲,还很难找出一个鲁棒性水印算法可以鲁棒地抵抗现有的各种攻击。

11.3.11 网络安全测试工具及其应用

目前,操作系统存在各种漏洞,使网络攻击者能够利用这些漏洞,通过 TCP/UDP 调用的端口对客户端和服务器进行攻击,非法获取各种重要数据,给用户带来了极大的损失。网络安全测试工具帮助网络管理员快速发现存在的安全漏洞,并及时进行修复,以保证网络的安全运行。现在网络安全测试工具的种类比较多。

1. 扫描器

扫描器是一种自动检测远程或本地主机安全性弱点的软件,通过使用扫描器可不留痕迹地发现远程服务器的各种 TCP 端口的分配及提供的服务,以及相关的软件版本。这就能让用户间接地或直观地了解到远程主机所存在的安全问题。扫描器通过选用远程 TCP/IP 的各种端口服务并记录目标给予的回答的方法可以搜集到很多关于目标主机的各种有用的信息(例如,能否用匿名登录,是否有可写的 FTP 目录,能否用 Telnet,HTTPD 是用 ROOT还是 Nobody)。

2. 嗅探器

嗅探器(Sniffer)具有软件探测功能,能够捕获网络报文。嗅探器的正当用处在于分析网络的流量,以便找出所关心的网络中潜在的问题。例如,当某一段网络报文发送比较慢,而又不知道问题出现在什么地方时,就可以用嗅探器来做出精确的问题判断。嗅探器在功能和设计有很多不同。有些只能分析一种协议,而有些能够分析几百种协议。不同的场合有不同的用处。

3. Sniffit

Sniffit 是一种网络端口探测器,用于配置在后台运行的 TCP/IP 调用端口上用户的输入输出信息和主机端口 23(Telnet)和 110(POP3)端口的数据传送情况,以便轻松得到登录口令和 E-mail 账号及密码。Sniffit 基本上是破坏者才会使用的工具。为了增强自身站点的安全性,要必须知道攻击者使用的各种工具。

4. Tripwire

Tripwire 是一个非常有用的文件完整性检验工具,通常的文件检测运行模式如下:数据库生成模式、数据库更新模式、文件完整性检查、互动式数据库更新。当初始化数据库生成的时候,它生成对现有文件的各种信息的数据库文件,如果以后系统文件或者各种配置文件被意外地改变、替换、删除了,它将每天基于原始的数据库与现有文件进行比较,可以发现哪些文件被更改,这样就能根据 E-mail 的结果判断是否有系统入侵等意外事件发生。

5. Logcheck

Logcheck 是用来自动检查系统安全入侵事件和非正常活动记录的工具,它分析/var/log/messages、/var/log/secure、/var/log/maillog 等 Lintlxlog 文件,然后生成一个可能有安全问题的检查报告并自动发送 E-mail 给管理员。只要设置它基于每小时或者每天用 crond 来自动运行即可。

6. Nmap

Nmap 是用来对一个比较大的网络进行端口扫描的工具,它能检测该服务器有哪些 TCP/IP 端口目前正处于打开状态。运行它可以确保不该打开的、不安全的端口被禁止。

7. 状态监视技术

状态监视技术是第三代网络安全技术。状态监视服务的监视模块在不影响网络正常工作的前提下,采用抽取相关数据的方法对网络通信的各个层次实行监测,并以此作为安全决策的依据。监视模块支持多种网络协议和应用协议,可以方便地实现应用和服务的扩充。状态监视服务可以监视 RPC(远程过程调用)和 UDP(用户数据报)端口信息,而包过滤和代理服务都无法做到。

8. PAM

PAM(Pluggable Authentication Modules)是一套共享库,它为系统管理员进行用户确认提供了广泛的控制,它提供一个前端函数库用来确认用户的应用程序。PAM 库可以用一个单独的文件来配置,也可以通过一组配置文件来配置。PAM 可以配置成提供单一的或完整的登录过程,使用户输入一条口令就能访问多种服务。例如,FTP 程序传统上依靠口令机制来确认一个希望开始进行 FTP 会话的用户。配置了 PAM 的系统把 FTP 确认请求发送给 PAM API(应用程序接口,后者根据 pam.conf 或相关文件中的设置规则来回复)。系统管理员可以设置 PAM 使一个或多个验证机制"插入"到 PAM API 中。PAM 的优点在于其灵活性,系统管理员可以精心调整整个验证方案而不用担心破坏应用程序和计算机病毒攻击。

9. 智能卡技术

智能卡就是密钥的一种媒体,它本身含有微处理器,就像信用卡一样,由授权用户所持有并由该用户赋予它一个口令或密码。该密码与内部网络服务器上注册的密码一致。当口令与身份特征共同使用时,智能卡的保密性能还是相当有效的。

11.4　我国网络空间安全面临的严峻挑战

网络安全形势日益严峻,国家政治、经济、文化、社会、国防安全及公民在网络空间的合法权益面临严峻风险与挑战。

(1) 网络渗透危害政治安全。政治稳定是国家发展、人民幸福的基本前提。利用网络干涉他国内政、攻击他国政治制度、煽动社会动乱、颠覆他国政权,以及大规模网络监控、网络窃密等活动严重危害国家政治安全和用户信息安全。

(2) 网络攻击威胁经济安全。网络和信息系统已经成为关键基础设施乃至整个经济社会的神经中枢,遭受攻击破坏、发生重大安全事件,将导致能源、交通、通信、金融等基础设施瘫痪,造成灾难性后果,严重危害国家经济安全和公共利益。

(3) 网络有害信息侵蚀文化安全。网络上各种思想文化相互激荡、交锋,优秀传统文化和主流价值观面临冲击。网络谣言、颓废文化和淫秽、暴力、迷信等违背社会主义核心价值观的有害信息侵蚀青少年身心健康,败坏社会风气,误导价值取向,危害文化安全。网上道德失范、诚信缺失现象频发,网络文明程度亟待提高。

(4) 网络恐怖和违法犯罪破坏社会安全。恐怖主义、分裂主义、极端主义等势力利用网络煽动、策划、组织和实施暴力恐怖活动,直接威胁人民生命财产安全、社会秩序。计算机病毒、木马等在网络空间传播蔓延,网络欺诈、黑客攻击、侵犯知识产权、滥用个人信息等不法行为大量存在,一些组织肆意窃取用户信息、交易数据、位置信息以及企业商业秘密,严重损害国家、企业和个人利益,影响社会和谐稳定。

(5) 网络空间的国际竞争方兴未艾。国际上争夺和控制网络空间战略资源、抢占规则制定权和战略制高点、谋求战略主动权的竞争日趋激烈。个别国家强化网络威慑战略,加剧网络空间军备竞赛,世界和平受到新的挑战。

(6) 网络空间机遇和挑战并存,机遇大于挑战。必须坚持积极利用、科学发展、依法管理、确保安全,坚决维护网络安全,最大限度利用网络空间发展潜力,更好惠及全中国人民,造福全人类,坚定维护世界和平。

本 章 小 结

本章简单介绍了网络空间安全的基本概念、网络安全威胁、网络空间安全问题和重要的网络空间安全技术等内容。网络空间安全是一个涉及网络技术、通信技术、密码技术、信息安全技术、计算机科学、应用数学、信息论等多种学科交叉的学科。通过本章的学习,读者对网络空间安全有一个初步的认识,有兴趣的读者可以参考相关技术资料,进一步全面深入地了解相关网络空间安全技术内容。

习　题　11

1. 网络空间安全的定义有哪些？
2. 简述网络空间安全的技术架构。
3. 网络空间安全包括哪些内容？
4. 网络空间安全包括哪些安全问题？
5. 我国网络空间安全面临哪些机遇和挑战？
6. 试述网络空间安全的意义。
7. 以身边遇到和发生的网络安全事件,分析其原因,并说明如何防范？

参 考 文 献

[1] 周昕,贾冬梅,任百利,等.数据通信与网络技术[M].2版.北京:清华大学出版社,2014.

[2] 谢希仁.计算机网络[M].7版.北京:电子工业出版社,2017.

[3] 苗凤君,潘磊,夏冰,等.局域网技术与组网工程[M].北京:清华大学出版社,2018.

[4] 杨昊龙,杨云,沈宇春,等.局域网组建、管理与维护[M].3版.北京:机械工业出版社,2019.

[5] KUROSE J F,ROSE K W,等.计算机网络:自顶向下方法[M].陈鸣,等译.7版.北京:机械工业出版社,2018.

[6] 王新良.计算机网络[M].北京:机械工业出版社,2018.

[7] 苏英如,王俊红,王培军,等.局域网技术与组网工程[M].北京:清华大学出版社,2010.

[8] 李琳,姜春雨.局域网技术与应用[M].北京:清华大学出版社,2004.

[9] 蔡晶晶,李炜.网络空间安全导论[M].北京:机械工业出版社,2017.

[10] 蒋天发,苏永红.网络空间信息安全[M].北京:电子工业出版社,2017.

[11] 华为技术有限公司.HCNA 网络技术学习指南[M].北京:人民邮电出版社,2015.

[12] 华为技术有限公司.HCNA 网络技术实验指南[M].北京:人民邮电出版社,2015.

[13] 华为技术有限公司.HCNA-WLAN 学习指南[M].北京:人民邮电出版社,2015.

[14] 吴礼发,洪征,李华波.网络攻防原理与技术[M].北京:机械工业出版社,2017.

[15] 田果,刘丹宁,余建威,等.网络基础[M].北京:人民邮电出版社,2017.

[16] 刘丹宁,田果,韩士良.路由与交换技术[M].北京:人民邮电出版社,2017.

[17] 田果,刘丹宁,余建威.高级网络技术[M].北京:人民邮电出版社,2017.

[18] 崔勇,吴建平.下一代互联网与 IPv6 过渡[M].北京:清华大学出版社,2014.

[19] 陈熙,赵欢.中国院校信息化建设理论与实践[M].北京:国家行政学院出版社,2013.

[20] 王洪,贾卓生,唐宏.计算机网络应用教程[M].2版.北京:机械工业出版社,2003.

[21] 刘申菊.网络互连设备[M].项目教学版.北京:清华大学出版社,2018.

[22] 汪涛,汪双顶.无线网络技术导论[M].3版.北京:清华大学出版社,2018.

[23] 泰克教育集团.HCIE 路由交换学习指南[M].北京:人民邮电出版社,2017.

[24] 张国清.QoS 在 IOS 中的实现与应用[M].北京:电子工业出版社,2010.

[25] 杨庚,章韵,成卫青,等.计算机通信与网络[M].北京:清华大学出版社,2009.

[26] 徐宇杰.路由技术深入分析[M].北京:清华大学出版社,2009.

[27] 陈明.网络实验教程[M].北京:清华大学出版社,2005.

[28] 曹继承.基于 QoS 的 Web 服务推荐算法研究[D].南京:南京邮电大学,2018.

[29] 王娟,张志勋,徐延强.基于网络的 Qos 解决方案[J].中国新通信,2018,20(20):118-119.

[30] 陈金阳,蒋建中,张良胜,等.FTP 协议分析及其客户端程序实现[J].计算机工程与应用,2005,41(32):130-132.

[31] HARSLEM E,HEAFNER J F. Comments on RFC 114:A File Transfer Protocol[M].[S. l.:s. n.]1971.

[32] 肖戈林.HTTP 协议技术探析[J].江西通信科技,2001(1):17-24.

[33] DANIELSSON H. Hypertext Transfer Protocol (HTTP/1. 1):Semantics and Content[J]. Faculty of Arts & Sciences,2014,30(4):595-599.

[34] 俞盛.电子邮件协议浅析[J].程序员,2003(10):63-66.

[35] WEGNER J D,ROCKELL R,等.IP 地址管理与子网划分[M].赵英,师雪霖,黄玖梅,译.北京:机械工业出版社,2001.

[36] 韩毅刚,李亚娜,王欢,等.计算机网络技术实践教程[M].北京:机械工业出版社,2012.

图书资源支持

感谢您一直以来对清华版图书的支持和爱护。为了配合本书的使用，本书提供配套的资源，有需求的读者请扫描下方的"书圈"微信公众号二维码，在图书专区下载，也可以拨打电话或发送电子邮件咨询。

如果您在使用本书的过程中遇到了什么问题，或者有相关图书出版计划，也请您发邮件告诉我们，以便我们更好地为您服务。

我们的联系方式：

地　　址：北京市海淀区双清路学研大厦 A 座 714

邮　　编：100084

电　　话：010-83470236　010-83470237

客服邮箱：2301891038@qq.com

QQ：2301891038（请写明您的单位和姓名）

资源下载：关注公众号"书圈"下载配套资源。

资源下载、样书申请

书圈

获取最新书目

观看课程直播

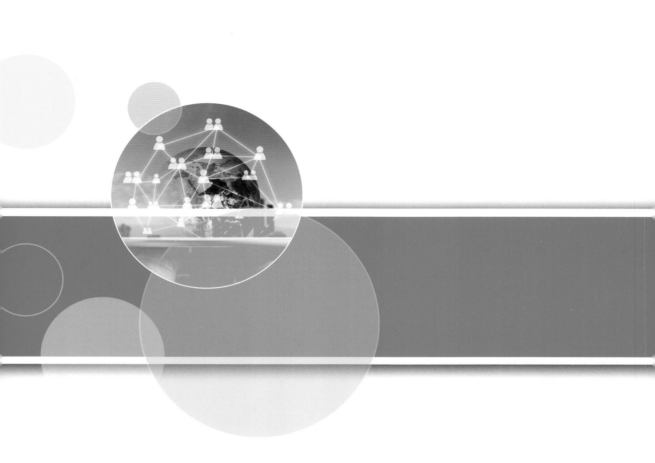

资源下载·扩展阅读　　清华大学出版社

书　圈　　　　官方微信号

ISBN 978-7-302-57912-0

9 787302 579120 >

定价: 39.00元